理化检测人员培训系列教材

丛书主编　靳京民

非金属材料性能检测

郑会保　孙　敏　王雪蓉　姚　凯　马衍东
孟祥艳　周燕萍　李　晖　孙　岩　段　剑　等编著

机械工业出版社

本书是以实用性为导向编写的非金属材料性能检测培训教材，系统地介绍了非金属材料的分类以及材料的各种性能参数检测方法，分章阐述了力学性能检测、物理性能检测、热学性能检测、光学性能检测、电学性能检测、阻燃性能检测和环境适应性能检测等。在层次安排上由浅入深，注重理论联系实际，作者结合多年来从事非金属材料检测工作的实践经验，总结归纳了各种性能试验的试验对象、试验原理与方法、试验装置、试样及试验标准等。深入剖析了标准方法的精髓，可帮助检测人员迅速提高技能。

本书可作为无机非金属及有机高分子材料性能检测、研发、生产人员的培训教材和专业参考书，也可供各高等院校相关专业师生参考。

图书在版编目（CIP）数据

非金属材料性能检测/郑会保等编著. —北京：机械工业出版社，2021.6

理化检测人员培训系列教材

ISBN 978-7-111-68451-0

Ⅰ.①非…　Ⅱ.①郑…　Ⅲ.①无机非金属材料-检测-教材　Ⅳ.①TB321

中国版本图书馆 CIP 数据核字（2021）第 112542 号

机械工业出版社（北京市百万庄大街 22 号　邮政编码 100037）
策划编辑：吕德齐　责任编辑：吕德齐　李含杨
责任校对：王　延　封面设计：鞠　杨
责任印制：单爱军
河北宝昌佳彩印刷有限公司印刷
2022 年 1 月第 1 版第 1 次印刷
184mm×260mm · 16 印张 · 392 千字
0001—1900 册
标准书号：ISBN 978-7-111-68451-0
定价：69.00 元

电话服务　　网络服务
客服电话：010-88361066　　机　工　官　网：www.cmpbook.com
010-88379833　　机　工　官　博：weibo.com/cmp1952
010-68326294　　金　书　网：www.golden-book.com

机工教育服务网：www.cmpedu.com

序

当今世界正在经历百年未有之大变局，我国经济发展面临的国内外环境发生了深刻而复杂的变化。当前科技发展水平以及创新能力对一个国家的国际竞争力的影响越来越大。理化检测技术的水平是衡量一个国家科学技术水平的重要标志之一，理化检测工作的发展和技术水平的提高对于深入认识自然界的规律，促进科学技术进步和国民经济的发展都起着十分重要的作用。理化检测技术作为技术基础工作的重要组成部分，是保障产品质量的重要手段，也是新材料、新工艺、新技术工程应用研究，开发新产品，产品失效分析，寿命检测，工程设计，环境保护等工作的基础性技术。在工业制造和高新技术武器装备的科研生产过程中，需要采用大量先进的理化检测技术和精密设备来评价产品的设计质量和制造质量，这在很大程度上依赖于检测人员的专业素质、能力、经验和技术水平。只有合格的理化检测技术人员才能保证正确应用理化检测技术，确保理化检测结果的可靠性，从而保证产品质量。

兵器工业理化检测人员技术资格鉴定工作自2005年开展以来，受到集团公司有关部门领导及各企事业单位的高度重视，经过16年的发展和工作实践，已经形成独特的理化检测技术培训体系。为了进一步加强和规范兵器工业理化检测人员的培训考核工作，提高理化检测人员的技术水平和学习能力，并将兵器行业多年积累下来的宝贵经验和知识财富加以推广和普及，自2019年开始，我们组织多位兵器行业内具有丰富工作经验的专家学者，在《兵器工业理化检测人员培训考核大纲》和原内部教材的基础上，总结了多年来在理化检测科研和生产工作中的经验，并结合国内外的科技发展动态和现行有效的标准资料，以及兵器行业、国防科技工业在理化检测人员资格鉴定工作中的实际情况，围绕生产工作中实际应用的知识需求，兼顾各专业的基础理论，编写了这套《理化检测人员培训系列教材》。

这套教材共六册，包括《金属材料化学分析》《金属材料力学性能检测》《金相检验与分析》《非金属材料化学分析》《非金属材料性能检测》和《特种材料理化分析》，基本涵盖了兵器行业理化检测中各个专业必要的理论知识和经典的分析方法。其中《特种材料理化分析》主要是以火药、炸药和火工品为检测对象，结合兵器工业生产特点编写的检测方法；《非金属材料化学分析》是针对有机高分子材料科研生产的特点，系统地介绍了有机高分子材料的化学分析方法。每册教材都各具特色，理论联系实际，具有很好的指导意义和实用价值，可作为有一定专业知识基础、从事理化检测工作的技术人员的培训和自学用书，也可作为高等院校相关专业的教学参考用书。

这套教材的编写和出版，要感谢中国兵器工业集团有限公司、中国兵器工业标准化研究所、辽沈工业集团有限公司、内蒙古北方重工业集团有限公司、山东非金属材料研究所、西安近代化学研究所、北京北方车辆集团有限公司、内蒙古第一机械集团股份有限公司、内蒙金属材料研究所、西安北方惠安化学工业有限公司、山西北方兴安化学工业有限公司、辽宁庆阳特种化工有限公司、泸州北方化学工业有限公司、甘肃银光化学工业集团有限公司等单位的相关领导和专家的支持与帮助！特别要感谢中国兵器工业集团有限公司于同局长、张辉处长、王菲菲副处长、王树尊专务、朱宝祥处长，中国兵器工业标准化研究所郑元所长、孟冲云书记、康继纲副所长、马茂冬副所长、刘播雨所长助理、罗海盛主任、杨帆主任等领导的全力支持！感谢参与编写丛书的各位专家和同事！是他们利用业余时间，加班加点、辛勤付出，才有了今天丰硕的成果！也要特别感谢原内部教材的作者赵祥聪、胡文骏、董霞等专家所做的前期基础工作，以及对兵器工业理化检测人员培训考核工作所做出的贡献。还要感谢机械工业出版社的各专业编辑，他们对工作认真负责的态度，是这套教材得以高质量正式出版的保障！在编写过程中，还得到了广大理化检测人员的关心和支持，他们提出了大量建设性意见和建议，在此一并表示衷心的感谢！

由于理化检测技术的迅速发展，一些标准的更新速度加快，加之我们编写者的水平所限，书中难免存在不足之处，恳请广大读者提出批评和建议。

丛书主编　靳京民

前言

随着材料工业的不断发展，以无机非金属材料和有机高分子材料为代表的非金属材料成为传统工业技术改造和现代新技术发展等领域不可缺少的物质基础，在国民经济发展中起到举足轻重的作用。特别是进入21世纪以来，电子技术、航空航天、光电子技术、能源工程、生物工程和环境工程等新领域的发展对非金属材料的性能提出了更高的要求，促进了新型无机非金属材料与有机高分子材料的迅猛发展。在这种突飞猛进的形势下，必须加强和提升非金属材料的性能检测工作，这不仅是新型非金属材料研究和发展的需要，也是非金属材料应用和产品设计、质量控制等方面的迫切需求；然而，目前系统性地介绍非金属材料性能检测及国内外最新标准方法的书籍较少，非金属材料检测和分析方面的资料较为缺乏，特别是兵器行业在开展理化检测人员资格鉴定工作中急需相关教材，国防科技工业及广大非金属材料领域的科技工作者都需要了解和掌握相关内容。我们编写《非金属材料性能检测》一书，正是为了满足广大非金属材料领域的科技工作者的需求和适应我国非金属材料研发事业迅速发展的需要。

本书在借鉴国内外相关资料的基础上，全面吸取兵器行业、国防科技工业在理化检测人员资格鉴定工作中的经验，结合国防工业非金属材料学性能测试的要求，选取了一些具有一定国防工业应用特点的材料，介绍了它们的性能测试特点。

本书从基本力学性能、物理性能、热学性能、光学性能、电学性能、阻燃性能以及环境适应性能等方面全面系统地介绍了非金属材料的检测分析方法。在撰写过程中力求准确地把握非金属材料的性能测试需求，并结合多年来非金属材料检测的实际工作经验，总结归纳了测试对象、测试原理与方法、测试装置及测试标准等，能够帮助非金属材料性能检测从业人员提升专业水平和技术能力。也可作为从事非金属材料性能检测人员的培训教材。

本书由山东非金属材料研究所（兵器工业非金属材料理化检测中心）负责编写。在编写过程中得到了中国兵器工业标准化研究所、航空301所、中国兵器工业集团北方材料科学与工程研究院（简称材料院）等单位有关专家的指导与支持，以及材料院所属各所、产业园理化检测中心的热情支持，有的为本书编写提供技术支持，有的提供了相应的参考素材，在此表示感谢！

由于非金属材料性能检测技术的不断发展和编者水平有限，加之本书涵盖范围较广，难免存在缺点与不足，敬请读者予以批评指正。

作　者

目　录

序

前言

第一章　概述 …… 1

第一节　材料的发展历程 …… 1

第二节　非金属材料概述 …… 2

一、非金属材料的分类 …… 2

二、无机非金属材料的组成 …… 3

三、有机高分子材料的组成 …… 5

第三节　非金属材料的性能特点 …… 8

一、无机非金属材料的特点 …… 8

二、有机高分子材料的特点 …… 8

第四节　非金属材料性能检测的意义 …… 8

思考题 …… 10

第二章　力学性能检测 …… 11

第一节　基本概念 …… 11

一、力学性能试验 …… 11

二、力学性能试验装置 …… 11

三、力学性能试验参数的选择 …… 16

第二节　拉伸性能试验 …… 17

一、基础知识 …… 17

二、典型的拉伸应力-应变曲线 …… 18

三、试验方法 …… 19

四、推荐的试验标准 …… 26

第三节　压缩性能试验 …… 26

一、基础知识 …… 26

二、试验方法 …… 28

三、推荐的试验标准 …… 33

第四节　弯曲性能试验 …… 34

一、基础知识 …… 34

二、定义与计算公式 …… 35

三、试验方法 …… 36

四、推荐的试验标准 …… 38

第五节　冲击性能试验 …… 38

一、基础知识 …… 38

二、摆锤式冲击试验机 …… 39

三、简支梁冲击试验 …… 42

四、悬臂梁冲击试验 …… 44

五、推荐的试验标准 …… 47

第六节　硬度试验 …… 47

一、基础知识 …… 47

二、洛氏硬度试验 …… 47

三、球压痕硬度试验 …… 50

四、邵氏硬度试验 …… 51

五、巴柯尔硬度试验 …… 53

六、布氏硬度试验 …… 55

第七节　剪切性能试验 …… 56

一、基础知识 …… 56

二、剪切试验中的应力状态 …… 57

三、试验方法 …… 57

四、推荐的试验标准 …… 65

第八节　附着力试验 …… 65

一、基础知识 …… 65

二、试验方法 …… 67

三、推荐的试验标准 …… 68

第九节　疲劳性能试验 …… 68

一、基础知识 …… 68

二、疲劳性能参数定义 …… 69

三、试验方法 …… 69

第十节　蠕变性能试验 …… 73

一、基础知识 …… 73

二、定义和计算公式 …… 73

三、试验方法 …… 75

第十一节　摩擦和磨损性能试验 …… 79

一、基础知识 …… 79

二、定义与计算公式 …… 79

三、试验方法 …… 80

四、推荐的试验标准 …… 81
第十二节 剥离性能试验 …… 81
一、基础知识 …… 81
二、试验方法 …… 82
思考题 …… 86
第三章 物理性能检测 …… 88
第一节 基本概念 …… 88
第二节 密度试验 …… 88
一、基础知识 …… 88
二、定义和计算公式 …… 89
三、试验方法 …… 89
四、推荐的试验标准 …… 95
第三节 含水率和吸水率试验 …… 95
一、基础知识 …… 95
二、定义和计算公式 …… 96
三、试验方法 …… 96
四、推荐的试验标准 …… 98
第四节 透气性试验 …… 99
一、基础知识 …… 99
二、试验方法 …… 99
三、推荐的试验标准 …… 104
第五节 黏度试验 …… 104
一、基础知识 …… 104
二、试验方法 …… 106
三、推荐的试验标准 …… 113
第六节 熔体流动性试验 …… 114
一、基础知识 …… 114
二、试验方法 …… 115
三、熔体质量流动速率试验结果与试验条件的关系 …… 119
四、推荐的试验标准 …… 119
思考题 …… 120
第四章 热学性能检测 …… 121
第一节 基本概念 …… 121
第二节 转变温度试验 …… 121
一、基础知识 …… 121
二、试验方法 …… 123
三、推荐的试验标准 …… 128
第三节 热膨胀性能试验 …… 129
一、基础知识 …… 129
二、试验方法 …… 129
三、推荐的试验标准 …… 131
第四节 热收缩性试验 …… 131
一、基础知识 …… 131
二、试验方法 …… 132
三、推荐的试验标准 …… 134
第五节 耐高温性能试验 …… 134
一、基础知识 …… 134
二、试验方法 …… 135
三、推荐的试验标准 …… 139
第六节 耐低温性能试验 …… 140
一、基础知识 …… 140
二、试验方法 …… 141
三、推荐的试验标准 …… 146
第七节 导热性能试验 …… 146
一、基础知识 …… 146
二、试验方法 …… 148
三、推荐的试验标准 …… 149
思考题 …… 149
第五章 光学性能检测 …… 150
第一节 基本概念 …… 150
第二节 透光率试验 …… 151
一、基础知识 …… 151
二、术语和定义 …… 151
三、试验方法 …… 151
四、推荐的试验标准 …… 154
第三节 折射率试验 …… 154
一、基础知识 …… 154
二、试验方法 …… 154
三、推荐的试验标准 …… 156
第四节 反射率试验 …… 156
一、基础知识 …… 156
二、试验方法 …… 156
三、推荐的试验标准 …… 158
第五节 颜色试验 …… 158
一、基础知识 …… 158
二、术语和定义 …… 159
三、试验方法 …… 160
四、推荐的试验标准 …… 161
思考题 …… 161
第六章 电学性能检测 …… 162
第一节 基本概念 …… 162
第二节 电阻率试验 …… 162
一、基础知识 …… 162
二、试验方法 …… 163
三、推荐的试验标准 …… 168

第三节 介电性能试验 …… 169
一、基础知识 …… 169
二、试验方法 …… 170
三、推荐的试验标准 …… 173
第四节 电气强度试验 …… 174
一、基本原理 …… 174
二、试验方法 …… 175
三、推荐的试验标准 …… 177
第五节 电痕化指数试验 …… 177
一、基础知识 …… 177
二、试验方法 …… 178
第六节 影响材料电性能的主要因素 …… 180
思考题 …… 181
第七章 阻燃性能检测 …… 182
第一节 基本概念 …… 182
第二节 垂直燃烧试验 …… 183
一、基础知识 …… 183
二、试验方法 …… 183
三、推荐的试验标准 …… 184
第三节 水平燃烧试验 …… 185
一、基础知识 …… 185
二、试验方法 …… 185
三、推荐的试验标准 …… 190
第四节 氧指数试验 …… 190
一、基础知识 …… 190
二、试验方法 …… 191
三、推荐的试验标准 …… 192
第五节 锥形量热试验 …… 192
一、基础知识 …… 192
二、试验方法 …… 193
三、推荐的试验标准 …… 194
第六节 烟密度试验 …… 195
一、基础知识 …… 195
二、试验方法 …… 195
三、推荐的试验标准 …… 196
第七节 烟毒性试验 …… 196
一、基础知识 …… 196
二、试验方法 …… 197
三、推荐的试验标准 …… 199
第八节 烧蚀性能试验 …… 199
一、基础知识 …… 199
二、烧蚀性能试验参数 …… 201
三、试验方法 …… 201
思考题 …… 203
第八章 环境适应性能检测 …… 204
第一节 基本概念 …… 204
一、主要环境因素 …… 204
二、环境适应性 …… 206
第二节 大气环境老化试验 …… 207
一、基础知识 …… 207
二、试验场地及设施 …… 207
三、高分子材料的户外大气暴露试验 …… 208
四、高分子材料的库内暴露（贮存）试验 …… 210
五、高分子材料的棚下暴露（贮存）试验 …… 211
六、高分子材料的自然加速试验 …… 211
七、试验步骤 …… 215
八、推荐的试验标准 …… 215
第三节 海水环境试验 …… 216
一、基础知识 …… 216
二、海水环境试验站 …… 216
三、海水环境试验的分类及设施 …… 217
四、试验步骤 …… 219
五、推荐的试验标准 …… 220
第四节 光老化试验 …… 220
一、基础知识 …… 220
二、氙弧灯光加速老化试验 …… 220
三、碳弧灯光加速老化试验 …… 224
四、荧光紫外灯老化试验 …… 227
五、金属卤素灯老化试验 …… 229
六、光老化试验中的参数控制 …… 230
七、试验步骤 …… 231
八、推荐的试验标准 …… 232
第五节 热老化试验 …… 233
一、基础知识 …… 233
二、热老化试验类型 …… 233
三、试样 …… 233
四、试验步骤 …… 234
五、推荐的试验标准 …… 234
第六节 湿热老化试验 …… 234
一、基础知识 …… 234
二、湿热老化试验类型 …… 235
三、试样 …… 235
四、试验步骤 …… 235
第七节 盐雾腐蚀试验 …… 236

一、基础知识 …………………………………… 236
二、试验类型 …………………………………… 236
三、试验设备 …………………………………… 237
四、试验前准备 ………………………………… 238
五、试样 ………………………………………… 238
六、试验步骤 …………………………………… 238
七、推荐的试验标准 …………………………… 240
第八节 耐化学介质试验 ……………………… 240
一、基础知识 …………………………………… 240
二、试验方法 …………………………………… 241
三、推荐的试验标准 …………………………… 242
第九节 环境适应性能的应用 ………………… 242
一、基础数据积累 ……………………………… 242
二、材料选择或工艺筛选 ……………………… 242
三、材料及其制品的验收和/或鉴定 …… 242
四、环境失效分析 ……………………………… 242
五、服役寿命评估 ……………………………… 242
思考题 …………………………………………… 243
参考文献 ……………………………………… 244

第一章

概　述

第一节　材料的发展历程

材料是人类生活和生产的物质基础，是人类认识自然和改造自然的工具。人类自从一出现就开始使用材料，材料的历史与人类史一样久远。从考古学的角度，人类文明曾被划分为旧石器时代、新石器时代、青铜器时代、铁器时代等，由此可见材料的发展对人类社会的影响。材料也是人类进化的标志之一，任何工程技术都离不开材料的设计和制造工艺，一种新材料的出现，必将支持和促进文明的发展和技术的进步。从人类的出现到21世纪的今天，人类的文明程度不断提高，材料及材料科学也在不断发展。在人类文明的进程中，材料大致经历了以下五个发展阶段。

1. 使用纯天然材料的初级阶段

在远古时代，人类只能使用天然材料（如兽皮、甲骨、羽毛、树木、草叶、石块、泥土等），相当于人们通常所说的旧石器时代。这一阶段，人类所能利用的材料都是纯天然的，在这一阶段的后期，虽然人类文明的程度有了很大进步，在制造器物方面有了种种技巧，但是都只是对纯天然材料的简单加工。

2. 人类单纯利用火制造材料的阶段

这一阶段横跨人们通常所说的新石器时代、铜器时代和铁器时代，也就是距今约10000年前到20世纪初的一个漫长的时期，并且延续至今，它们分别以人类的三大人造材料为象征，即陶、铜和铁。这一阶段主要是人类利用火来对天然材料进行煅烧、冶炼和加工的时代。例如，人类用天然的矿土烧制陶器、砖瓦和陶瓷，以后又制出玻璃、水泥，以及从各种天然矿石中提炼铜、铁等金属材料，等等。

3. 利用物理与化学原理合成材料的阶段

20世纪初，随着物理学和化学等科学的发展以及各种检测技术的出现，人类一方面从化学角度出发，开始研究材料的化学组成、化学键、结构及合成方法；另一方面从物理学角度出发开始研究材料的物性，就是以凝聚态物理、晶体物理和固体物理等作为基础来说明材料组成、结构及性能间的关系，并研究材料制备和使用材料的相关工艺性问题。由于物理学和化学等科学理论在材料技术中的应用，从而出现了材料科学。在此基础上，人类开始了人工合成材料的新阶段。这一阶段以合成高分子材料的出现为开端，一直延续到现在，而且仍将继续下去。人工合成塑料、合成纤维及合成橡胶等合成高分子材料的出现，加上已有的金属材料和陶瓷材料（无机非金属材料）构成了现代材料的三大支柱。除合成高分子材料以外，人类也合成了一系列的合金材料和无机非金属材料。超导材料、半导体材料、光纤等材料都是这一阶段的杰出代表。

从这一阶段开始，人们不再是单纯地采用天然矿石和原料，经过简单的煅烧或冶炼来制造材料；而是能利用一系列物理与化学原理及现象来创造新的材料。并且根据需要，人们可以在对以往材料的组成、结构及性能间关系的研究基础上，进行材料设计。使用的原料本身有可能是天然原料，也有可能是合成原料。而材料合成及制造方法更是多种多样。

首先是人工合成高分子材料的问世，并得到广泛应用。先后出现尼龙、聚乙烯、聚丙烯、聚四氟乙烯等塑料，以及维尼纶、合成橡胶、新型工程塑料、高分子合金和功能高分子材料等。仅半个世纪的时间，高分子材料已与有上千年历史的金属材料并驾齐驱，并在年产量的体积上超过了钢，成为国民经济、国防尖端科学和高科技领域不可缺少的材料。

其次是陶瓷材料的发展。陶瓷是人类最早利用自然界所提供的原料制造而成的材料。20世纪50年代，合成化工原料和特殊制备工艺的发展，使陶瓷材料的发展产生了一个飞跃，出现了从传统陶瓷向先进陶瓷的转变。许多新型功能陶瓷形成了产业，满足了电力、电子技术和航天技术的发展和需要。

4. 材料的复合化阶段

20世纪50年代，金属陶瓷的出现标志着复合材料时代的到来。随后又出现了玻璃钢、铝塑薄膜、梯度功能材料以及最近出现的抗菌材料的热潮，都是复合材料的典型实例。它们都是为了适应高新技术的发展以及人类文明程度的提高而产生的。到这时，人类已经可以利用新的物理、化学方法，根据实际需要设计独特性能的材料。

现代复合材料最根本的思想不只是要使两种材料的性能变成3加3等于6，而是要想办法使它们变成3乘以3等于9，乃至更大。严格来说，复合材料并不只限于两类材料的复合。只要是由两种不同的相组成的材料都可以称为复合材料。复合材料作为高性能的结构材料和功能材料，不仅应用于航空航天领域，而且在现代民用工业、能源技术和信息技术方面不断扩大应用。

5. 材料的智能化阶段

自然界中的材料都具有自适应、自诊断和自修复的功能。如所有的动物或植物都能在没有受到绝对破坏的情况下进行自诊断和自修复。人工材料目前还不能做到这一点。但是，近三四十年研制出的一些材料已经具备了其中的部分功能。这就是目前最吸引人们注意的智能材料，如形状记忆合金、光致变色玻璃等等。尽管十余年来，智能材料的研究取得了重大进展，但是离理想智能材料的目标还相距甚远，而且严格来讲，目前研制成功的智能材料还只是一种智能结构。

第二节　非金属材料概述

一、非金属材料的分类

非金属材料可分为无机非金属材料和有机高分子材料。无机非金属材料通常分为普通的（传统的）和先进的（新型的）无机非金属材料两大类。传统的无机非金属材料是工业和基本建设所必需的基础材料。如水泥、耐火材料、平板玻璃、仪器玻璃和普通的光学玻璃以及日用陶瓷、卫生陶瓷、建筑陶瓷、化工陶瓷和电瓷等。新型无机非金属材料是20世纪中期以后发展起来的，是具有特殊性能和用途的材料。它们是现代新技术、新产业、传统工业技术改造、现代国防和生物医学所不可缺少的物质基础。主要有先进陶瓷、非晶态材料、人工晶体、无机涂层、无机纤维等。有机高分子材料除了天然有机材料，如木材、天然橡胶等外，还有合成树脂（工程塑料），以及由两种或多种不同材料组合而成的复合材料。这种材料由于复合效应，具有比单一材料优越的综合性能，成为一类新型的工程材料。

二、无机非金属材料的组成

无机非金属材料是以某些元素的氧化物、碳化物、氮化物、硼化物、硫系化合物（包括硫化物、硒化物及碲化物）和硅酸盐、钛酸盐、铝酸盐、磷酸盐等含氧酸盐为主要成分组成的材料。包括陶瓷、玻璃、水泥、耐火材料、搪瓷、磨料以及新型无机材料等。无机非金属材料也和金属材料以及有机高分子材料等一样，是当代完整的材料体系中的一个重要组成部分。

在晶体结构上，无机非金属的晶体结构远比金属复杂，并且没有自由的电子。具有比金属键和纯共价键更强的离子键和混合键。这种化学键所特有的高键能、高键强赋予这一大类材料以高熔点、高硬度、耐腐蚀、耐磨损、高强度和良好的抗氧化性等基本属性，以及宽广的导电性、隔热性、透光性及良好的铁电性、铁磁性和压电性。

普通无机非金属材料的生产采用天然矿石作为原料，经过粉碎、配料、混合等工序，成型（陶瓷、耐火材料等）或不成型（水泥、玻璃等），在高温下煅烧成多晶态（水泥、陶瓷等）或非晶态（玻璃、铸石等），再经过进一步的加工，如粉磨（水泥）、上釉彩饰（陶瓷）、成型后退火（玻璃、铸石等），得到粉状或块状的制品。

特种无机非金属材料的原料多采用高纯、微细的人工粉料。单晶体材料用焰融、提拉、水溶液、气相及高压合成等方法制造。多晶体材料用热压铸、等静压、轧膜、流延、喷射或蒸镀等方法成型后再煅烧，或用热压、高温等静压等烧结工艺，或用水热合成、超高压合成或熔体晶化等方法制造粉状、块状或薄膜状的制品。非晶态材料用高温熔融、熔体凝固、喷涂、拉丝或喷吹等方法制成块状、薄膜状或纤维状的制品。

1. 普通陶瓷

作为无机非金属材料典型代表的陶瓷，其主要成分是硅酸盐。自然界存在大量天然的硅酸盐，如岩石、土壤等，还有许多矿物，如云母、滑石、石棉、高岭石等，它们都属于天然的硅酸盐。此外，人们为了满足生产和生活的需要，还生产了大量的人造硅酸盐，主要有玻璃、水泥、各种陶瓷、砖瓦、耐火砖、水玻璃以及某些分子筛等。硅酸盐制品性质稳定，熔点较高，难溶于水，有很广泛的用途。

硅酸盐制品一般都是以黏土（高岭土）、石英和长石为原料经高温烧结而成。黏土的化学组成为 $Al_2O_3 \cdot 2SiO_2 \cdot 2H_2O$，石英为 SiO_2，长石为 $K_2O \cdot Al_2O_3 \cdot 6SiO_2$（钾长石）或 $Na_2O \cdot Al_2O_3 \cdot 6SiO_2$（钠长石）。这些原料中都含有 SiO_2，因此在硅酸盐晶体结构中，硅与氧的结合是最重要也是最基本的。

硅酸盐材料是一种多相结构物质，其中含有晶态部分和非晶态部分，但以晶态为主。硅酸盐晶体中硅氧四面体 $[SiO_4]^{4-}$ 是硅酸盐结构的基本单元。在硅氧四面体中，硅原子以 SP^3 杂化轨道与氧原子成键，Si—O 键键长为 162pm，比起 Si 和 O 的离子半径之和有所缩短，故 Si—O 键的结合是比较强的。

精细陶瓷的化学组成已远远超出了传统硅酸盐的范围。例如，透明的氧化铝（Al_2O_3）陶瓷、耐高温的二氧化锆（ZrO_2）陶瓷、高熔点的氮化硅（Si_3N_4）陶瓷和碳化硅（SiC）陶瓷等，它们都是无机非金属材料，是传统陶瓷材料的发展。高温结构陶瓷除了氮化硅（Si_3N_4）外，还有碳化硅（SiC）、二氧化锆（ZrO_2）、氧化铝（Al_2O_3）等。

2. 透明陶瓷

一般陶瓷是不透明的，但光学陶瓷像玻璃一样透明，故称透明陶瓷。一般陶瓷不透明的原因是其内部存在杂质和气孔，前者能吸收光，后者使光产生散射，所以就不透明了。因此如果选用高纯原料，并通过工艺手段排除气孔就可能获得透明陶瓷。早期就是采用这样的办法得到透明的氧化铝陶瓷，后来陆续研究出如烧结白刚玉、氧化镁、氧化铍、氧化钇、氧化钇-二氧化锆等多种氧化物系列透明陶瓷。近期又研制出非氧化物透明陶瓷，如砷化镓（GaAs）、硫化锌（ZnS）、硒化锌（ZnSe）、氟化镁（MgF_2）、氟化钙（CaF_2）等。这些透明陶瓷不仅有优异的光学性能，而且耐高温，一般它们的熔点都在 2000℃以上。如氧化钍-氧化钇透明陶瓷的熔点高达 3100℃，比普通硼酸盐玻璃高 1500℃。透明陶瓷的重要用途是制造高压钠灯，它的发光效率比高压汞灯提高 1 倍，使用寿命达 2 万 h，是使用寿命最长的高效电光源。高压钠灯的工作温度高达 1200℃，压力大、腐蚀性强，选用氧化铝透明陶瓷为材料可成功地制造出高压钠灯。透明陶瓷的透明度、强度、硬度都高于普通玻璃，它们耐磨损、耐划伤，用透明陶瓷可以制造防弹汽车的车窗、坦克的观察窗、轰炸机的轰炸瞄准器和高级防护眼镜等。

3. 生物陶瓷

人体器官和组织由于种种原因需要修复或再造时，选用的材料要求生物相容性好，对肌体无免疫排异反应；血液相容性好，无溶血、凝血反应；不会引起代谢作用异常现象；对人体无毒，不会致癌。目前已发展起来的生物合金、生物高分子和生物陶瓷基本上能满足这些要求。研究人员利用这些材料制造了许多人工器官，在临床上得到了广泛的应用。但是这类人工器官一旦植入体内，要经受体内复杂生理环境的长期考验。例如，不锈钢在常温下是非常稳定的材料，但把它做成人工关节植入体内，三五年后便会出现腐蚀斑，并且还会有微量金属离子析出，这是生物合金的缺点。有机高分子材料做成的人工器官容易老化，相比之下，生物陶瓷是惰性材料，耐腐蚀，更适合植入体内。

氧化铝陶瓷做成的假牙与天然齿十分接近，它还可以做人工关节用于很多部位，如膝关节、肘关节、肩关节、指关节、髋关节等。二氧化钴（ZrO_2）陶瓷的强度、断裂韧性和耐磨性比氧化铝陶瓷好，也可用于制造牙根、骨和股关节等。羟基磷灰石 $Ca_{10}(PO_4)_6(OH)_2$ 是骨组织的主要成分，人工合成的与骨的生物相容性非常好，可用于颌骨、耳听骨修复和人工牙种植等。目前发现用熔融法制得的生物玻璃，如 $CaO-Na_2O-SiO_2-P_2O_5$，具有与骨骼键合的能力。

陶瓷材料最大的弱点是性脆，韧性不足，这就严重影响了它作为人工人体器官的推广应用。陶瓷材料要在生物工程中占有地位，必须考虑解决其脆性问题。

4. 纳米陶瓷

从陶瓷材料发展的历史来看，经历了三次飞跃。由陶器进入瓷器这是第一次飞跃；由传统陶瓷发展到精细陶瓷是第二次飞跃，期间，无论是原材料，还是制备工艺、产品性能和应用等许多方面都有长足的进展和提高，然而对于陶瓷材料的致命弱点——脆性问题没有得到根本的解决。精细陶瓷粉体的颗粒较大，属微米级（10^{-6}m），有人用新的制备方法把陶瓷粉体的颗粒加工到纳米级（10^{-9}m），用这种超细微粉体粒子来制造陶瓷材料，得到新一代纳米陶瓷，这是陶瓷材料的第三次飞跃。纳米陶瓷具有延性，有的甚至出现超塑性。如室温下合成的二氧化钛（TiO_2）陶瓷，它可以弯曲，其塑性变形高达100%，韧性极好。因此，人们寄希望于发展纳米技术去解决陶瓷材料的脆性问题。纳米陶瓷被称为21世纪陶瓷。

三、有机高分子材料的组成

有机高分子材料是由低分子化合物单体通过聚合反应而生成的聚合物。在聚合反应中，无数单体小分子通过共价键结合成链状大分子。由于聚合反应中，单体小分子之间的反应以及单体小分子与增长着的分子链之间的反应服从统计规律，最终生成的聚合物的大量分子链，其大小不可能完全相同，而会存在着很大差别，这些分子链的相对分子质量具有多分散性。因此，聚合物的相对分子质量总是用平均相对分子质量表示。同一聚合物，随着制备时聚合方法的不同，或同一聚合方法中，反应条件控制的差异，平均相对分子质量大小和相对分子质量分散程度都会有明显差异。聚合物平均相对分子质量大小和相对分子质量分散性的不同，对材料的各种性能，特别是工艺性能和力学性能都有较大影响。市场上销售的塑料产品，往往以相对分子质量大小区分同种塑料的不同规格和用途。

作为有机高分子材料的典型代表——塑料，其基质材料为树脂，制备时所用单体都是有机化合物，聚合后的聚合物仍然是有机化合物。树脂分子链主链骨架大都是—C—C—链，某些树脂主链上分布有一定数量的—O—键、$-\overset{\overset{O}{\parallel}}{C}-\overset{\overset{H}{\parallel}}{N}-$键、—Si—键等。与主链骨架碳原子相连的主要是氢原子。有些树脂分子链上，与骨架碳原子连接的部分氢原子被其他原子或基团所取代。在聚合反应中，按所用单体性质和反应机理的不同，聚合物在生成过程中会产生长短不同的支链。缩聚反应生成的聚合物一般不会形成支链。此时，聚合物的分子链可以是完全线型的或仅带某些支链，分子链之间一般无化学键产生，或仅存在范德瓦耳斯力的作用，或某些分子链之间形成氢键。热固性树脂分子链之间有化学键产生，形成三维的网状或立体结构。同一分子链中所含单体单元的数量称为聚合物的聚合度。聚合物的聚合度可以很大，可以达到数千、数万或数十万，所以聚合物又称为高分子化合物。大的聚合度使聚合物的分子链长径比非常大。如此细长的链状分子的热运动是非常复杂的。链状分子可以卷曲缠结，但不同聚合物分子链卷曲缠结的能力又有很大差别。分子链的卷曲缠结能力取决于分子链的柔曲性，柔曲性越大，分子链卷曲缠结的能力越强。分子链绕分子链上所含单键的自由旋转称为分子链的内旋转，分子链的柔曲性是指分子链内旋转的能力。聚合物分子链上含有大量的单键，所以分子链绕单键内旋转具有的构象数很多，使大分子链在形态上总是卷曲并相互缠结，但也存在着许多阻碍分子链内旋转的因素。聚合物分子链主链的构成不同（如主链上含有芳环或不含芳环），极性基团、侧基和支链的存在，侧基的性质与大小不同，支链长度的不同等，都对分子链的内旋转产生不同程度的位阻，造成不同聚合物分子链内旋转难易程度不同，从而使分子链的柔曲性存在着很大差别。分子链的柔曲性对聚合物的耐热性、力学性能、熔体的黏度等有较大影响。我们把聚合物分子链中所含的一个单体单元称为链节，分子链绕某个单键内旋转时可以牵动的链节数称为链段，整个大分子链可以由若干个链段组成。聚合物的分子运动，可以是分子链整链运动或链段运动，或仅有链节运动或侧基运动。当温度很低时，所有这些运动都会被冻结，只有分子链上各键在键角的平衡位置上振动。随着温度的升高，侧基运动、链节运动、链段运动、整链运动分别被依次激活。因此，随着温度的变化，聚合物可以表现出三种不同的力学状态：玻璃态、高弹态和黏流态。当温度较低时，分子的能量较低，整链和链段运动都被冻结，只有链节和侧基的运动可以进行，原子间键角也会在平衡位置发生微小变化，这些运动都可以瞬时完成，聚合物处在这种状态时称为玻璃态。处于玻璃态的聚合物具有一般固体（金属、玻璃、陶瓷等）的弹性性质，服从胡克定律，这种弹性称为普弹性。玻璃态聚合物树脂的模量一般在 $(0.2\sim5)\times10^3$MPa 之间。

随着温度升高，链段运动被活化，一些链段可以相对于另一些链段运动，宏观上表现为聚合物开始变软，模量明显减小，降低约 2~3 个数量级，受力时可以出现较大变形。但由于大分子链之间的相互缠结，整个大分子链仍不能相对运动（滑移），聚合物处在这种状态时称为高弹态。聚合物在高弹态时的变形仍然是弹性变形，外力解除后变形仍可以恢复，但变形的产生和变形的恢复都不会在瞬时完成，总是滞后于外力的作用，这种变形称为聚合物的高弹变形。

当温度进一步升高时，聚合物的分子链进一步被活化，大分子链间的缠结被解开，整个大分子可以彼此产生相对滑移运动，宏观上表现为黏流态，成为流体。处在黏流态的聚合物的变形是不可恢复的塑性变形。塑料的成型加工一般都在黏流态下进行。

树脂在由玻璃态向高弹态、高弹态向黏流态的转变中，都会出现温度范围 20~30℃的转变区，相应地也有两个特征性转变温度，即玻璃化转变温度和黏流温度。常温下处在玻璃态的树脂，如果受到外力作用（例如拉伸作用），也会产生强迫的链段运动和整链运动，表现出强迫高弹性（试样出现高弹形变）和强迫流动（试样屈服）。但某些树脂会由于大分子链间作用力很大，或链间存在化学键，分子链间总作用力超过大分子主链的化学键键能，在外力作用下，大分子链未能彼此滑移（流动）就已断裂。

由于树脂大分子链运动单元的多重性，不同运动单元对温度和外加载荷的响应速度不同，使得树脂的变形行为兼有典型的弹性材料和典型的黏性材料两者的性质，这种特性称为黏弹性。材料的变形不仅与外力大小有关，而且与外力的加载速率也有关，并对温度有明显的依赖性。延长外力作用时间与提高温度对材料变形的影响效果是相同的，即时温等效原理。这也是非金属材料与金属等传统结构材料的区别之一。

不同树脂分子链主链的化学组成、所含侧基的类型和数量、支链长度和分布密度等结构因素对树脂分子链的柔曲性有很大影响。同种树脂的分子链，当存在空间异构体时，不同异构体之间，分子链的柔曲性也会有很大差异。上述结构因素同时又是影响树脂分子链间作用力和形成氢键倾向、分子链间相互敛集堆砌、排列方式的因素。内聚能密度是衡量树脂分子链间相互作用力（范德瓦耳斯力和氢键作用）大小的尺度。内聚能密度不仅对材料的力学性能、耐热性能、流动温度有影响，而且对材料的溶解性有重大影响。内聚能密度的平方根值称为溶解度参数，是决定材料溶解性的一个关键性参数。

树脂分子链相互堆砌和排列方式不同，可以使树脂呈现为无定形和结晶两种不同的聚集状态。由无数大分子链相互无序随机排列的聚集态称为无定形态；大分子链反复折叠并有序堆砌的整齐排列状态称为结晶态。因此，树脂聚合物有无定形和结晶之分。一般所谓的结晶聚合物，实质上只是半结晶聚合物。因为只有在特定的结晶条件下才会产生完全的结晶聚合物，在一般的成型加工条件下，只能得到一定结晶度的聚合物制品。这种半结晶的聚合物制品中，分子链的排列可以是三维有序、二维有序，或仅在分子链长度方向的一维有序。同一分子链的部分链段可以处在有序区（即处于晶粒之中），其余链段又可处在无序区。一般情况下，无定形聚合物是透明的，结晶聚合物则是半透明或不透明的。决定某种聚合物分子链能否结晶的主要因素是分子链的规整性。分子链越规整，结晶的可能性就越大。决定分子链能否结晶的另一个重要因素是分子链的柔曲性。结晶过程是一个分子链反复折叠、有序堆砌的运动过程，分子链越柔曲，这一过程就越容易进行。因此，在实际的成型加工条件下就可得到较大的结晶度。有不少工程塑料，虽然分子链具有较高的规整性，但分子链刚硬，柔曲性太差，在实际的成型加工条件下只能得到无定形制品。结晶是分子链的紧密堆砌过程可以使聚合物的密度、收缩率、硬度、刚性和某些力学强度增大，耐磨性提高，但会使其韧性下降。

在熔融加工的剪切流动中，聚合物分子链会沿外力作用方向伸直并平行排列，即为分子链的取向。随制品类型不同，分子链的取向方式可以不同。在纤维、单丝、注塑制品生产中，产生分子链的单轴取向；在薄膜制品生产中，产生分子链的双轴取向。结晶和取向都是在塑料制品成型过程中产生的，取向的方向和程度与制品的几何形状和成型工艺条件密切相关，并对制品性能产生重大影响。

由于结晶涉及分子链整链或分子链较大长度部分的折叠和堆砌，取向涉及分子链整链的滑移和平行排列，因此，取向和结晶仅存在于分子链间无化学键的热塑性塑料制品中。热固性塑料由于分子链之间有交联的化学键，限制了分子链的上述运动，因此一般不会产生结晶和取向。

树脂大分子有极性和非极性之分。树脂大分子的极性（偶极矩）等于分子链上各个化学键键矩的矢量和。不含极性基团且分子链完全对称的大分子，各个键矩的矢量和等于零，材料是非极性的，例如聚乙烯和聚四氟乙烯就是典型的非极性聚合物。相反，树脂分子链上含有极性基团，分子链又不完全对称，特别是极性基团分布得不对称，这样的聚合物就会表现出极性，例如，聚酰胺和聚氯乙烯、聚丙烯腈等都是比较典型的极性聚合物。树脂分子链的极性大小对塑料材料介电性能、电绝缘性能、溶解性和耐溶剂性都有重大影响。

树脂大分子是有机化合物，分子链一般都是由原子序数较小的 C、H、N、O、F、S、Cl 等较轻的元素的原子组成，主要是由 C、H 组成。因此，以树脂为基材的塑料的密度比金属、陶瓷、玻璃等的密度小，这成为塑料材料的突出优点之一。上述各元素由共价键结合起来形成的聚合物树脂，键能小于金属键和离子键，在光、热等能量因素的作用下容易被破坏，也容易受氧和环境中其他因素的作用。因此，塑料材料一般都存在老化问题，这又成为塑料材料的突出缺点之一。以 C、H 元素为主要化学组成的树脂，一般都存在容易燃烧的问题，这又是多数非金属材料与金属等传统结构材料的区别之一。

许多情况中，常常根据制品的实际使用或成型工艺的需要，向树脂基体中加入其他组分或添料，成为塑料配料。这些额外加入到树脂中的组分统称为助剂。其目的用以改善或调节材料的性能。其中增强剂和填充剂对塑料的物理、力学性能影响最大；增塑剂对塑料成型加工性能的影响最大。其他助剂都仅是侧重改善、调节材料的某种性能。也有以纯树脂形式使用的塑料材料。同一树脂中可按实际需要加入不同品种和用量的助剂，这使同一品种的塑料出现多样的品级和规格，以满足不同的用途。这些同品种不同品级、规格的材料在性能上往往有明显不同。

塑料还可以发泡成为含无数微孔的泡沫塑料，泡沫塑料的性能又与不含微孔的实体塑料有很大差别（如泡沫塑料的密度仅有 0.4g/cm^3 左右，两者的力学性能和热性能也差别较大）。

第三节　非金属材料的性能特点

一、无机非金属材料的特点

（1）普通无机非金属材料的特点　耐压强度高、硬度大、耐高温、抗腐蚀等。此外，如水泥的胶凝性能，玻璃的光学性能，陶瓷的耐蚀、介电性能，耐火材料的防热、隔热性能等都体现了非金属材料的显著优势，为金属材料和高分子材料所不及。但与金属材料相比，它断裂强度低、缺少延展性，属于脆性材料。与高分子材料相比，密度较大，制造工艺较为复杂。

（2）特种无机非金属材料的特点　①各具特色。例如，高温氧化物等的高温抗氧化特性；氧化铝、氧化铍陶瓷的高频绝缘特性；铁氧体的磁学性质；光导纤维的光传输性质；金刚石、立方氮化硼的超硬性质；导体材料的导电性；速凝早强水泥的快凝、快硬性质等。②各种物理效应和微观现象。例如，光敏材料的光-电、热敏材料的热-电、压电材料的力-电、气敏材料的气体-电、湿敏材料的湿度-电等材料对物理和化学参数间的功能转换特性。③不同性质的材料经复合而构成复合材料。例如，金属陶瓷、高温无机涂层，以及用无机纤维、晶须等增强的材料。

二、有机高分子材料的特点

有机高分子材料与传统的金属、陶瓷等材料相比有很多不同。以典型的有机高分子材料——工程塑料为例，工程塑料的突出特点是质轻，对热和电具有良好的绝热性和绝缘性，强度和刚度绝对值一般低于金属，但比强度、比刚度却可能接近或超过金属。对同样外加载荷的响应，金属、陶瓷材料主要表现为弹性，而塑料等有机高分子材料却表现为黏弹性，弹性响应受到黏性结构因素的阻滞。金属、陶瓷的力学性能在较大范围里受温度影响较小，塑料的力学性能对温度变化却很敏感。湿度对金属、陶瓷的力学性能基本上无影响，对塑料力学性能的影响却十分明显。加载速率对金属、陶瓷力学性能的影响也比对塑料的影响要小。金属材料都存在锈蚀问题，塑料却不存在锈蚀问题，许多塑料是优异的防腐耐蚀材料。陶瓷及金属材料不存在老化问题，塑料、橡胶、复合材料等非金属材料在大气环境中却存在着老化问题。此外，塑料、橡胶、复合材料等有机高分子材料与金属、陶瓷等材料在其他性能上也有许多明显不同。

塑料、橡胶、复合材料等有机高分子材料的性能与传统的金属、陶瓷等材料的差异主要源于它们的化学组成及结构的不同，这也决定了塑料、橡胶、复合材料等有机高分子材料具有其他材料所不能替代的应用领域。它们的性能表征和测试方法也与其他材料有许多不同。

第四节　非金属材料性能检测的意义

材料科学的发展在很大程度上依赖于检测技术的提高。每一种新仪器和测试手段的发明创造，都对当时新材料的出现和发展起到了促进作用。如早期的电子显微镜、扫描电镜、高分辨率电镜，其点分辨率在0.2nm左右，足以观察到原子，为研究材料的内部组织结构提供了先决条件。而后又出现了扫描透射电镜、扫描隧道显微镜，不但可以观察到原子，分析出微小区域的化学成分和结构，还可用来进行原子加工，为在微观结构上设计新材料打下了基础。

检测技术又是控制材料工艺流程和产品质量的主要手段，各种检测用传感器，利用物理、化学或生物原理来传递材料在使用和生产过程中所产生的信息，从而达到控制产品质量的目的。随着科学技术的发展，各种检测技术和检测装置不断更新，适应在线、动态及各种恶劣环境测试的检测装置将用于材料的研究和生产中。

由于非金属材料的化学组成和结构特点，非金属材料性能的表征和测试与传统结构材料，如金属等的表征与测试有许多重要不同。这些不同主要表现在以下三个方面。

1）非金属材料规定有许多特有的专门试验，如吸水性试验、各种老化性能试验、燃烧性能试验、脆化温度试验、耐化学性试验、介电性能试验、透气性和透湿性试验、结晶度测定、取向度测定、相对分子质量测定和相对分子质量分布试验、工艺方面的流动性试验、表观密度试验、收缩率测定等。所有这些试验完全是由非金属材料的独特组成和结构所决定的。

2）非金属材料性能试验规定的方法较多，非金属材料的同一种性能，往往有不止一种测试方法，有两种或更多的测试方法，这种情况对于金属材料是较为少见的。这是因为：①非金属材料品种繁多，性能差别大。已知的塑料品种已超过300种，常见的有上百种，远多于金属材料。各种塑料商品化的品级、牌号、规格数以万计（包括各国各家公司）。不同塑料品种的组成和结构差别很大，导致其性能差别很大。塑料按受热时的行为有热固性和热塑性之分；按性能和应用范畴有通用塑料和工程塑料之分；按增强与否又有增强塑料和非增强塑料之分，同一塑料又有含增塑剂和不含增塑剂的硬、软塑料之分。不同类型的塑料在硬度、刚性、强度、耐热性、工艺性方面差别很大。例如，热塑性和热固性两种塑料的工艺性就无法用同一方法和尺度衡量，只能规定出两种差别甚大的方法进行测试。即使同是热塑性塑料，其硬度、刚度、强度也相差悬殊，有时用同一方法很难比较，其中硬度最具有典型性，塑料硬度的测定有洛氏、布氏、巴氏、邵氏、球压痕等诸多方法，多于金属的硬度试验方法。②非金属材料的应用形式多。塑料成型加工方法比其他材料多，例如可采用模塑，包括注塑、压塑、传递模塑；也可采用挤出成型，如管、棒、板、片、异型材、挤出吹塑薄膜的挤出成型；又可采用中空吹塑容器，压延板材和薄膜、滚塑中空制品；还可采用真空成型、热成型等。塑料又可发泡成各种硬质、软质泡沫，其密度范围变化大，发泡的微孔结构又可分为开孔或闭孔。即使是同一种材质的材料，由于产品形式的差别大，性能的差别也很大，使得对同一性能的评价产生很大的困难。因此，用一个可适于所有产品形式的统一方法是无法正确评价出各自性能的。例如冲击性能，不仅有摆锤简支梁法、悬臂梁法，还有落锤法、落锥法、拉伸冲击法、薄膜摆锤冲击法等。这些冲击试验方法对所适用的产品形式都有明确规定，结果的表示方法也不相同。③影响非金属材料性能评价的因素很复杂。对塑料性能测试和评价的影响因素包括塑料本身和外部环境两方面。不同塑料的组成和结构差别很大，使得它们对测试条件响应的差别也很大，这是内部因素的复杂性。外部环境包括温度、湿度、环境气氛、介质性质、载荷性质、加载速率及产品工作时间等，对试验结果都有较大影响；且多种因素常常有协同效应，这是外部环境的复杂性。因此，对某些性能，用单一的试验是无法做出全面评价的，往往必须规定多种试验方法，从不同侧面进行广角的评价，才可使人们对该性能有一个全面的了解和评定。塑料、橡胶等的耐热性、燃烧性和老化性能都规定多种试验就是最典型的例证。塑料和橡胶的试验方法和标准很多，要正确分析材料的品种、类型、产品形式、应用要求，正确选用试验方法，才能取得正确的结果。

3）非金属材料性能检测对试验环境调节和测试环境条件的要求很严格。由于非金属材料的黏弹性、吸湿性，非金属材料许多性能参数的测试结果对加载速率和试验温度、湿度有明显的依赖性。因此，对非金属材料的检测环境温度、湿度和试验条件要求比对金属材料等试验的规定要严格得多。如塑料的任何性能除在该性能试验中另有规定外，都应在试验前按GB/T 2918—2018《塑料 试样状态调节和试验的标准环境》的规定进行状态调节，并使试验在标准的环境和状态下进行。这样的试验不仅重复性好，试验结果也具有可靠性和互比性。不在标准环境和状态下的非金属材料性能试验，其结果是难以置信的。

思　考　题

1. 材料的发展历程是什么？
2. 非金属材料的分类有哪些？
3. 无机非金属材料的基本组成有哪些？
4. 有机高分子材料的基本组成有哪些？
5. 非金属材料性能检测的意义是什么？

第二章

力学性能检测

第一节　基本概念

一、力学性能试验

力学性能是材料对外力作用的力学反应性。外力按其作用在物体上的方向不同可分为：拉伸力、压缩力、弯曲力、剪切力、扭力、摩擦力等。同时力的作用方式也多种多样，常见的作用方式包括：以一定的速度缓慢地作用于物体上；以冲击速度作用于物体上；以一定的外力持续地作用于物体上；断续、反复地作用于物体上等。

在外力以各种形式作用于物体上时，物体对外力都有抵抗能力，以保持其形状不受破坏。为了与外力平衡，由变形（应变）产生反应的力，称为应力。

物体对外力的应力或应变，按照其方向可分为：拉伸应力和拉伸应变；压缩应力和压缩应变；剪切应力和剪切应变等。

外力以各种不同的组合方式作用于材料上，材料对外力的反应性由于不同组合而多种多样，在实用中把以一定速度缓慢作用时，物体的力学反应性称为静态力学特性，其他的力学反应性则称为动态力学特性。

静态力学特性有拉伸特性、压缩特性、弯曲特性、剪切特性、扭转特性、硬度特性等。

动态力学特性有冲击特性、蠕变特性、应力松弛、疲劳特性、摩擦特性、磨耗特性等。

二、力学性能试验装置

力学性能试验装置主要包括试验机和应变测量装置等，试验机是进行材料力学试验的主要设备，根据功能、工作原理和精度的不同，分为不同的类型，但其主要结构都包括加载机构、测力机构、夹持机构和数据采集与输出机构。加载方式主要有液压活塞加载、机械式传动加载，测力方式主要有杠杆测力、电阻应变计测力。应变测量装置是进行材料力学性能试验时测量材料变形的主要设备。

（一）试验机

试验机按功能可分为拉力试验机和万能试验机。拉力试验机是单向加载（拉），只能进行拉伸试验；万能试验机是双向加载（拉、压），除可以进行拉伸试验外，还可以进行压缩、弯曲、剪切等试验。但通常又将万能试验机简称为拉力试验机。

试验机按工作原理可分为液压拉力试验机、机械拉力试验机和电子拉力试验机。

试验机的精度分为 0.5 级试验机和 1 级试验机，表示其最大允许误差不超过量程的 0.5%和 1.0%。

下面根据试验机不同的工作原理，分别介绍。

1. 液压式万能试验机

液压式万能试验机是采用高压液压源作为动力源，液压源推动活塞运动，使工作平台按控制方向移动，给试样施加载荷。主要分为普通液压式万能试验机（通常称为液压式万能试验机）、电液伺服万能试验机。

液压式万能试验机结构如图 2-1 所示。在底座上由两根固定立柱和固定横梁组成承载框架。工作液压缸固定于框架上，在工作液压缸的活塞上，支承着由上横梁、活动立柱和活动平台组成的活动框架。试样安装于上夹头和下夹头之间，当打开液压泵时，油液通过送油阀经送油管进入工作液压缸，把活塞连同活动平台一起顶起，由于下夹头固定，上夹头随活动平台上升，因此试样将受到拉伸。若把试样置放于两个承压垫板之间，或将受弯试样置放于两个弯曲支座上，则因固定横梁不动而活动平台上升，试样将分别受到压缩或弯曲。

试验开始前如需要调整上、下夹头之间的距离，则可开动下夹头升降电动机，使下夹头上升或下降。

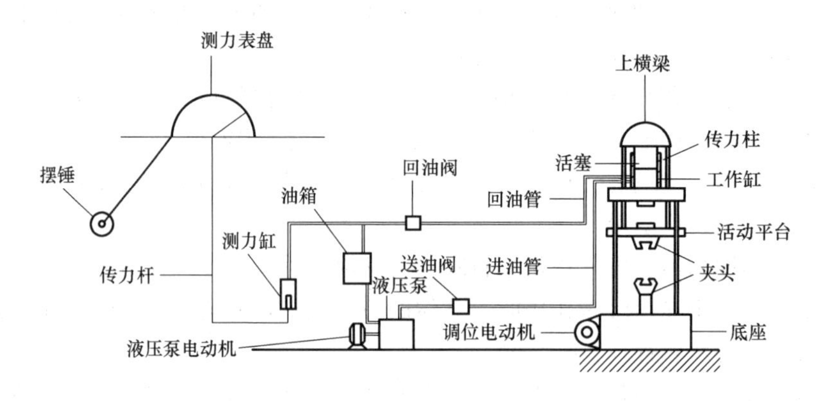

图 2-1　液压式万能试验机结构

液压式万能试验机用手动阀作为控制元件控制油压，属于开环控制系统，所以控制精度较低，只能以控制横梁移动速度的方式实现加载。

早期的液压式万能试验机是通过杠杆原理测力的。加载时，开动液压泵电动机，打开送油阀，给试样加载的同时，油液经回油管及测力油管进入测力液压缸，压迫测力活塞，使它带动拉杆向下移动，从而迫使摆杆、摆锤和推杆绕支点偏转，再推动齿杆作水平移动，驱动示力度盘的指针齿轮，使示力指针旋转。因为测力液压缸和工作液压缸中油压压强相同，示力指针的转角便与工作液压缸活塞上的总压力，即试样所受载荷成正比。经过标定便可使指针在示力度盘上直接指示载荷的大小。

液压式试验机一般配有重量不同的摆锤，对于重量不同的摆锤，使示力指针转同样的转角，所需的油压并不相同，因此示力度盘上由刻度表示的测力范围应与摆锤的重量相匹配，可以通过更换试验机的摆锤改变试验机的测量范围。

现在的普通液压式万能试验机不再根据杠杆原理使用摆锤测力，而使用液压压力传感器进行测力。

目前先进的液压式万能试验机采用伺服阀作为控制元件进行控制，称为电液伺服万能试验机。它属于闭环控制，控制精度高，稳定性好，其测力系统使用应变计式传感器进行测力，测力精度很高，载荷信号放大后经 A/D 转换变成数字显示，同时输出到记录仪、计算机或其他终端上，便于试验结束后进行数据处理。试验过程可以实现载荷、应变或横梁位移三种控制方式进行加载。

2. 机械式万能试验机

机械式万能试验机采用电动机作为动力源，带动丝杠转动，控制试验机横梁（即工作平台）的移动速度，给试样施加载荷。机械式万能试验机也属于开环控制系统，控制精度较低，只能以控制横梁位移速度的方式进行试验。

机械式万能试验机结构如图 2-2 所示。

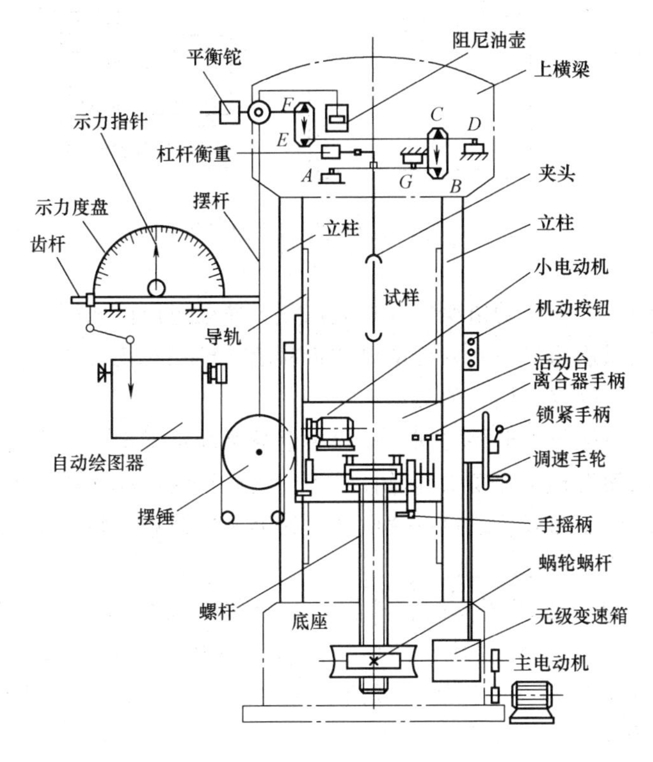

图 2-2　机械式万能试验机结构

机械式万能试验机也是通过杠杆原理测力的。在进行拉伸试验时，上夹头受拉，杠杆 *AB* 顺时针方向转动（刀口 *G* 与支座脱离），带动杠杆 *DE* 绕 *D* 点逆时针方向转动，通过刀架 *EF* 使摆杆和摆锤偏转，从而推动齿杆水平移动，使示力指针旋转，指示出载荷大小。压缩或弯曲实验时，杠杆 *AB* 受力的方向与拉伸实验时相反。可以通过更换试验机的摆锤改变试验机的测量范围。

3. 电子式万能试验机

电子式万能试验机是电子技术与机械传动相结合的新型试验机，它同样采用电动机作为动力源，但控制精度比机械式万能试验机高很多。电子式万能试验机的工作原理如图 2-3 所示。

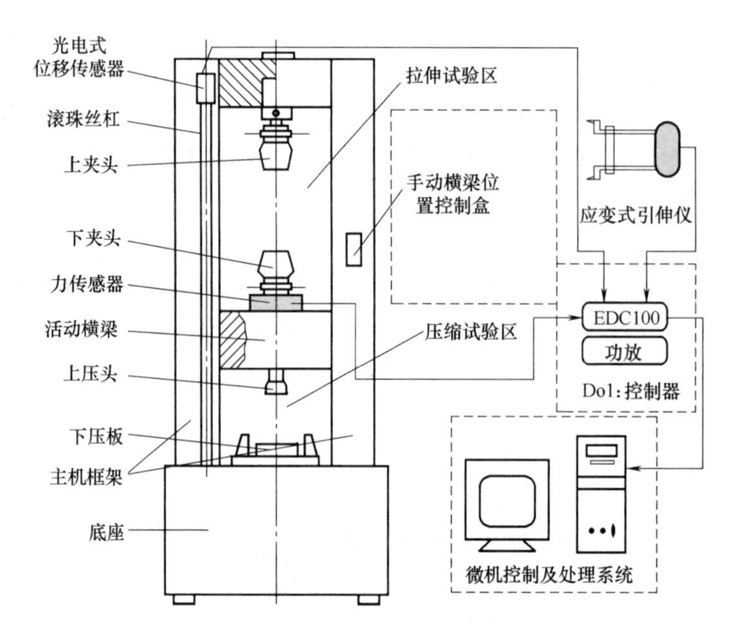

图 2-3　电子式万能试验机的工作原理

在加载控制系统中，由活动横梁、四根立柱和上横梁组成门式框架。由试验机的伺服系统控制电动机，经过减速箱等一系列传动机构带动滚珠丝杠转动，从而控制横梁的移动，通过改变电动机转速，可以改变横梁的移动速度。

试样安装于活动横梁与上横梁之间，试验中上横梁固定不动，操纵速度控制单元发出指令，伺服电动机便驱动齿轮箱带动滚珠丝杠转动，丝杠推动活动横梁向下或向上位移，从而实现对试样的拉伸或压缩加载。通过测速电动机的测速反馈和旋转变压器的相位反馈形成闭环控制，以保证加载速度的稳定。

电子式万能试验机属于闭环控制，其测量系统包括载荷测量、试样变形测量和活动横梁的位移测量三部分，可对载荷、变形、位移的测量和控制有较高的精度和灵敏度，实现载荷、应变或横梁位移三种控制方式进行加载。测量载荷的传感器是应变式拉力传感器，通常置于上横梁内，载荷传感器测出的电信号经放大器放大，再经 A/D 转换变成数字显示，同时输出到记录仪、计算机或其他终端上。变形测量则是把应变式引伸计的信号经放大器输出到记录仪、计算机或其他终端上，由载荷与变形信号即可画出载荷-变形曲线。活动横梁的位移是借助丝杠的转动来实现的，滚珠丝杠转动时，装在滚珠丝杠上的光栅编码器输出的脉冲信号经过转换，也可用数字显示，或输出到记录仪、计算机或其他终端上。

试验时进入试验界面，输入试验参数并开始试验后，电脑会不断地采集各样的试验数据，实时画出试验曲线（如力-位移曲线），自动求出各试验参数并输出报告。

（二）应变测量装置（引伸计）

应变测量装置，通常称为引伸计，是测量试样变形量的长度测量仪，它能测出一定载荷下的微小变形量。引伸计一般由以下三部分组成：

1）变形部分：与试样表面紧密接触，与试样同步变形，感受试样的微量变形；

2）传递和放大部分：将接受到的试样变形放大；

3）数据采集部分：记录或显示试样的变形量。

根据工作原理通常将引伸计分为机械式、电子式和激光式三种。根据其标定的精度，引伸计的划分等级见表 2-1。一般情况下，机械式等级低，电子式等级高。实际中应根据试验机和检测变形量的要求来选取引伸计的式样及等级。引伸计应定期进行检定或校准。日常试验中，要经常检查引伸计，如发现异常应重新标定后再使用。

表 2-1　引伸计的划分等级

引伸计级别	标距相对误差（%）	引伸计级别	标距相对误差（%）
0.2	±0.2	1	±1.0
0.5	±0.5	2	±2.0

1. 机械式引伸计

机械式引伸计是利用杠杆原理，通过杠杆将变形放大后，再使用千分表来测量试样上的微量变形。如图 2-4 所示为机械式引伸计的一种——杠杆式引伸计的结构。

上下标距叉由球铰杆与千分表的表座板连接起来，同时用弹簧拉紧，组成杠杆式变形传递架，千分表的触头与下标距叉接触。旋紧固定顶尖和活动顶尖便可把引伸计安装于试样上。

当试样变形时，带动顶尖螺钉位移，从而使下标距叉绕球铰中心轻微转动，形成一个以球铰为支点的杠杆。按照图 2-4 所表示的结构，千分表触头的位移是与试样接触的活动顶尖位移（即试样变形）的 2 倍，即千分表指针每转动一格，表示触头的位移为 1/1000mm，而试样的变形为 1/2000mm，该引伸计的放大倍数是 2000 倍。

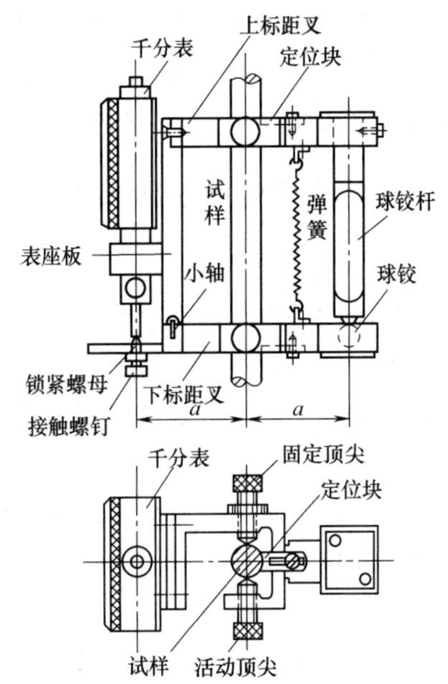

图 2-4　杠杆式引伸计的结构

机械式引伸计只能测量试样上的变形，无法将该变形记录下来，因此不能绘出力-变形曲线。

2. 电阻应变式引伸计

电阻式引伸计由应变片、弹性元件、变形传递杆、标距限位杆、刀刃和夹紧弹簧等组成，如图 2-5 所示。测量变形时，通过夹紧弹簧将引伸计装夹在试样上，使刀刃与试样接触来测量两刀刃间距内试样的伸长，通过变形杆使引伸计的弹性元件产生应变，应变片将其转换为电阻变化量，再用适当的测量放大电路转换为电压信号，输出连接到数据采集面板上、图表记录仪或其他的终端设备上。也可以将应变输出信号与试验机的控制器连接，作为试验机的控制信号。

电阻应变式的引伸计由于原理简单、安装方便，目前是广泛使用的一种类型。电阻应变式引伸计按测量对象，又可分为轴向引伸计、横向引伸计和夹式引伸计。

电阻应变式引伸计根据功能不同，又分为以下三种：

(1) 轴向引伸计　用于检测试样在轴向的伸长变形。

(2) 径向引伸计　用于检测试样在径向的收缩变形，可以与轴向引伸计配合用来测定泊松比。

(3) 夹式引伸计　用于检测裂纹张开位移。夹式引伸计是断裂力学实验中最常用的引伸计之一，它多用在测定材料断裂韧性的试验中。

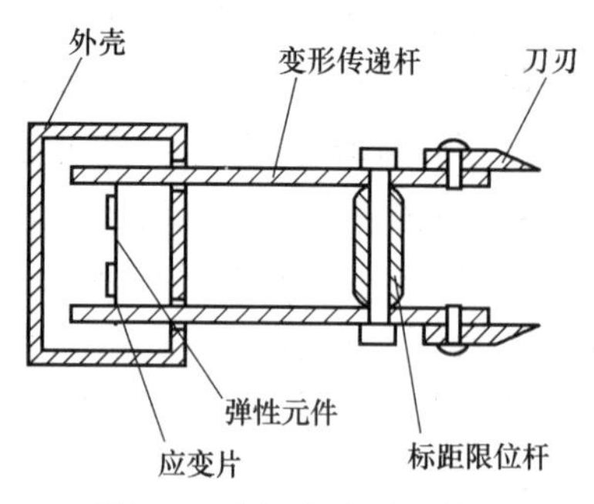

图 2-5　电阻应变式引伸计

电阻应变式引伸计中按变形量大小还可分为小变形量引伸计、大变形引伸计。其中小变形量引伸计主要用于测量金属材料拉伸屈服应力阶段的性能指标。

大变形引伸计标距通常在 50mm 以上，测量范围最大可达到 100mm。大变形引伸计可以在试样拉断时不取下，广泛用于较大试样的大变形测量，如钢筋、金属丝等材料的变形测量。

3. 激光引伸计

激光引伸计采用非接触式测量试样上的应变，使用高速激光扫描仪测量试样上反射带之间的变形。试验之前在试样上根据标距大小设置好反射带。试验中通过测量反射光来测量试样上的变形。由于是非接触式，所以可以实现小标距引伸计进行大变形量的测量。

激光引伸计由于是非接触式，因此无须在试样上标记；没有外力施加到试样上而影响测试结果，不会因为引伸计的刀口引起试样损伤而提前断裂，消除了由于试样上引伸计的刀口滑动而造成的测量误差，避免了由高能试样的断裂造成的引伸计损害。

三、力学性能试验参数的选择

1. 载荷范围

确保试验机的最大量程大于使用的最大载荷。被测拉力范围的不同，决定了所使用传感器的不同，也就决定了试验机的结构。拉力范围越大，试验机的承载立柱直径越大，那么立柱数量就会增加，试验机费用也随之增加。

2. 试验行程

根据需要试验的物品的性质选择试验机，如对弹性较大、长度较长的物品进行试验，要选择行程较大的试验机。

3. 可做的实验项目

如果只做拉伸试验，可选择单向拉伸的试验机。如果要求试验机一机多用，在配备不同夹具的基础上，可做拉伸、压缩、弯曲、剪切等试验，则必须选择万能试验机。

4. 控制精度要求

根据试验机的传动机构，可分为丝杠传动和齿条传动。丝杠传动比较昂贵，主要用于高精度控制、测试重复性高的试验；齿条传动较便宜，主要用于低精度、测试重复性低的试验。丝杠传动对拉力控制精度的测量具有决定作用，又分为一般丝杠、梯形丝杠和滚珠丝杠，其控制精度依次增高，设备价格也依次增加。其中滚珠丝杠的控制精度最高，但是其性能的发挥要靠电脑伺服系统操作才能发挥，整套价格也比较昂贵。

5. 试验速度

目前现有的试验机速度有的在 0.5mm/min ~ 50mm/min，有的在 0.001mm/min ~ 500mm/min，前者一般使用普通调速系统，成本较低，精度低；后者使用伺服系统，价格昂贵，精度高。

6. 测量精度

测量精度包括测力精度、速度精度、位移精度。不同的试验要求精度不同。

第二节　拉伸性能试验

一、基础知识

拉伸试验是在规定的温度、湿度和试验速度条件下，对试样沿纵轴方向施加拉伸载荷，以测定材料的拉伸屈服应力及应变、拉伸断裂应力及断裂应变、拉伸弹性模量、拉伸强度等特性参数的一种试验。在试验过程中以拉伸应力为纵轴，以拉伸应变为横轴绘制的曲线称为拉伸应力-应变曲线（见图 2-6）。通过对拉伸应力-应变曲线的分析可以得到各种拉伸性能参数。

1. 拉伸性能参数的分类

拉伸性能参数可分为强度参数、刚性参数和塑性参数。

（1）强度参数　比例极限、屈服强度、定伸强度、拉伸强度、断裂强度；

（2）刚性参数　拉伸弹性模量、泊松比；

（3）塑性参数　应变、永久变形。

2. 拉伸性能参数的定义和计算公式

（1）比例极限　拉伸应力-应变曲线（见图 2-6）上 a 点相对应的应力值，用 σ_L 表示，单位为兆帕（MPa）。它表示应力与应变成比例的最大应力值，超过该点，应力与应变不再成正比了。

（2）拉伸屈服应力　在拉伸应力-应变曲线上，应变增加而应力不增加的第一点所对应的应力值。图 2-6 中 Y 点所对应的应力值，用 σ_Y 表示，单位为兆帕（MPa）。

（3）拉伸屈服应变　屈服应力所对应的应变。图 2-6 中 Y 点所对应的应变，用 ε_Y 表示。

（4）拉伸断裂应力　在拉伸试验过程中，试样断裂时，试样有效部分的原始横截面单位面积所承受的载荷。图 2-6 中 X 点所对应的应力值，用 σ_b 表示，单位为兆帕（MPa）。

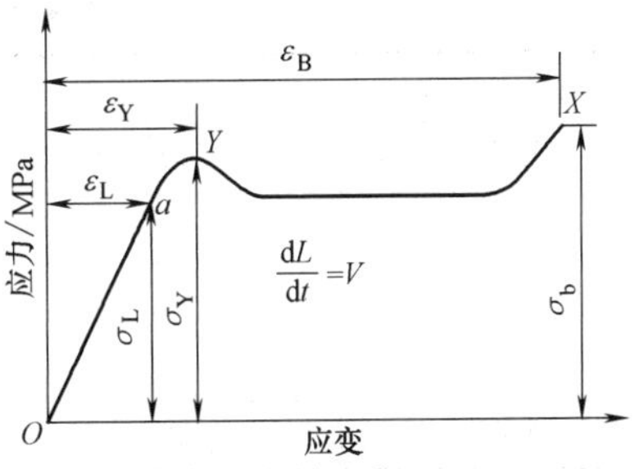

图 2-6　拉伸应力-应变曲线

（5）拉伸强度　在拉伸试验过程中，试样有效部分的原始横截面单位面积所承受的第一点峰值载荷。用 σ_m 表示，单位为兆帕（MPa）。拉伸强度的计算公式为

$$\sigma_m = \frac{P}{A} \tag{2-1}$$

式中 P——试样第一点峰值拉伸载荷，单位为 N；

A——截面积，单位为 mm^2。

（6）定伸强度　在拉伸试验过程中，对应于某一特定应变的应力值，亦称为 $x\%$ 拉伸应变应力，用 σ_x 表示，单位为兆帕（MPa）。

（7）拉伸弹性模量　在拉伸应力-应变曲线的初始直线部分，在比例极限内，试样的拉伸应力与相应的应变之比称为材料的拉伸弹性模量，又称杨氏模量，用 E_t 表示，单位为兆帕（MPa）。拉伸弹性模量的计算公式为

$$E_t=\frac{\sigma}{\varepsilon} \tag{2-2}$$

式中 σ——拉伸应力，单位为 MPa；

ε——相应的拉伸应变。

（8）泊松比　在弹性应变部分（比例极限内），拉伸试样的纵向应变与横向应变之比称为材料的泊松比。

（9）拉伸断裂标称应变　在试验过程中，试样断裂时，试样有效部分标线间距离的增加量与初始标距之比的百分数。拉伸断裂标称应变的计算公式为

$$\varepsilon_{tb}=\frac{L-L_0}{L_0} \tag{2-3}$$

式中 L_0——试样标距初始值，单位为 mm；

L——试样断裂时标距值，单位为 mm。

（10）永久变形　材料在除去使其变形的应力后剩余的固定变形，用百分数表示。

二、典型的拉伸应力-应变曲线

随着材料的不同，其拉伸应力-应变曲线的形状不同，高聚物材料的拉伸应力-应变曲线大致可分为五种类型：①软而弱；②软而韧；③硬而强；④硬而韧；⑤硬而脆。图 2-7 所示为五种不同类型高聚物材料的应力-应变曲线。表 2-2 列出了五种不同类型高聚物材料的应力-应变曲线特征。

表 2-2　五种不同类型高聚物材料的应力-应变曲线特征

高聚物性能	拉伸弹性模量	拉伸屈服应力	拉伸断裂应力	拉伸断裂应变
软而弱	低	低	低	中等
软而韧	低	低	高	高
硬而强	高	高	高	中等
硬而韧	高	高	中等	高
硬而脆	高	无	高	低

从表 2-2 中可以看出，软而弱的材料弹性模量低，断裂应力也低，断裂应变中等。硬而脆的材料有较高的弹性模量和较大的断裂应力，但它不出现屈服点，在较小的断裂应变下就破坏了。硬而强的材料有高的弹性模量和断裂应力，它的断裂往往在屈服点附近。软而韧的材料的特征是弹性模量和屈服应力较低，断裂应变大，断裂应力较高。

通过拉伸应力-应变曲线还可以描述材料的强韧性，强韧性等于应力-应变曲线下的面积

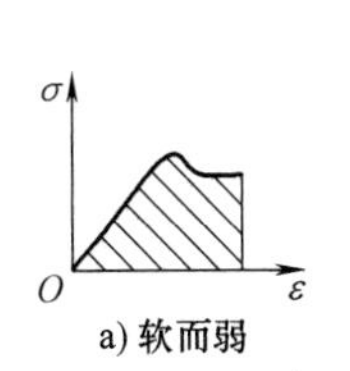

a) 软而弱

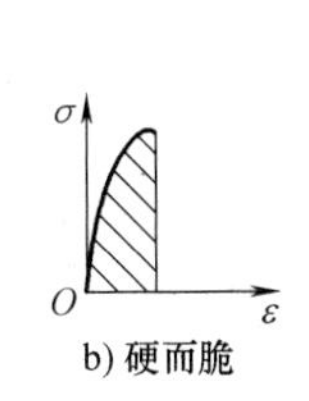

b) 硬而脆

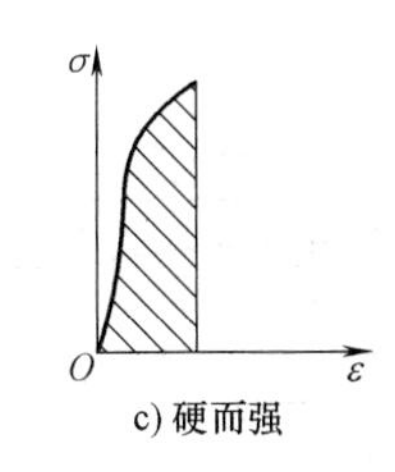

c) 硬而强

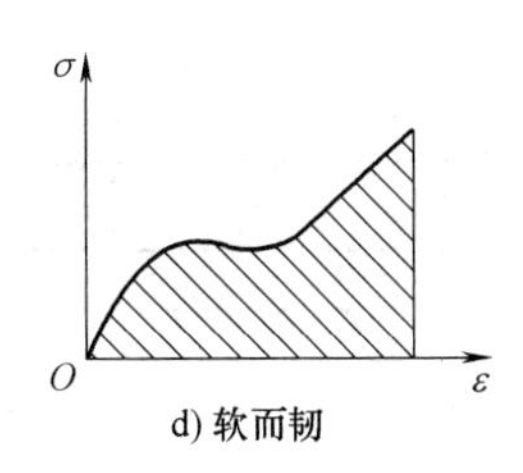

d) 软而韧

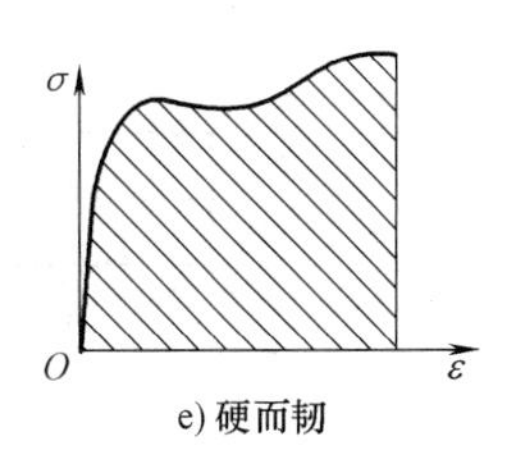

e) 硬而韧

图 2-7　五种不同类型高聚物材料的应力-应变曲线

(见图 2-7 阴影部分)，计算公式为

$$A_s = \int_0^{\varepsilon_b} \sigma \mathrm{d}\varepsilon \tag{2-4}$$

式中　A_s——强韧性；

σ——拉伸应力，单位为 MPa；

ε_b——拉伸断裂应变。

三、试验方法

(一) 塑料拉伸性能试验

1. 试验设备

(1) 试验机　力值测量精度优于 1 级的试验机。试验机的速度应能满足表 2-3 推荐的试验速度及允差的要求。

表 2-3　推荐的试验速度及允差

试验速度/(mm/min)	允差(%)	试验速度/(mm/min)	允差(%)
1	±20	50	±10
2	±20	100	±10
5	±20	200	±10
10	±20	500	±10
20	±10	—	—

(2) 应变测量装置　能测量试验过程中任何时刻试样标距的相对变化，应变测量的相对误差不能超过 1%，测量装置与试样之间基本无滑动。

(3) 试样尺寸测量装置　测量装置的测量头应适宜被测量的试样，不应使试样在承受压力且尺寸发生明显下进行测量。测量精度至少要达到 0.01mm。

(4) 夹具　用于夹持试样的夹具与试验机相连，使试样的长轴与通过夹具中心线的拉力方向重合，当加到试样上的拉力增加时，能保持或增加对试样的夹持力，且不会在夹具处引起试样的过早破坏。

2. 试样

试样的形状和尺寸：拉伸试样的形状如图 2-8 所示，试样尺寸见表 2-4。

试样数量：对于各向同性材料，每组试验至少包括 5 个试样。对于各向异性材料，每组试验至少包括 10 个试样，其中 5 个试样的拉伸方向与各向异性材料的主轴垂直，另外 5 个试样的拉伸方向与之平行。

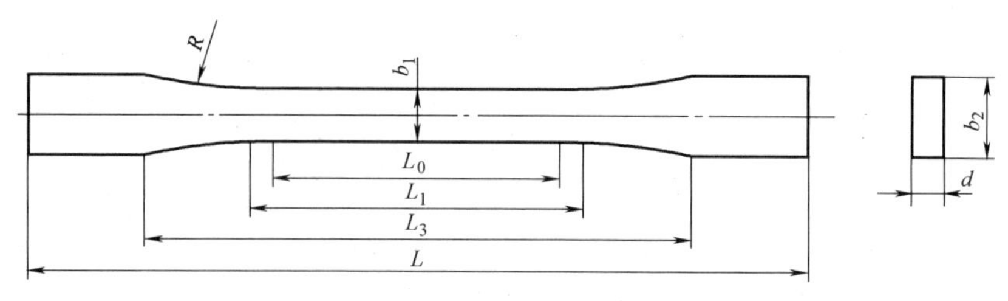

图 2-8 拉伸试样的形状

表 2-4 试样尺寸 （单位：mm）

符号	名称	A1 型	B1 型
L_3	夹具间的初始距离	109.3±3.2	109.3±3.2
L_0	标距	50.0±0.5	50.0±0.5
L_1	中间平行段长度	80±2	80±0.2
L	总长度(最小)	150	150
b_1	中间平行段宽度	10.0±0.2	10.0±0.2
b_2	端部宽度	20.0±0.2	20.0±0.5
d	厚度	2~10 优选厚度为 4.0±0.2	2~10 优选厚度为 4.0±0.2

3. 试验步骤

（1）试验环境　试验一般在温度为（23±2）℃、相对湿度为（50±10）%的环境条件下进行状态调节和试验。

（2）测量试样尺寸　在每个试样中部 5mm 以内测量试样的宽度和厚度，精确至 0.01mm。

（3）夹持试样　使试样的长轴中心线与试验机上、下夹具的对准中心线一致。

（4）施加初始载荷（约为破坏载荷的 5%）　检查并调整试样及变形测量系统，使整个系统处于正常工作状态。在试样工作段安装测量变形的引伸计。

（5）选择加载速度　按相关标准规定的试验速度，测定拉伸弹性模量、拉伸割线弹性模量、泊松比时，试验速度应尽可能使应变速度接近每分钟 1%标距。

（6）记录数据　记录试验过程中试样承受的载荷及与之对应的标线间距离的增量，或自动记录完整的应力-应变曲线 。

（7）检查试验的有效性　若试样出现以下情况应予作废：

1）试样破坏在明显内部缺陷处。

2）试样破坏在夹具内或圆弧处。

4. 数据处理与结果表示

拉伸应力的计算公式为

$$\sigma = \frac{P}{bd} \tag{2-5}$$

式中　σ——拉伸应力，单位为 MPa；

P——所测得的载荷，单位为 N；

b——试样中间平行段宽度，单位为 mm；

d——试样厚度，单位为 mm。

拉伸弹性模量的计算公式为

$$E_t=\frac{\sigma_2-\sigma_1}{\varepsilon_2-\varepsilon_1} \tag{2-6}$$

式中 E_t——拉伸弹性模量，单位为 MPa；

σ_1——应变值 $\varepsilon_1=0.0005$ 时测量的应力，单位为 MPa；

σ_2——应变值 $\varepsilon_2=0.0025$ 时测量的应力，单位为 MPa。

试验结果以 5 个试样的算术平均值表示，保留 3 位有效数字。

（二）纤维增强塑料拉伸性能试验方法

1. 试验设备

（1）材料试验机　载荷测量精度优于 1 级，能用力加载控制试验速度，需配备一对自动定位的夹具来夹持试样，使施加的载荷能通过夹具中心线并与试样的长轴方向相重合。

（2）应变测量装置　能测量试验过程中任何时刻试样标距的相对变化，应变测量的相对误差不能超过 1%，测量装置与试样之间基本无滑动。

（3）试样尺寸测量装置　测量装置的测量头应适宜被测量的试样，不应使试样在承受压力且尺寸发生明显变形的情况下进行测量。测量精度至少要达到 0.02mm。

2. 试样

（1）试样的形状和尺寸　试样的形状有两种，1 型试样如图 2-8 所示、2 型试样如图 2-9 所示，1 型、2 型试样尺寸见表 2-5。

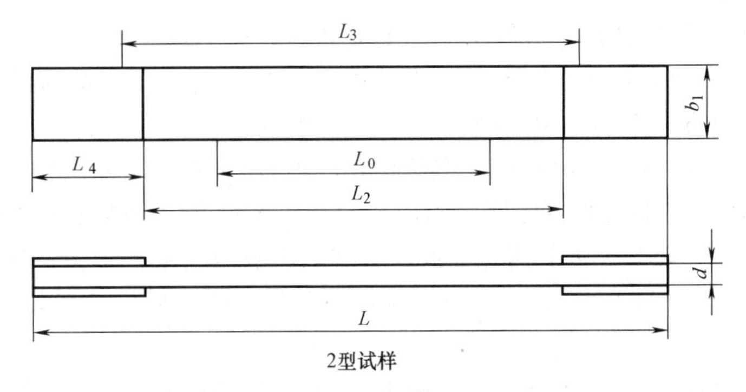

图 2-9　纤维增强塑料拉伸试样

（2）2 型试样加强片的要求及黏结工艺

1）加强片材料：采用比试验材料弹性模量低的材料。

2）加强片尺寸：

① 厚度为 1mm～3mm。

② 宽度：采用单根试样黏结时，为试样的宽度；若采用整体黏结后再加工成单根试样时，则宽度要满足所要加工试样数量的要求。

3）加强片的黏结：用细砂纸打磨（或喷砂）黏结表面。注意不应损伤材料强度；用溶剂（如丙酮）清洗黏结表面；用韧性较好的室温固化胶黏剂（如环氧胶黏剂）黏结；对试样黏结部位加压一定的时间。

表 2-5　1 型、2 型试样尺寸　（单位：mm）

符号	名称	1 型	2 型
L	总长度(最小)	180	250
L_0	标距	50±0.5	100±0.5
L_1	中间平行段长度	55±0.5	—
L_2	端部加强片间距离	—	150±5
L_3	夹具间的初始距离	115±5	170±5
L_4	端部加强片长度(最小)	—	50
b_1	中间平行段宽度	10±0.2	25±0.5
b_2	端部宽度	20±0.5	—
d	厚度	2~10	2~10

（3）数量　试样的数量不少于 5 个。

3. 试验步骤

（1）试验环境　试验一般在温度（23±2)℃、相对湿度（50±10)%的环境条件下进行状态调节和试验。

（2）测量试样尺寸　将合格试样编号、划线并测量试样工作段中任意三处的宽度和厚度，取算术平均值。

（3）选择加载速度　测定拉伸弹性模量、拉伸割线弹性模量、泊松比、伸长率及应力-应变曲线时，加载速度一般为 2mm/min。测定拉伸强度时，加载速度为 10mm/min。仲裁试验加载速度为 2mm/min。

（4）夹持试样　使试样的中心线与上、下夹具的对准中心线一致。

（5）在试样工作段安装测量变形的仪表　施加初载（约为破坏载荷的 5%），检查并调整试样及变形测量系统，使整个系统处于正常工作状态。

（6）测定拉伸弹性模量、泊松比、伸长率和应力-应变曲线　采用分级加载，级差为破坏载荷的 5%~10%（测定拉伸弹性模量和泊松比时，至少分五级加载，施加载荷不宜超过破坏载荷的 50%）。一般至少重复测定三次，取其两次稳定的变形增量。测定拉伸割线弹性模量时，施加载荷至规定的应变值。记录各级载荷与相应的变形值。有自动记录装置时，可连续加载。

（7）测定拉伸强度　连续加载至试样破坏，记录破坏载荷（或最大载荷）及试样破坏形式。

（8）检查试验的有效性　若试样出现以下情况应予作废：

1）试样破坏在明显内部缺陷处。

2）1 型试样破坏在夹具内或圆弧处。

3）2 型试样破坏在夹具内或试样断裂处离夹紧处的距离小于 10mm。

同批有效试样不足 5 个时，应重做试验。

4. 数据处理与结果表示

应力的计算公式为

$$\sigma_x = \frac{P}{A} \tag{2-7}$$

式中　σ_x——纤维增强塑料拉伸应力，单位为 MPa；

P——所测得的载荷，单位为 N；

A——截面积，单位为 mm^2。

拉伸弹性模量的计算公式为

$$E_{tx}=\frac{\sigma_2-\sigma_1}{\varepsilon_2-\varepsilon_1} \tag{2-8}$$

式中　E_{tx}——纤维增强塑料拉伸弹性模量，单位为 MPa；

σ_1——应变值 $\varepsilon_1=0.0005$ 时测量的应力，单位为 MPa；

σ_2——应变值 $\varepsilon_2=0.0025$ 时测量的应力，单位为 MPa。

注意，$\varepsilon_1=0.0005$ 和 $\varepsilon_2=0.0025$ 为给定情况下的值，如材料说明或技术说明中另有规定，则 ε_1 和 ε_2 可取其他值。

试验结果以 5 个试样的算术平均值表示，保留 3 位有效数字。

（三）橡胶拉伸性能试验

1. 试验原理

在动夹持器或滑轮恒速移动的拉力试验机上，将哑铃状或环状标准试样进行拉伸。按要求记录试样在不断拉伸过程中和当其断裂时所需的力和伸长率的值。

2. 试样

1）哑铃状试样的形状如图 2-10 所示。哑铃状试样的试验长度见表 2-6。试样狭窄部分的标准厚度，1 型、2 型、3 型和 A1 型为（2.0±0.2）mm，4 型为（1.0±0.1）mm。试验长度应符合表 2-6 的规定。

表 2-6　哑铃状试样的试验长度

试样类型	1 型	A1 型	2 型	3 型	4 型
试验长度/mm	25±0.5	20±0.5	20±0.5	10±0.5	10±0.5

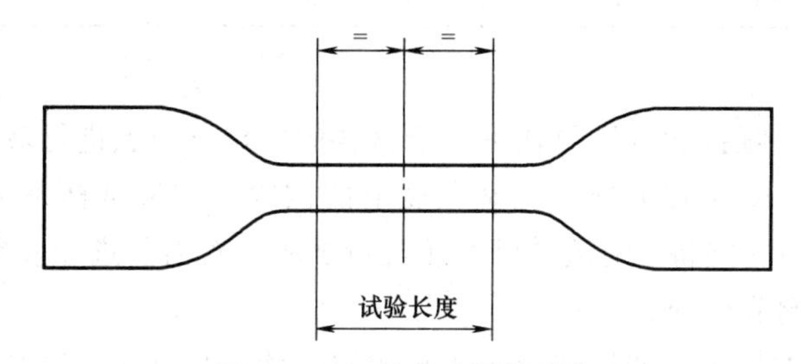

图 2-10　哑铃状试样的形状

2）制备哑铃状试样用的裁刀形状如图 2-11 所示，哑铃状试样用的裁刀尺寸见表 2-7，裁刀的狭窄平行部分的任意一点宽度的偏差应不大于 0.5mm。

3）试样数量：试验的试样应不少于 3 个。

3. 试验设备

拉力试验机具有 2 级测力精度。

试验机应至少能在（100±10）mm/min、（200±20）mm/min、（500±50）mm/min 的移动速度下进行操作。

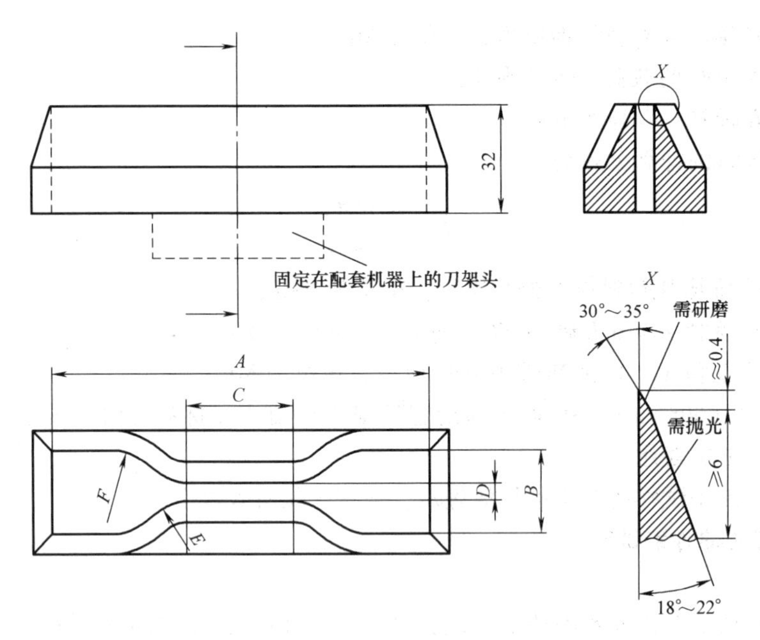

图 2-11　哑铃状试样用的裁刀形状

表 2-7　哑铃状试样用的裁刀尺寸

试样类型	1 型	A1 型	2 型	3 型	4 型
A 总长度(最小)/mm	115	100	75	50	35
B 端部宽度/mm	25.0±1.0	25.0±1.0	12.5±1.0	8.5±0.5	6.0±0.5
C 狭窄部分长度/mm	33.0±2.0	20.0^{+2}_{0}	25.0±1.0	16.0±1.0	12.0±0.5
D 狭窄部分宽度/mm	$6.0^{+0.4}_{0}$	5.0±0.1	4.0±0.1	4.0±0.1	2.0±0.1
E 外侧过渡边半径/mm	14.0±1.0	11.0±1.0	8.0±0.5	7.5±0.5	3.0±0.1
F 内侧过渡边半径/mm	25.0±2.0	25.0±2.0	12.5±1.0	10.0±0.5	3.0±0.1

4. 试验步骤

（1）试样的制备　哑铃状试样要在平行于材料的压延方向上进行裁切。

（2）试样的调节　对于在标准实验室温度下的试验，如果试样是从经调节的试验样品上裁取，无须做进一步的制备，则试样可直接进行试验。对需要进一步制备的试样，应使其在标准实验室温度下调节至少 3h。

（3）哑铃状试样的标记　如果使用非接触式伸长计，则应使用适当的打标器按表 2-6 规定的试验长度在哑铃状试样上标出两条基准标线。打标记时，试样不应发生变形。

（4）尺寸测量　用厚度计在试验长度的中部和两端测量厚度。应取 3 个测量值的中位数，用于计算横截面面积。在任何一个哑铃状试样中，狭窄部分的三个厚度测量值都不应大于厚度中位数的 2%。取裁刀狭窄部分刀刃间的距离作为试样的宽度，精确到 0.05mm。

（5）试验速度　夹持器的移动速度：1 型、2 型和 A1 型试样应为（500±50）mm/min，3 型和 4 型试样应为（200±20）mm/min。

（6）起动试验机　将试样对称地装夹在拉力试验机的上、下夹持器上，使拉力均匀地分布在横截面上。根据需要，装配一个伸长测量装置。起动试验机，在整个试验过程中连续监测试验长度和力的变化，直至试样拉断。

如果试样在狭窄部分以外断裂则舍弃该试验结果，并另取一试样进行重复试验。

在测拉断永久变形时，应将断裂后的试样放置 3min，再把断裂的两部分吻合在一起，用精度为 0.05mm 的量具测量吻合后的两条平行标线间的距离。

5. 试验结果计算与表示

（1）试验结果计算

1）拉伸强度 TS 的计算公式为（以 MPa 表示）

$$TS=\frac{F_m}{bd} \tag{2-9}$$

式中　F_m——记录的最大力，单位为 N；

d——试验长度部分厚度，单位为 mm；

b——裁刀狭窄部分的宽度，单位为 mm。

2）断裂拉伸强度 TS_b 的计算公式为（以 MPa 表示）

$$TS_b=\frac{F_b}{bd} \tag{2-10}$$

式中　F_b——断裂时记录的力，单位为 N；

d——试验长度部分厚度，单位为 mm；

b——裁刀狭窄部分的宽度，单位为 mm。

3）拉断伸长率 E_b 的计算公式为（以%表示）

$$E_b=\frac{100(L_b-L_0)}{L_0} \tag{2-11}$$

式中　L_0——初始试验长度，单位为 mm；

L_b——断裂时的试验长度，单位为 mm。

4）定伸应力 S_e 的计算公式为（以 MPa 表示）

$$S_e=\frac{F_e}{bd} \tag{2-12}$$

式中　F_e——给定应力时记录的力，单位为 N；

d——试验长度部分厚度，单位为 mm；

b——裁刀狭窄部分的宽度，单位为 mm。

5）定应力伸长率 E_s 的计算公式为（以%表示）

$$E_s=\frac{100(L_s-L_0)}{L_0} \tag{2-13}$$

式中　L_0——初始试验长度，单位为 mm；

L_s——定应力时的试验长度，单位为 mm。

6）屈服点拉伸应力 S_y 的计算公式为（以 MPa 表示）

$$S_y=\frac{F_y}{bd} \tag{2-14}$$

式中　F_y——屈服点时记录的力，单位为 N；

d——试验长度部分厚度，单位为 mm；

b——裁刀狭窄部分的宽度，单位为mm。

7）屈服点伸长率 E_y 的计算公式为（以%表示）

$$E_y=\frac{100(L_y-L_0)}{L_0} \tag{2-15}$$

式中　L_0——初始试验长度，单位为mm；

L_y——屈服时的试验长度，单位为mm。

8）拉断永久变形 S_b 的计算公式为（以%表示）

$$S_b=\frac{100(L_t-L_0)}{L_0} \tag{2-16}$$

式中　L_0——初始试验长度，单位为mm；

L_t——试样断裂后，放置3min再对起来的标距，单位为mm。

（2）试验结果的表示　如果在同一试样上测定几种拉伸应力-应变性能时，则每种试验数据可视为独立得到的，试验结果按规定分别予以计算。在所有情况下，应报告每一种性能的中位数。

四、推荐的试验标准

常用的拉伸试验标准方法有GB/T 1040.1—2018（等同采用ISO 527—1：2012）《塑料　拉伸性能的测定　第1部分：总则》，GB/T 1040.2—2006（等同采用ISO 527—2：1993）《塑料　拉伸性能的测定　第2部分：模塑和挤塑塑料的试验条件》，GB/T 1040.3—2006《塑料　拉伸性能的测定　第3部分：薄膜和薄片的试验条件》，GB/T 2567—2008《树脂浇铸体性能试验方法》，GB/T 6344—2008《软质泡沫聚合材料　拉伸强度和断裂伸长率的测定》，GB/T 1447—2005《纤维增强塑料拉伸性能试验方法》，GB/T 1040.4—2006（等同采用ISO 527—4：1997）《塑料　拉伸性能的测定　第4部分：各向同性和正交各向异性纤维增强复合材料的试验条件》，GB/T 1458—2008《纤维缠绕增强塑料环形试样力学性能试验方法》，GB/T 3362—2017《碳纤维复丝拉伸性能试验方法》，GB/T 4944—2005《玻璃纤维增强塑料层合板层间拉伸强度　试验方法》，GB/T 528—2009《硫化橡胶或热塑性橡胶　拉伸应力应变性能的测定》，HG/T 3849—2008《硬质橡胶　拉伸强度和拉断伸长率的测定》等。

第三节　压缩性能试验

一、基础知识

压缩试验是在规定条件下，对标准试样的两端施加轴向静态压缩载荷，直至试样破坏（脆性材料）或产生屈服现象（非脆性材料），测定其最大破坏载荷（或屈服载荷），从而求得材料压缩力学性能参数的一种试验方法。和拉伸试验一样，压缩试验结果可以用应力-应变曲线（或载荷-变形曲线）来表示，如图2-12所示。

理论上，压缩试验可以看作反向的拉伸试验。但一般情况下，材料的压缩应力-应变曲线与拉伸应力-应变曲线是有差异的，即使是由弹性模量决定的曲线最初始部分也不相同。

由压缩试验得到的模量值比拉伸试验得到的值要大。

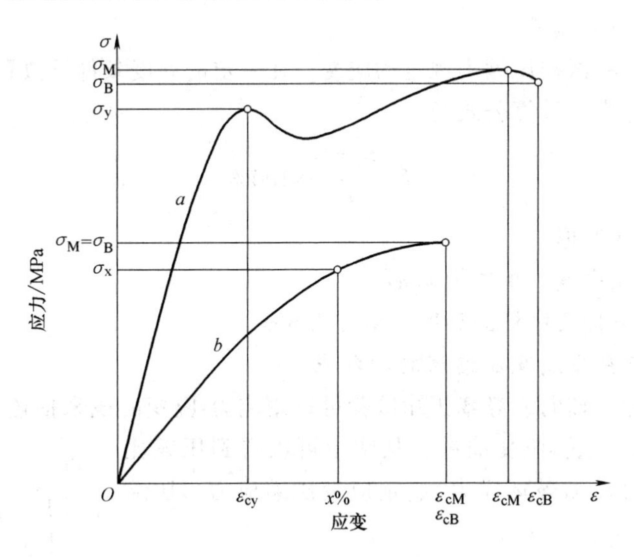

图 2-12　压缩应力-应变曲线

1. 定义和计算公式

对应于拉伸试验的各项强度参数和塑性参数，压缩试验有压缩比例极限、压缩屈服强度、压缩强度、压缩破坏应力、定应变压缩应力、压缩弹性模量等。

（1）压缩应力　在压缩试验中，施加在试样两端的压缩载荷除以试样原始截面积所得的商，即为压缩应力，用 σ 表示，单位为 MPa。

（2）压缩应变　在压缩试验中，试样在轴向产生的单位原始高度的变化率，用百分数表示，称为压缩应变。

（3）屈服压缩应力　在压缩试验过程中，压缩应变增加而压缩应力不再增加的那一点所对应的压缩应力，用 σ_y 表示，单位为 MPa。

（4）破坏时的压缩应力　试样破坏时所对应的压缩应力，用 σ_B 表示，单位为 MPa。

（5）定应变压缩应力　在压缩试验过程中，达到规定应变的压缩应力，单位为 MPa。

（6）压缩强度　在标准的试验条件下对试样两端施以压缩载荷，直至试样破坏过程中的最大压缩应力，称为材料的压缩强度。韧性塑料有屈服，脆性塑料无屈服。如果以 P 表示试样在定应变或屈服点或破裂时的载荷，则压缩强度分别表示材料的定应变压缩应力、屈服压缩应力或破坏压缩应力。压缩强度 σ_M 的计算公式为

$$\sigma_M = \frac{P}{A} \tag{2-17}$$

式中　P——试样最大压缩载荷，单位为 N；

A——试样的初始横截面积，单位为 mm^2。

压缩弹性模量：弹性模量是在比例极限内试样的压缩应力与相应的应变之比，在压缩性能试验中称为材料的压缩弹性模量。压缩弹性模量 E_c 的计算公式为

$$E_c = \frac{\sigma}{\varepsilon} \tag{2-18}$$

式中　σ——在比例极限内试样的压缩应力，单位为 MPa；

ε——相应的压缩应变。

压缩永久变形：将试样压缩到规定的应变，在一定的温度条件下放置规定的时间后，测量试样高度变化百分率，计算公式为

$$\delta=\frac{h_0-h_1}{h_0}\times 100\% \tag{2-19}$$

式中　δ——压缩永久变形；

h_0——试样原始高度，单位为 mm；

h_1——经压缩处理后试样的高度，单位为 mm。

2. 压缩应力-应变曲线及压缩试验的特点

和拉伸试验一样，轴向、静载压缩试验可以用应力-应变曲线来描述，图 2-13 所示为脆性高聚物材料的压缩应力-应变曲线，从图中可以得到压缩比例极限、压缩强度（压缩破坏应力）、定应变压缩应力、压缩弹性模量等。

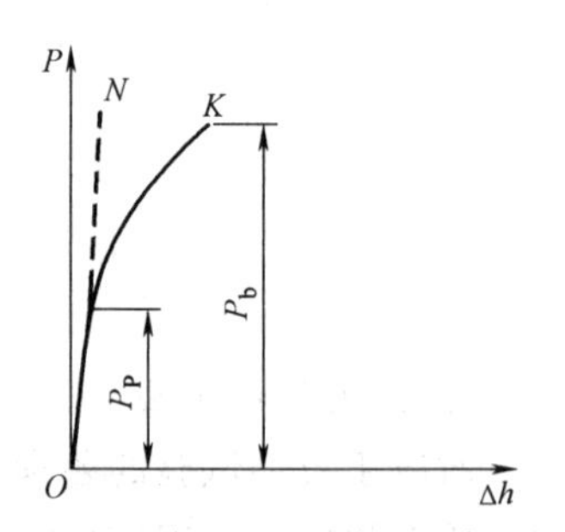

图 2-13　脆性高聚物材料的压缩应力-应变曲线

和拉伸试验相比，压缩试验具有下列特点：

1）许多非脆性材料（如热塑性塑料）在压缩试验过程中达不到试样破坏，其压缩应力-应变曲线上的应力一直在增加，测不出定义中的压缩强度，所以一般用屈服应力或定应变压缩应力作为强度极限。

2）试样的尺寸对试验结果影响较大，以塑性材料的圆柱形试样为例，试样直径为 D，高为 h，h/d 的值不同，所对应的压缩应力-应变曲线也不同。当应力不变时，h/d 的值增大，则应变随着增大；当应变不变时，h/d 的值增大，则应力随着减小。同一种材料，取三种不同尺寸的试样，当 h/d 的值恒定时，则得到的三条压缩应力-应变曲线基本上重合。因此，要比较材料的压缩性能，必须保持试样的 h/d 的值相同。

3. 长细比的影响

上面叙述了试样的 h/d 的值对压缩试验结果的影响。实际测试过程中 h/d 的值取多大比较合适，我们不妨从压缩试验的过程分析，压缩试验时，试样两端除承受压力外，还要受到与压板间的摩擦力作用，使得变形复杂化，破坏形式也有所不同。一般来说，h/d 的值大，摩擦力影响小，因此，适当增大 h/d 的值，对正确进行压缩试验是有利的。但 h/d 的值太大，往往会在试验过程中引起失稳现象，故 h/d 的值也不能太大，通常认为在做压缩强度试验时，h/d 的值取 2~3 比较好；做压缩应力-应变曲线或压缩弹性模量的试验时，h/d 的值取 8 比较合适。

二、试验方法

（一）塑料压缩性能试验

1. 试验设备

（1）试验机　试验机的力值测量精度应优于 1 级。试验机的速度应满足表 2-8 的要求。

表 2-8　推荐的试验速度及允差

试验速度/(mm/min)	允差(%)	试验速度/(mm/min)	允差(%)
1	±20	10	±20
2	±20	20	±10
5	±20	—	—

(2) 压缩器具　对试样施加变形载荷的两块钢制压缩板应能对试样轴向加荷，与轴向的偏差在 1∶1000 之内，同时通过抛光的压板表面传递载荷，这些表面的平整度在 0.025mm 以内，两板彼此平行且垂直于加荷轴。

(3) 应变测量装置　应变测量装置用于测定试样相应部分长度的变化。应变测量相对误差不能超过±1%，最好能配有自动应变记录装置。

(4) 试样尺寸测量装置　测量装置的测量头应适宜被测量的试样，测量精度至少要达到 0.01mm。

2. 试样

(1) 试样的形状和尺寸　试样应为棱柱、圆柱或管状。优选试样类型和试样尺寸见表 2-9。

表 2-9　试样类型和试样尺寸　　(单位：mm)

试样类型	测量参数	长度 L	宽度 b	厚度 d
A	模量	50±2	10.0±0.2	4.0±0.2
B	强度	10.0±0.2		

(2) 试样数量

1) 对于各向同性材料，每组试验至少包括 5 个试样。

2) 对于各向异性材料，每组试验至少包括 10 个试样。其中 5 个试样压缩方向与各向异性的主轴垂直，另外 5 个试样与之平行。

3. 试验步骤

(1) 试验环境　试验一般在温度为 (23±2)℃、相对湿度为 (50±5)%的环境条件下进行状态调节和试验。

(2) 试样尺寸的测量　沿着试样的长度测量其宽度、厚度和直径三处，计算横截面积并取算术平均值。测量每个试样的长度。

(3) 装样　把试样放在两压板之间，使试样的中心线与两压板的中心线一致。调整试验机使试样的端面刚好与压板接触。

(4) 预载荷　保证压缩应力-应变曲线初始部分不出现弯曲区域。

(5) 按照材料规范调整试验速度　当规范没有规定时，速度如下调整。测定模量时，加载速度一般取试样长度的 0.02 倍，优选类试样为 1mm/min。测定在屈服前破坏的材料强度时，加载速度取试样长度的 0.1 倍。测定有屈服破坏的材料强度时，加载速度取试样长度的 0.5 倍（或 5mm/min）。

(6) 数据的记录：在试验过程中，测定试样的力和相应的压缩量，最好使用自动记录系统获得一条完整的应力-应变曲线。

4. 结果计算与表示

1）压缩强度按式（2-9）计算。

2）压缩应变的计算公式为

$$\varepsilon=\frac{\Delta L_0}{L_0} \tag{2-20}$$

$$\varepsilon(\%)=\frac{\Delta L_0}{L_0}\times 100\% \tag{2-21}$$

式中　ε——应变参数，为比值或百分数；

L_0——试样的标距，单位为 mm；

ΔL_0——试样标距间长度的减量，单位为 mm。

3）压缩弹性模量的计算公式为

$$E_c=\frac{\sigma_2-\sigma_1}{\varepsilon_2-\varepsilon_1} \tag{2-22}$$

式中　E_c——压缩弹性模量，单位为 MPa；

σ_1——压缩应变值 $\varepsilon_1=0.0005$ 时测量的压缩应力值，单位为 MPa；

σ_2——压缩应变值 $\varepsilon_2=0.0025$ 时测量的压缩应力值，单位为 MPa。

4）试验结果以一组 5 个试样的算术平均值表示，压缩应力和压缩弹性模量结果取 3 位有效数字，压缩应变取 2 位有效数字。

（二）纤维增强塑料压缩试验

1. 试验设备

（1）试验机　材料试验机的载荷测量精度应优于 1 级。

（2）应变测量装置　通过应变片或引伸计测量应变。应变片的丝栅长度不能超过 3mm。应变显示相对误差不能超过±1%，要配有应变记录装置。

（3）试样尺寸测量装置　测量装置的测量头和形状应适宜被测量的试样，测量精度至少要达到 0.02mm。

（4）加载夹具　根据材料压缩性能的高低，规定了三种加载方式和三种试样形状，这些方法和试样的其他组合也可接受。不同夹具和试样得到的数据可能有所差别，报告中应注明所用夹具和试样类型。

1）剪切加载方式：载荷通过加强片的剪切应力传递到被测试样，试样尺寸采用表 2-10 中的试样 1。本法适用于高性能材料，如单向纤维增强塑料的纤维方向压缩，也可用于其他类型的纤维增强塑料。剪切加载的压缩试验的 A1 型夹具和 A2 型夹具如图 2-14 所示。

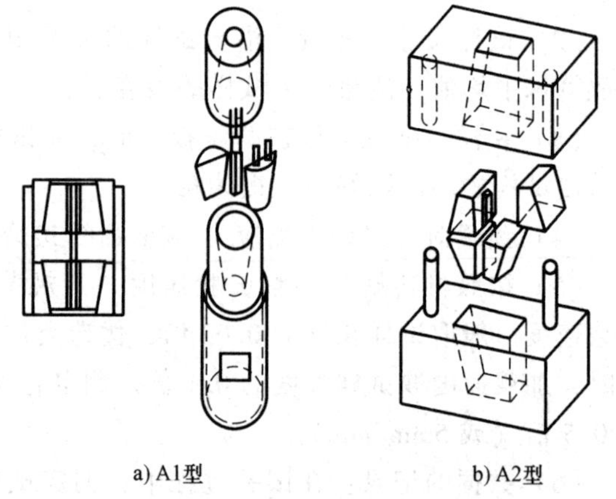

图 2-14　A1 型夹具和 A2 型夹具

2）联合加载方式：载荷由端部和剪切共同施加于被测试样，试样尺寸采用表 2-10 中的试样 2。本法适用于性能较高的材料，如连续纤维织物增强塑料的较强方向。联合加载的压缩试验的 B 型夹具如图 2-15a 所示。

3）端部加载方式：载荷直接施加在试样端部，试样尺寸采用表 2-10 中的试样 3。本法适用于低性能的材料，如毡增强塑料，或连续纤维织物增强塑料的较弱方向。端部加载的压缩试验 C 型夹具如图 2-15b 所示。

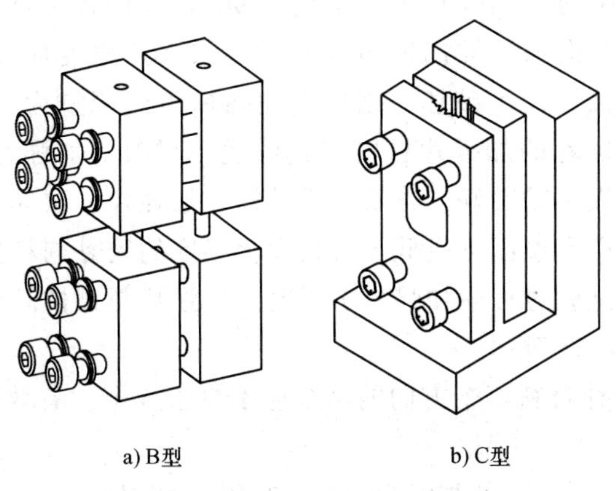

a) B型　　b) C型

图 2-15　B 型夹具和 C 型夹具

2. 试样

（1）试样尺寸和形状　试样形状如图 2-16 所示，试样尺寸见表 2-10。

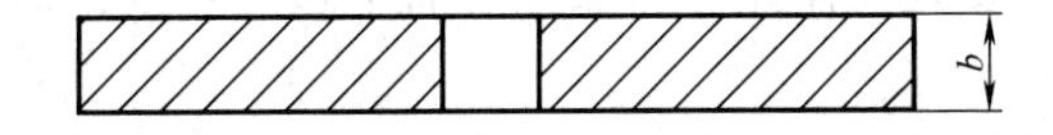

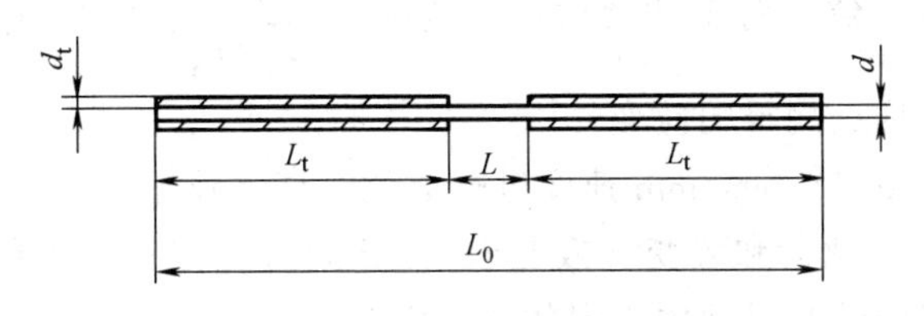

图 2-16　试样形状

表 2-10　试样尺寸　（单位：mm）

尺寸	符号	试样 1	试样 2	试样 3
总长度	L_0	110±1	110±1	125±1
厚度	d	2±0.2	(2~10)±0.2	≥4
宽度	b	10±0.5	10±0.5	25±0.5
加强片/夹头间距离	L	10	10	25
加强片长度	L_t	50	50（若用）	—
加强片厚度	d_t	1	0.5~2（若用）	—

注：使用 C 型夹具和试样 3 进行试验时，应保证试样上端伸出夹具的长度不小于材料的最大压缩变形。

（2）试样加工　试样两个端面应相互平行，平行度应不大于初始试样高度的 0.1%，并与试样轴线垂直，垂直度不大于初始试样高度的 0.1%。对于单向纤维增强塑料，试样轴线与纤维方向的偏差不能超过0.5°。

试样应无扭曲，各相对平面应平行且对称。试样表面和侧面应无刮痕、凹坑、飞边等缺陷。试样应通过目测来检查各直边的质量，通过测微尺来检查尺寸误差。检查有任何一项不满足要求的试样即作废，或通过加工使其满足要求。

试样的端部必须加强时，加强片推荐采用0/90°正交铺设的或玻璃纤维织物/树脂形成的材料，且加强片纤维方向与试样的轴向成±45°。加强片厚度应在0.5mm~2mm之间。如果在较大端部载荷下加强片发生破坏，则可把加强片角度调整为0/90°。加强片可用铝板，或强度和刚度均不小于推荐的加强片材料的其他适当材料。加强片可以对单根试样单独粘贴，也可先将整块试样板材粘贴好，再切割成试样。加强片、试样粘接面应经打磨、清洗处理，不允许损伤纤维，用室温固化或低于材料固化温度的胶黏剂粘接。加强片的端头、宽度应与试样一致，确保在试验过程中加强片不脱落。加强片与试样间应胶结密实，并保证加强片相互平行且与试样中心线对称。

（3）试样数量　每种材料每个方向的试样应不少于6个，有效试样数量至少5个。

3. 试验步骤

（1）试验环境　试验一般在温度为（23±2）℃、相对湿度为（50±5）%的环境条件下进行。

（2）试样准备　将合格的试样编号，并测量试验工作段任意3处的宽度和厚度，取算术平均值。精确至0.01mm。

（3）贴好应变片或安装引伸计　为保证弯曲不超过规定，需要在试样两面对称点上测量应变。

（4）装夹　把试样装载到压缩夹具上。调整夹具和试样进行试加载，直至满足初始弹性段两面应变读数基本一致。对于仲裁试验，应满足$\left|\dfrac{\varepsilon_b-\varepsilon_a}{\varepsilon_b+\varepsilon_a}\right|\leqslant 0.1$的要求（$\varepsilon_a$和$\varepsilon_b$分别为同一时刻试样两面对称点测得的应变）。

（5）加载　以（1±0.5）mm/min速度进行加载，直至破坏。

（6）记录　连续记录载荷和应变（或变形）。若无自动记录，以预估破坏载荷的5%为级差进行分级加载。记录试验过程中出现的最大载荷。

（7）检查试验的有效性　以下两种情况的试验数据应作废：

1）试样在夹持区内破坏，且数据低于正常破坏数据的平均值；

2）采用方法3时，试样端部出现破坏。

（8）记录破坏模式　试样的破坏模式分为A型~F型六种，典型破坏模式如图2-17所示。

4. 结果计算

压缩应力的计算公式为

$$\sigma_x=\frac{P}{bd} \tag{2-23}$$

式中　σ_x——纤维增强塑料压缩应力，单位为MPa；

P——所测得的载荷，单位为N；

b——试样宽度，单位为mm；

d——试样厚度，单位为mm。

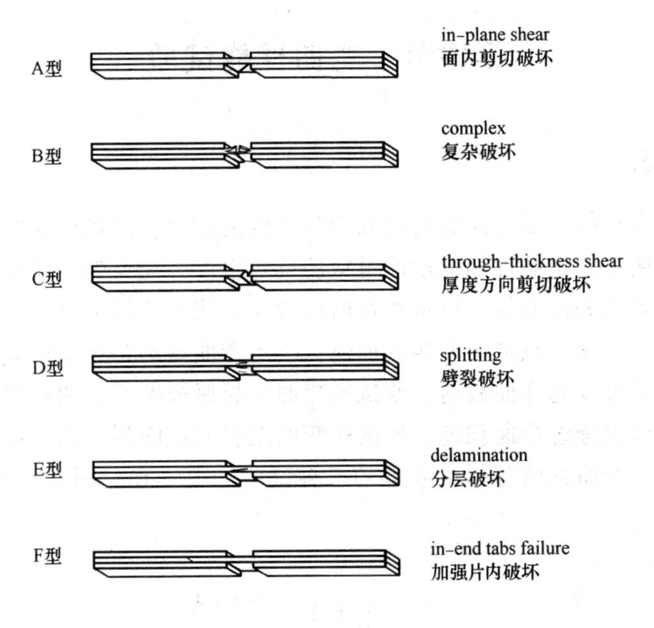

图 2-17 典型破坏模式

压缩应变的计算公式为

$$\varepsilon_x=\frac{\Delta L_0}{L_0} \tag{2-24}$$

式中 ΔL_0——试样标距段的变形量，单位为 mm；

L_0——试样的标距，单位为 mm；

ε_x——对应于 ΔL 的应变参量。

压缩弹性模量的计算公式为

$$E_{cx}=\frac{\sigma_2-\sigma_1}{\varepsilon_2-\varepsilon_1} \tag{2-25}$$

式中 E_{cx}——纤维增强塑料压缩弹性模量，单位为 MPa；

ε_1、ε_2——压缩应力-应变曲线初始直线段上任意两点的应变；

σ_1、σ_2——对应于 ε_1、ε_2 应变的压缩应力值，单位为 MPa。

5. 结果表示

测量结果取多次测量值的平均值，应力、模量取 3 位有效数字，应变取 2 位有效数字。

三、推荐的试验标准

常用的压缩试验方法有 GB/T 1041—2008《塑料 压缩性能的测定》，GB/T 5258—2008《纤维增强塑料面内压缩性能试验方法》，GB/T 8813—2008《硬质泡沫塑料压缩性能的测定》，GB/T 1448—2005《纤维增强塑料压缩性能试验方法》，GB/T 7759.1—2015《硫化橡胶或热塑性橡胶 压缩永久变形的测定 第 1 部分：在常温及高温条件下》，GB/T 7759.2—2014《硫化橡胶或热塑性橡胶 压缩永久变形的测定 第 2 部分：在低温条件下》等。本节选择典型的常用试验方法做详细介绍。

第四节　弯曲性能试验

一、基础知识

弯曲试验是测定材料承受弯曲载荷时的力学特性的试验，是进行材料机械性能试验的基本方法之一，主要用于测定脆性和低塑性材料的抗弯强度并能反映塑性指标的挠度。弯曲试验还可用来检查材料的表面质量。材料的弯曲试验在万能试验机上进行，有三点弯曲和四点弯曲两种加荷的方式，即三点加荷和四点加荷，三点弯曲试验是将试样放在两支点上，在两支点中间的试样上施加静态弯曲载荷，使试样弯曲至屈服或断裂；四点弯曲试验是在两支点中间的试样上施加两点静态弯曲载荷，使试样弯曲至屈服或断裂，以测定材料的弯曲屈服应力、弯曲弹性模量、弯曲强度等特性参数的一种试验。图 2-18、图 2-19 所示为三点和四点弯曲加载。

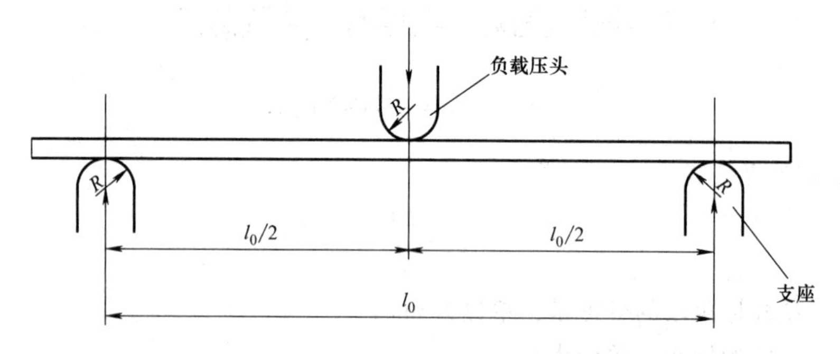

图 2-18　三点弯曲加载

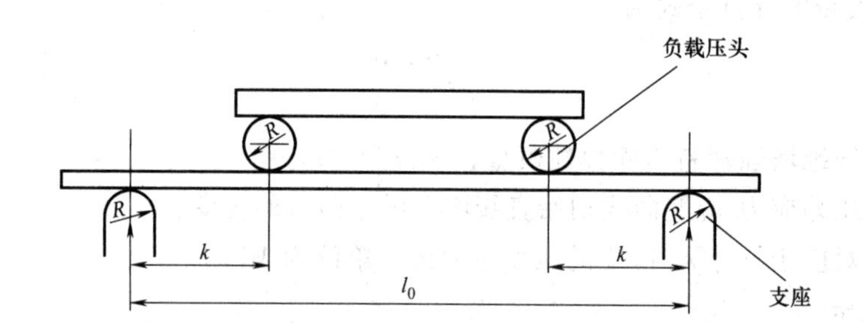

图 2-19　四点弯曲加载

在材料力学中，以弯曲变形为主要变形形式的杆件称为“梁”。在梁的横截面上一般有由弯矩 M 产生的正应力 σ 和由剪力 Q 引起的切应力 τ。凡梁的横截面上只有正应力 σ 而无切应力 τ 的情况，称为“纯弯曲”。

通过材料力学的分析和计算，三点弯曲试验试样在试验过程中，其剪力和弯矩分布如图 2-20 所示。从图可以看出，剪力 Q 和弯矩 M 的分布，三点加载的中心点 C 处弯矩为最大，数值为 $PL_0/4$。并且整个梁上只有 C 点的剪应力为零。因此三点加载弯曲试验除了中心受载点 C 外，其他部分均有剪力的影响，显然不是纯弯曲。

四点加载弯曲试验方法是为了解决受剪力影响较大的问题而提出的。依据材料力学的分析和计算，四点弯曲试验试样在试验过程中，其剪力和弯矩分布如图 2-21 所示，图中梁的中间段无剪力，而只有弯矩，其数值为 $Pk/2$。因此中间段为纯弯曲段。

尽管四点加载弯曲的试验方法具有许多优点，但由于这种加载方式比较麻烦，一般还是采用三点加载弯曲的试验方法，本节中介绍的各种试验方法均为三点加载弯曲试验方法。

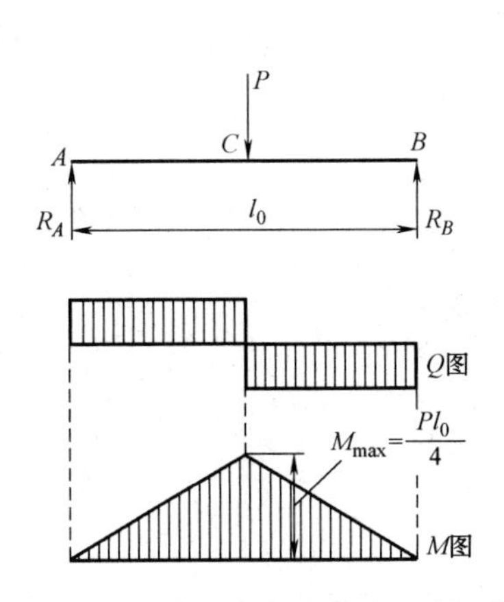

图 2-20　三点弯曲加载的剪力和弯矩分布

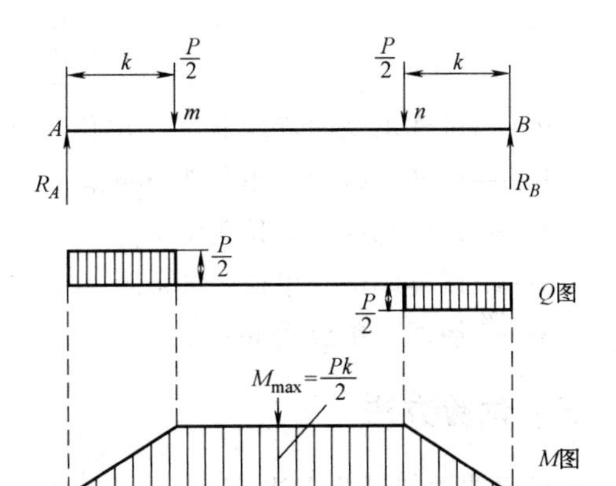

图 2-21　四点弯曲加载的剪力和弯矩分布

二、定义与计算公式

（1）弯曲应力　试样在弯曲过程中任何时刻跨度中心处截面积上的最大外层正应力，单位为兆帕（MPa）。弯曲应力 σ_f 的计算公式为

$$\sigma_f = \frac{3PL}{2bd^2} \tag{2-26}$$

式中　P——试样承受的弯曲载荷，单位为 N；

L——试样的跨距，单位为 mm；

b——试样宽度，单位为 mm；

d——试样厚度，单位为 mm。

（2）挠度　试样在弯曲过程中，试样跨度中心的底面偏离原始位置的距离。

（3）定挠度弯曲应力　当挠度等于规定值时的弯曲应力，单位为兆帕（MPa）。

（4）弯曲强度　在规定挠度前或规定挠度时，载荷达到最大值时的弯曲应力，单位为兆帕（MPa）。

（5）表观弯曲强度　超过定挠度时，载荷达到最大值时的弯曲应力，单位为兆帕（MPa）。

（6）弯曲弹性模量　在载荷-挠度曲线的初始直线部分，试样所承受的应力与产生相应的应变之比，用 E_f 表示，单位为兆帕（MPa），计算公式为

$$E_f = \frac{PL^3}{4bd^3 s} \tag{2-27}$$

式中　P——在载荷-挠度曲线初始部分选定的载荷，单位为 N；

s——与载荷相对应的挠度，单位为 mm；

L——试样的跨距，单位为 mm；

b——试样宽度，单位为 mm；

d——试样厚度，单位为 mm。

某些试验由于特殊要求，可测定表观弯曲强度，即超过规定挠度时载荷达到最大时的弯曲应力，在此大挠度试验下，弯曲应力计算公式修正为

$$\sigma_{\mathrm{f}}=\frac{3PL}{2bd^2}\left[1+4\left(\frac{s}{L}\right)^2\right] \tag{2-28}$$

式中　P——试样承受的弯曲载荷，单位为 N；

L——试样的跨距，单位为 mm；

b——试样宽度，单位为 mm；

d——试样厚度，单位为 mm；

s——挠度，单位为 mm。

三、试验方法

塑料弯曲性能试验方法

1. 试验设备

（1）材料试验机　载荷测量精度优于 1 级，挠度计测量误差不大于 2%。需配备一对三点弯曲夹具来夹持试样。

（2）试样尺寸测量装置　测量装置的测量头应适宜被测量的试样，测量精度至少要达到 0.02mm。

（3）试样

1）试样的形状和尺寸。试样的形状如图 2-22 所示。推荐的试样尺寸见表 2-11。

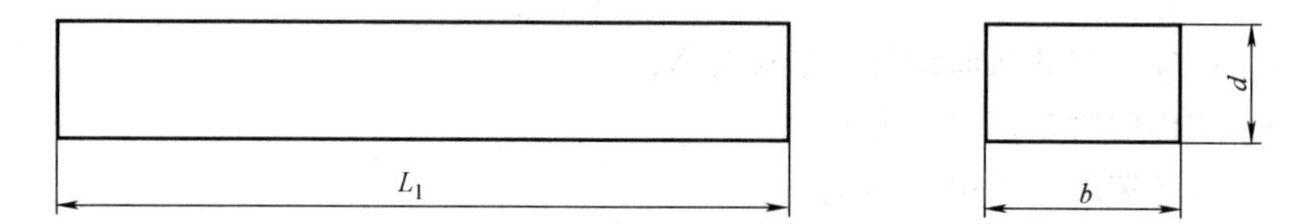

图 2-22　弯曲试验试样

表 2-11　推荐的试样尺寸　（单位：mm）

试样类型	厚度 d	宽度 b	长度 L_1	跨距 L
推荐试样	4.0±0.2	10.0±0.2	80±2	64
其他试样	$1<d\leqslant 3$	25.0±0.5	$(20\pm1)h$	$(16\pm1)h$
	$3<d\leqslant 5$	10.0±0.5	$(20\pm1)h$	
	$5<d\leqslant 10$	15.0±0.5	$(20\pm1)h$	
	$10<d\leqslant 20$	20.0±0.5	$(20\pm1)h$	

2）试样数量。除材料和产品标准另有规定外，一组试验至少包括 5 个试样。

2. 试验步骤

（1）试验环境　试验一般应在温度为（23±2）℃、相对湿度为（50±5）%的环境条件下

进行状态调节和试验。

（2）支座和跨距的选择　试样厚度小于3mm时，支座圆弧半径为（0.5±0.2）mm；试样厚度大于3mm时，支座圆弧半径为（2.0±0.2）mm。跨距为试样厚度的（16±1）倍。

（3）测量试样尺寸　宽度准确至0.1mm；厚度准确至0.02mm；调节跨距为试样厚度的（16±1）倍，跨距测量准确至0.5%以内。

（4）调节试验速度　标准试样的试验速度为（2.0±0.4）mm/min，非标准试样的试验速度需要计算，估计试样断裂的载荷，选择载荷范围。压头与试样应是线接触，并保证与试样宽度的接触线垂直于试样长度方向。

（5）加载　开动试验机，加载并记录下列数值：在规定挠度等于试样厚度的1.5倍时或之前出现断裂的试样，记录其断裂弯曲载荷及挠度。在达到规定挠度时不断裂的试样，记录达到规定挠度时的载荷。如果产品标准允许超出规定挠度，则继续进行试验，直至试样破坏或达到最大载荷，记录此时的载荷及挠度。在达到规定挠度之前，能指示最大载荷的试样，记录其最大载荷及挠度。

同批有效试样不足5个时，应重做试验。

3. 试验结果计算与表示

（1）弯曲应力　弯曲应力 σ_f 的计算公式为

$$\sigma_f=\frac{3PL}{2bd^2} \tag{2-29}$$

式中　P——试样承受的弯曲载荷，单位为N；

L——试样的跨距，单位为mm；

b——试样宽度，单位为mm；

d——试样厚度，单位为mm。

（2）弯曲应变　弯曲应变 ε_f 的计算公式为

$$\varepsilon_f=\frac{6sd}{L^2} \tag{2-30}$$

式中　L——试样的跨距，单位为mm；

s——挠度，单位为mm；

d——试样厚度，单位为mm。

以5个试样的算术平均值表示结果，保留2位有效数字。

（3）弯曲模量　标准试样弯曲试验的典型应力-应变初始阶段的曲线如图2-23所示，弯曲模量是取曲线上的两点的应变对应的应力值，用两点的应力差值除以对应的应变差值获得弹性模量，即 $E=\Delta\sigma/\Delta\varepsilon$。

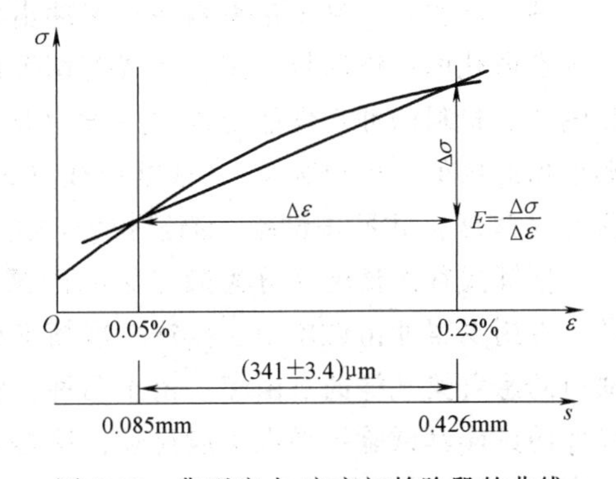

图2-23　典型应力-应变初始阶段的曲线

标准中规定应变值取 $\varepsilon_1=0.0005$，$\varepsilon_2=0.0025$，那么弯曲模量的计算公式为

$$E_f=\frac{\sigma_2-\sigma_1}{\varepsilon_2-\varepsilon_1} \tag{2-31}$$

式中　E_f——弯曲模量，单位为MPa；

σ_1——弯曲应变值 $\varepsilon_1=0.0005$ 时测量的应力，单位为 MPa；

σ_2——弯曲应变值 $\varepsilon_2=0.0025$ 时测量的应力，单位为 MPa。

试验结果以 5 个试样的算术平均值表示，保留 3 位有效数字。

（4）弯曲强度　弯曲强度根据材料的韧性和脆性有 3 种情况，三种典型应力-应变曲线如图 2-24 所示。

1）脆性材料，弯曲应变很小时，试样断裂，试验结束，弯曲强度取断裂应力。

2）韧而硬材料，弯曲试验时有屈服，试样断裂时未达到规定应变，弯曲强度取屈服应力。

3）韧而弱材料，弯曲试验时无屈服，达到规定应变时试样未断裂，弯曲强度取规定应变时的应力。

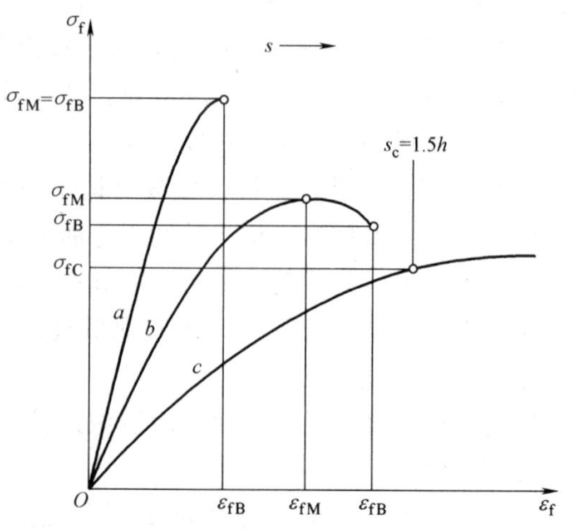

图 2-24　三种典型应力-应变曲线

四、推荐的试验标准

常用的弯曲试验标准方法有 GB/T 9341—2008《塑料　弯曲性能的测定》，ISO 178：2010《塑料　弯曲性能测定》，ASTM D790—2017《非增强和增强塑料及电绝缘材料弯曲性能的标准试验方法》，GB/T 1449—2005《纤维增强塑料弯曲性能试验方法》，GB/T 3356—2014《定向纤维增强聚合物基复合材料弯曲性能试验方法》，ISO 14125—1998《纤维增强塑料复合材料—弯曲性能测定》，GB/T 8812.2—2007《硬质泡沫塑料　弯曲性能的测定　第 2 部分：弯曲强度和表观弯曲弹性模量的测定》，GB/T 2567—2008《树脂浇铸体性能试验方法》等。本节选择典型的常用试验方法做详细介绍。

第五节　冲击性能试验

一、基础知识

冲击试验是用来衡量材料在高速冲击状态下的韧性或对断裂抵抗能力的一种试验。它是将一定形状的试样用拉、扭、弯或剪切等加载形式，一次迅速冲击试样而测定其断裂时所吸收的功。材料的冲击性能与冲击速度（应变率）密切相关，应变率是单位时间内的相对变形增加的数值，单位为 s^{-1}。根据加载方式的不同，冲击试验主要有三种：摆锤式冲击试验，落锤（落球）式冲击试验，高速拉伸冲击试验。

摆锤式冲击试验又分为简支梁冲击试验（Charpy 法）和悬臂梁冲击试验（Izod 法）两种。在简支梁冲击试验中，摆锤打击简支梁试样的中央，而悬臂梁冲击试验是用摆锤打击有缺口的悬臂梁试样的自由端。由于两种方法的设计局限性，试验结果不能比较。同理，不同尺寸的试样其试验结果也不能比较，这是由于试验中试样破坏所需要的能量实际上无法准确测定，试验测得的除了试样破坏时产生裂纹所需能量以及使裂纹扩展所需能量外，还包括使材料发生永久变形的能量和把断裂的试样碎片抛出去的能量。把试样碎片抛出去的能量虽然与材料的强韧性完全无关，但它却占所测定的总能量中的相当大的部分。

落锤式冲击试验是把球、标准的重锤，由已知高度落在试样或试片上，测定使试样或试片刚刚能够破坏所需能量的一种方法。与摆锤式冲击试验相比，通常这种试验与实际试验的相关性较好。

高速拉伸冲击试验是评价材料冲击强度的一种最好的试验方法，由于应力-应变曲线下的面积与材料破坏所需的能量成正比，当试验是以相当高的速度进行时，这个面积就变成与冲击强度相等。

二、摆锤式冲击试验机

摆锤式冲击试验机的基本结构如图 2-25 所示，它的组成如下：

1. 机架

支架是冲击试验机的主体，上面安装有摆锤、摆臂、挂锤装置、支座等。

1）自由悬挂的摆锤通过摆锤轴安装在支架上面，要求摆轴轴线与水平度的平行度在 2/1000 以内，此项要求应该是制造商给予保证，使用者的现场检定不需要确认。

2）安装试验机时，应使基准面的水平度在 2/1000 以内。对于没有基准面的试验机，应直接将摆轴轴线的水平度调到 4/1000 以内，或者规定一个能够检验摆轴轴线水平度的基准面。

3）处于自由状态悬挂于机架上面的冲击刃前端与标准试样之间的间隙应在±0.5mm 之间，其检查方法是使用 10mm×9.5mm 的标准矩形试样分别以这两个尺寸放置在砧座上检查与冲击刃之间的间隙即可。

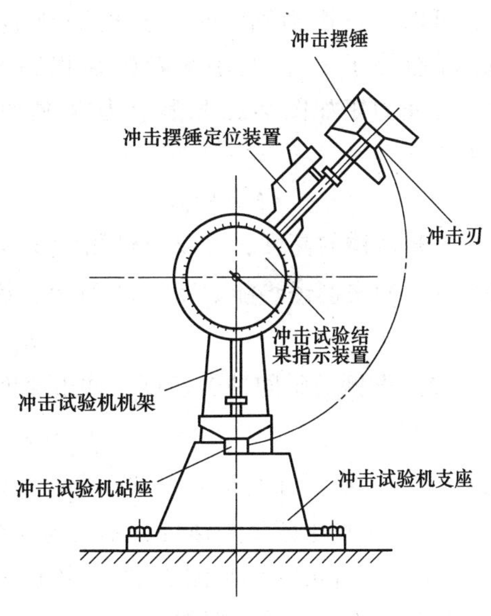

图 2-25　摆锤式冲击试验机的基本结构

4）大于 10J 能量的冲击试压机，摆锤侧面与摆动平面的平行度为 1/1000，可以使用百分表顶住摆锤侧面，拉动摆锤观察百分表的变化量来计算。摆锤侧面与试样支座的垂直度为 (90±0.1)°（或 3/1000），这可以使用直角尺、塞尺和象限仪检测。

5）摆锤冲击刃在通过支座跨距中心并垂直跨距的平面上，要求允差为 0.5mm；摆锤自由摆动时，冲击刃的接触线与试样水平轴线（冲击刃的方向）的夹角应为（90±2)°。可以使用对中样板、卡尺检查冲击刃中心与砧座跨距中心的重合度。将 V 型缺口冲击试样粘上复写纸，对中放在砧座上后，用摆锤轻击试样，检测复写纸在试样上形成的痕迹线与 V 型缺口顶端之间的距离。

6）在打击点施加约等于摆锤有效重力 4%的横向力时，在冲击刃处，摆锤轴承的轴向间隙不应超过 0.25mm。

7）在距离为 L 且垂直于摆锤摆动平面的方向施加（150±10)N 的力时，摆轴轴承处轴的径向间隙不应超过 0.08mm。可以使用百分表测量对于摆轴施加规定力下的变动量获得。

8）新制造的试验机，其机架底座的质量至少为摆锤质量的 12 倍。

2. 冲击摆锤

冲击试验机的摆锤主要由摆锤转轴、摆锤杆、调整块、锤头和冲击刃组成。冲击摆锤的转轴装配在支架上，转轴与冲击摆杆刚性连接。老式冲击摆锤杆内部装有调整块，用以调整冲击能量。对摆锤要求如下：

（1）冲击能量　摆锤的实际冲击能量是以势能 K_P 来呈现的，势能 K_P 与能量标称值 K_N 的最大允许误差为±1%。势能 K_P 通过三个要素来体现这种能量，一是摆锤的重力，通过天平或者是测力仪来测得水平支撑的摆锤重力；二是力臂，可以测量摆轴轴线至支点的距离形成力臂（L_2 可能等于 L），上述两者的乘积即为力矩，冲击摆锤力矩如图 2-26 所示，力矩 M 的计算公式为

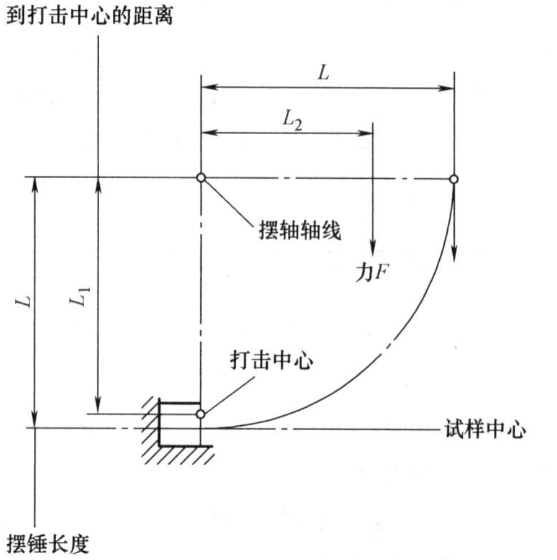

$$M=F\times L_2 \tag{2-32}$$

图 2-26　冲击摆锤力矩

三是摆锤的高度，可以通过测量摆锤落角 α 来实现。冲击摆锤势能如图 2-27 所示，势能 K_P 的计算公式为

$$K_P=M(1-\cos\alpha) \tag{2-33}$$

（2）摆锤的瞬间冲击速度　冲击速度 v 的计算公式为

$$v=\sqrt{2gL(1-\cos\alpha)} \tag{2-34}$$

式中　L——摆锤轴线至冲击试样中心的距离，单位为 mm；

g——自由落体加速度，单位为 m/s^2；

α——落角（详见图 2-27），单位为°。

从公式中可以看出能够改变冲击速度的有两个参数，即摆锤落角 α 和摆锤轴线至冲击试样中心的距 L，只要测出这两个数值就可以确定冲击速度了。

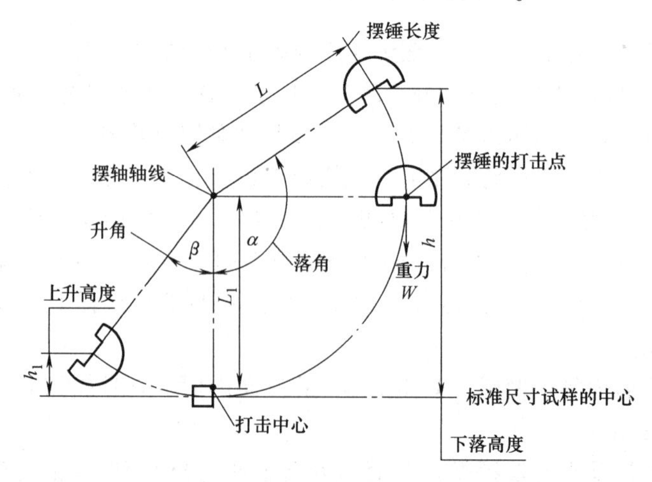

图 2-27　冲击摆锤势能

（3）摩擦吸收的能量　摩擦所吸收的能量包括空气阻力、轴承摩擦和指针摩擦损失的能量。

（4）打击中心至摆轴轴线的距离 L_1　打击中心至摆轴轴线的距离 L_1 可以通过摆动周期算出，该值应为（0.995±0.005）L，具体做法是将摆锤置于不大于5°的位置时释放，让其自由摆动100次并测出摆动时间周期 t，则打击中心至摆轴轴线的距离 L_1 为

$$L_1 = \frac{gt^2}{4\pi^2} \tag{2-35}$$

（5）冲击刃曲率半径　摆锤冲击刃半径分为2mm和8mm两种（见图2-28），摆锤冲击刃半径的选择应参考相关产品标准。

两种冲击刃的冲击刃角均为（30±1）°。冲击摆锤的冲击刃宽度为10mm～18mm。2mm冲击刃曲率半径为2mm～2.5mm；8mm冲击刃曲率半径为（8±0.05）mm。8mm冲击刃肩角半径为0.1mm～1mm，冲击刃宽度为（4±0.05）mm。

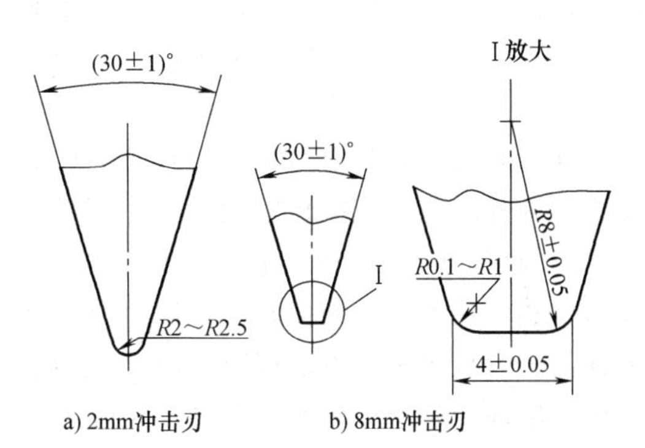

图2-28　摆锤刀刃半径

不同冲击刃曲率半径的大小对于有些材料的试验结果是有一定影响的，而且两种曲率半径的冲击刃试验结果的相互关系还没有明确的标准对应，具体需要哪一种曲率半径的冲击刃，取决于产品标准或试验方法标准上面的规定。为此，试验人员一定要严格按照产品标准或试验方法标准选择冲击刃曲率。冲击刃的曲率半径可以使用专用检验样板等来检查。

3. 支座与砧座

冲击试验机的支座和砧座如图2-29所示。

砧座的两个平行支承面应平行，相差不应超过0.1mm；支座两个支承面所在的平面和砧座两个支承面之间的夹角应为（90±0.1）°，支座的两个支撑面平行，要求相差不超过0.1mm，支座应使冲击试样的轴线与摆锤轴线的平行度在3/1000之内。这些可以使用简单

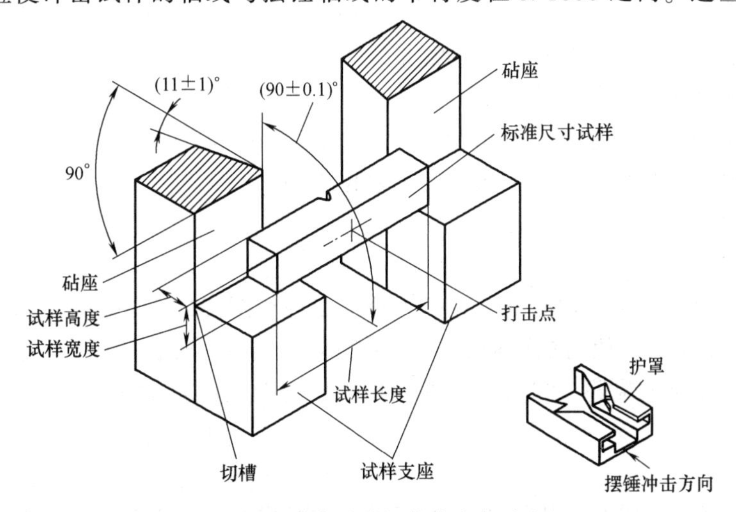

图2-29　冲击试验机的支座与砧座

的卡尺、半圆规等通用量具检测。

4. 冲击试验结果的指示装置

冲击值的指示装置分为模拟指示装置和数字指示装置两大类。

1）模拟指示装置的冲击试验机是传统冲击试验机，这种指示装置主要包括标度盘和指针两个主要部分，标度盘上面的输出值通常是以能量单位来进行标注的。指示装置的最低分辨力不应大于标称值的1/100，并且至少能够估读出标称能量的0.25%。

2）数字指示装置的冲击试验机使用光电编码器来读取角度信号进行转换输出数字能量值，或使用角度变压器来采样的数字指示装置。数字指示装置主要包括角度传感器和二次仪表两个主要部分，在二次仪表上面的输出值通常是量和角度，但是使用者一般是使用能量标注值。

这种装置主要要求为最低分辨力不应大于标称值的1/400。但并不等于数字显示冲击试验机的分辨率高出模拟装置的3倍，数显冲击试验机的精度就是模拟冲击试验机的3倍高。主要有两个原因，一是数显显示装置的分辨力可以随着传感器的输出位数和对应的二次仪表显示位数快速大幅度的提高，过高的分辨力没有实际意义，因为试验机的精度有限；二是因为冲击试验机的精度不是仅仅取决于试验机的输出装置的分辨力，摆锤重量、冲击摆锤力臂长度、摆锤初始位置角度、各种能量损失等都会影响试验机的精度。

三、简支梁冲击试验

（一）定义与计算公式

简支梁冲击试验是使用简支梁冲击试验机，在规定的标准试验条件下对水平放置并两端支承的试样施以冲击力，使试样破裂，以试样单位截面积所消耗的能量表征材料冲击韧性的一种方法。该方法采用无缺口和带缺口两种试样。无缺口冲击强度 a_{cU} 和缺口冲击强度 a_{cN} 的计算公式为

$$a_{cU}=\frac{W_B}{bd} \tag{2-36}$$

$$a_{cN}=\frac{W_B}{bd_N} \tag{2-37}$$

式中　W_B——有、无缺口试样所消耗的能量，单位为J；

b——试样宽度，单位为m；

d——无缺口试样厚度，单位为m，

d_N——带缺口试样缺口处剩余厚度，单位为m。

（二）试验方法

1. 试验设备

（1）冲击试验机　摆锤式冲击试验机的基本结构如图2-25所示，试验机能测量破坏试样所吸收的冲击能量，其值为摆锤初始能量与摆锤在破坏试样之后剩余能量的差。

（2）试样尺寸测量装置　测量装置的测量头应适合被测量的试样，其测量精度至少要达到0.02mm。

2. 试样

简支梁冲击试验试样的形状如图2-30所示，试样尺寸见表2-12、表2-13。

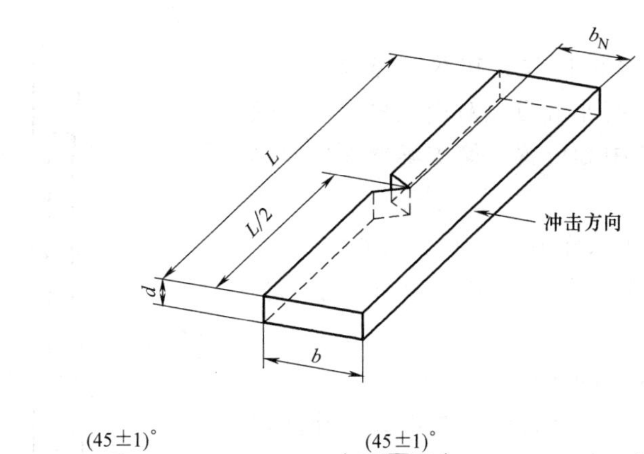

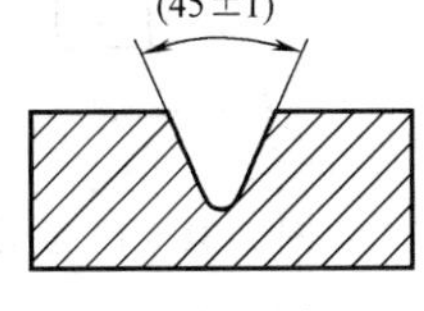

a) A型缺口

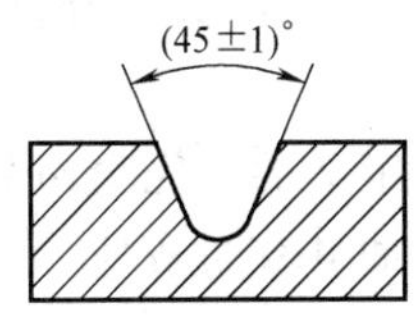

b) B型缺口

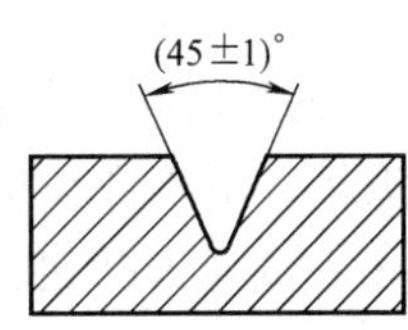

c) C型缺口

图 2-30 简支梁冲击试验试样

表 2-12 试样缺口类型及尺寸 （单位：mm）

方法名称	缺口类型	缺口底部半径 r_N	缺口底部剩余宽度 b_N
GB/T 1043.1/1eA	A	0.25±0.05	8.0±0.2
GB/T 1043.1/1eB	B	1.00±0.05	8.0±0.2
GB/T 1043.1/1eC	C	0.10±0.02	8.0±0.2

表 2-13 试样的尺寸 （单位：mm）

试样名称	长度 L	宽度 b	厚度 d	跨距 L_0
1	80±2	10.0±0.2	4.0±0.2	$62^{+0.5}_{0}$
2	25d	10 或 15	板厚度，小于 10.2	20d
3	11d 或 13d	10 或 15	板厚度，小于 10.2	6d 或 8d

板材试样厚度在 3mm 以下的一般不做冲击试验，厚度大于 10.2mm 的板材应从一面加工成（10±0.2）mm。

试样数量：除材料和产品标准另有规定外，一组试验至少包括 10 个试样，如果变异系数小于 5%，5 个试样也可以。

3. 试验步骤

1）试验环境条件：试验一般应在温度为（23±2）℃、相对湿度为（50±5）%的环境条件下进行状态调节和试验。

2）测量试样中部的宽度和厚度，精确至 0.02mm。缺口试样应测量缺口处剩余厚度，测量时应在缺口两端各测一次，取其算术平均值。

3）根据试样破坏所需的能量选择摆锤，使消耗的能量在摆锤总能量的 10%～80%范围内。

4）调节试样支撑跨距。

5）抬起摆锤并锁住，将试样放置在两支撑块上，试样支撑面紧贴在支撑块上，使冲击刀刃对准试样中心。缺口试样刀刃对准缺口背向的中心位置，简支梁冲击试验如图 2-31 所示。

6）平稳释放摆锤，记录试样吸收的冲击能量。

7）对于模塑料和挤出材料用下列代号字母记录四种形式的破坏：

C——完全破坏，试样断裂成两片或多片；

H——铰链破坏，试样未完全断裂成两部分，外部仅靠一薄层铰链的形式连接在一起；

P——部分破坏，不符合铰链破坏定义的不完全断裂；

N——不破坏，试样未断裂，仅弯曲并穿过支座。

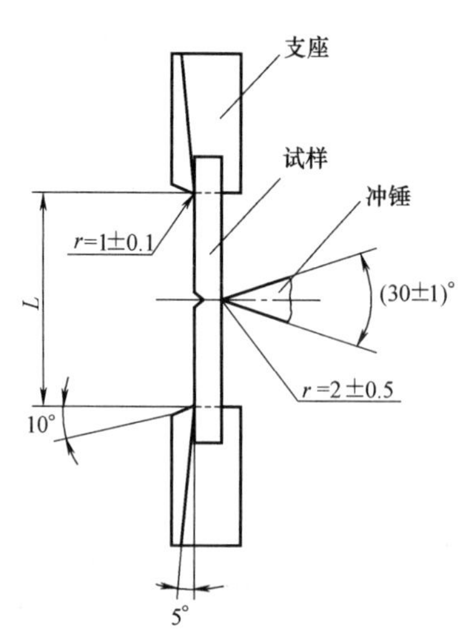

图 2-31　简支梁冲击试验

4. 数据处理与结果表示

缺口试样简支梁冲击强度 a_{cN}，按式（2-38）计算。

试验结果以 1 组试样的算术平均值表示，取 2 位有效数字。

四、悬臂梁冲击试验

（一）定义和计算公式

悬臂梁冲击试验是使用悬臂梁冲击试验机，在规定的标准试验条件下，对垂直悬臂夹持的试样施以冲击载荷，使试样破裂，以试样单位宽度所消耗的能量表征材料韧性的一种方法。该方法一般采用带缺口试样。无缺口冲击试样很少用，冲击强度的计算公式为

$$a_{iU}=\frac{A_U-\Delta E}{bd} \tag{2-38}$$

式中　a_{iU}——悬臂梁无缺口冲击强度，单位为 J/m²；

A_U——悬臂梁无缺口试样破坏所消耗的能量，单位为 J；

ΔE——悬臂梁冲击试验时，抛掷试样自由端所消耗的能量，单位为 J；

b——试样宽度，单位为 m；

d——试样厚度，单位为 m。

$$a_{iN}=\frac{A_N-\Delta E}{b_N d} \tag{2-39}$$

式中　a_{iN}——悬臂梁缺口冲击强度，单位为 J/m²；

A_N——悬臂梁缺口试样破坏所消耗的能量，单位为 J；

ΔE——悬臂梁冲击试验时，抛掷试样自由端所消耗的能量，单位为 J；

b_N——缺口试样剩余宽度，单位为 m；

d——试样厚度，单位为 m。

（二）试验方法

1. 试验设备

1）悬臂梁冲击试验机，悬臂梁冲击试验如图 2-32 所示，试验机具有刚性结构，能测量

试样破坏所吸收的冲击能量。

2）试样尺寸测量装置：测量装置的精度至少要达到 0.02mm，测量装置的测量头和形状应能测量试样的缺口尺寸。

2. 试样

（1）塑料标准试样　标准试样的形状同简支梁冲击试验试样。缺口的尺寸分为 A 型和 B 型两种，如图 2-33 所示。

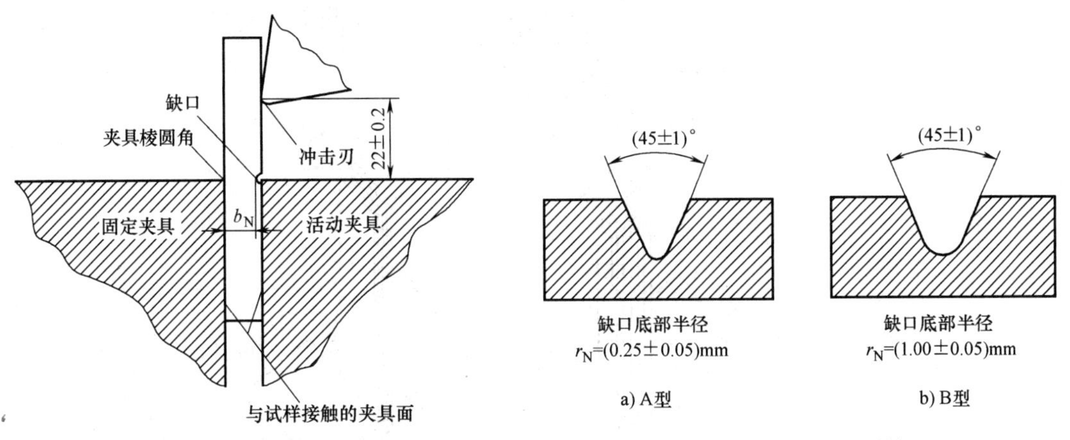

图 2-32　悬臂梁冲击试验

图 2-33　A 型和 B 型缺口

试样类型、缺口类型及尺寸见表 2-14。

表 2-14　试样类型、缺口类型及尺寸　（单位：mm）

方法名称	试样尺寸	缺口类型	缺口底部半径	缺口的保留宽度 b_N
GB/T 1843/U	长度 $L=80\pm2$ 宽度 $b=10.0\pm0.2$ 厚度 $d=4.0\pm0.2$	无缺口	—	—
GB/T 1843/A		A	0.25±0.05	8.0±0.2
GB/T 1843/B		B	1.00±0.05	

试样数量：除材料和产品标准另有规定外，一组试验至少包括 10 个试样。

（2）纤维增强层合板试样　由于纤维方向和冲击方向需进行四组试验，标准试样的形状同简支梁冲击试验试样，层合板四种方向悬臂梁冲击试验如图 2-34 所示。

3. 试验步骤

1）试验环境条件：试验一般应在温度为（23±2）℃、相对湿度为（50±10）%的环境条件下进行状态调节和试验。

2）测量每个试样的厚度和宽度或缺口试样的剩余宽度，精确至 0.02mm。

3）根据试样破坏所需的能量选择摆锤，使消耗的能量在摆锤总能量的 10%～80%范围内。

4）抬起并锁住摆锤，将试样按图 2-34 所示夹持，试样的缺口应在摆锤冲击刃的一侧。

5）平稳释放摆锤，记录试样吸收的冲击能量，并对其摩擦损失进行必要的修正。

6）对于模塑料和挤出材料用下列代号字母记录四种形式的破坏：

C——完全破坏，试样断裂成两片或多片；

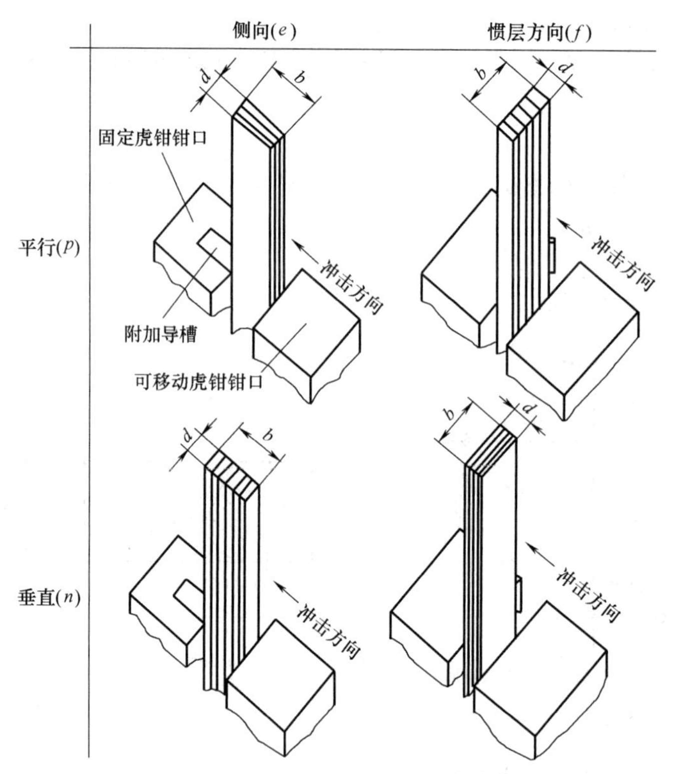

图 2-34 层合板四种方向悬臂梁冲击试验

H——铰链破坏，试样未完全断裂成两部分，外部仅靠一薄层铰链的形式连接在一起；

P——部分破坏，不符合铰链破坏定义的不完全断裂；

N——不破坏，试样未断裂，仅弯曲并穿过支座。

4. 数据处理与结果表示

悬臂梁无缺口冲击强度 a_{iU}（kJ/m^2），计算公式为

$$a_{iU}=\frac{E_c}{db}\times10^3 \tag{2-40}$$

式中 E_c——已修正的试样断裂吸收的能量，单位为 J；

d——试样厚度，单位为 mm；

b——试样宽度，单位为 mm。

缺口试样悬臂梁冲击强度 a_{iN}（kJ/m^2），计算公式为

$$a_{iN}=\frac{E_c}{db_N}\times10^3 \tag{2-41}$$

式中 E_c——已修正的试样断裂吸收的能量，单位为 J；

d——试样厚度，单位为 mm；

b_N——缺口试样剩余宽度，单位为 mm。

试验结果以一组试样的算术平均值表示，取 2 位有效数字。

五、推荐的试验标准

常用的冲击试验方法有 GB/T 1043.1—2008（等同采用 ISO 179—1：2010）《塑料　简支梁冲击性能的测定　第 1 部分：非仪器化冲击试验》，GB/T 1451—2005《纤维增强塑料简支梁式冲击韧性　试验方法》等。常用的悬臂梁冲击试验方法有 GB/T 1843—2008（等同采用 ISO 180：2000/Amd.1：2006（E））《塑料　悬臂梁冲击强度的测定》，ASTM D256—2010《测定塑料的耐悬臂梁摆锤撞击性能的标准试验方法》等。除简支梁和悬臂梁冲击试验外，还有落锥法、落锤法、拉伸冲击法等冲击试验，分别适用于不同的产品。如 GB/T 11548—1989《硬质塑料板材耐冲击性能试验方法（落锤法）》仅适于硬质塑料板材，试验结果以在规定冲击条件下使 50%的试样破坏（产生在正常的实验室光照条件下肉眼可观察到裂纹）所需能量表示。GB/T 14485—1993《工程塑料硬质塑料板及塑料件耐冲击性能试验方法（落球法）》适用于工程塑料硬质板材和容器类制品，试验结果用冲球下落第一次使试样出现正常的实验室光照条件下可肉眼观察到裂纹所消耗的能量表示。GB/T 8809—2015《塑料薄膜抗摆锤冲击试验方法》仅适用于塑料薄膜，试验结果用在规定速度下摆锤冲击过薄膜所耗的能量表示。GB/T 13525—1992《塑料拉伸冲击性能试验方法》适用于因产品太软太薄不能进行简支梁或悬臂梁冲击试样。该试验也适用于硬质塑料的极薄试样。试验结果用冲击试验时试样单位横截面所消耗的能量表示。

第六节　硬度试验

一、基础知识

硬度是材料抗压入变形性、抗压痕、耐划伤性的衡量标尺，硬度值的大小是材料软硬程度的有条件的定量反映。材料的硬度与材料的组成和其他力学性能有一定关系。热塑性塑料硬度远低于金属，固化后的热固性塑料也低于碳素钢和合金钢，大约相当于或略高于有色金属。塑料硬度随环境温度和湿度不同会有所变化，温度升高和湿度增大都会使塑料硬度值减小。非金属材料的硬度试验方法较多，常用的硬度试验有洛氏硬度试验、塑料球压痕硬度试验、邵氏硬度试验、巴氏硬度试验、布氏硬度试验等，本节将分别介绍。

二、洛氏硬度试验

（一）定义和计算公式

洛氏硬度：以规定直径的钢珠压头，对试样首先施加初始试验力 F_0，产生一个压痕深度 h_0，然后施加主试验力 F_1，产生一个压痕深度增量 h_1，此时总压痕深度为 h_0+h_1。在此条件下经过规定保持时间后，卸除主试验力，回复至初载荷，以如此造成的压痕深度增量作为材料硬度的量度，称为洛氏硬度，以符号 HR 表示。压痕深度越大，表明洛氏硬度值越低。

当用球形压头进行洛氏硬度试验时，一般用于高分子材料，由于压入深度较大，方法中规定将 0.26mm 划分为 130 等分，每个洛氏硬度单位为 0.002mm，这样，洛氏硬度的计算公式为

$$HR = k - \frac{e}{c} \tag{2-42}$$

式中　e——压痕深度增量，单位为mm；

c——常数，$c = 0.002$mm；

k——常数，$k = 130$。

（二）洛氏硬度计

洛氏硬度计一般由机架、试验力加卸机构、压痕深度测量装置和压头等组成。

机架：为刚性结构，在最大试验力作业下，机架变形和试样支撑结构的位移对洛氏硬度的影响不得大于0.5个洛氏硬度分度值。

试验力加卸机构：试验力误差对洛氏硬度示值有很大的影响。试验力超出规定范围，直接导致压痕深度增大或减小，从而影响试验结果的准确性。初始试验力 F_0（在主试验力 F_1 施加前和卸除后）的最大允差应为其标称值的±2.0%；主试验力 F_1 的最大允差应为其标称值的±1.0%。

压头：为维氏硬度不低于750HV10的抛光钢球，钢球表面不允许有灰尘、污物、油脂以及氧化物等存在。硬质合金球表面硬度不低于1500HV10。

压痕深度测量装置：检验深度测量装置用的仪器应具有0.001mm的精确度。

常见的洛氏硬度计结构如图2-35所示。

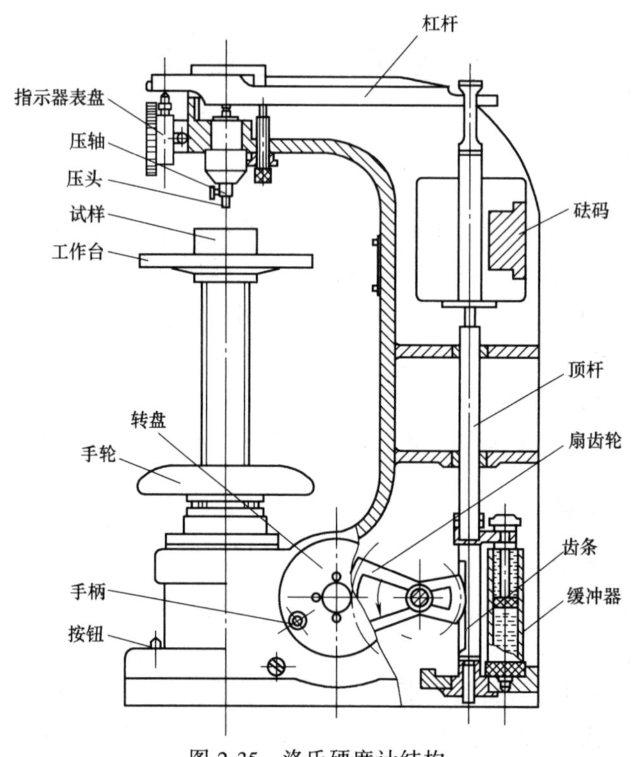

图2-35　洛氏硬度计结构

试验时，将试样放在工作台上按顺时针方向转动手轮，使工作台上升至试样与压头接触，继续转动手轮，通过压头和压轴顶起杠杆，并带动指示盘的指针转动，待指示器表盘中小针对准黑点，大针置于垂直向上位置时（左右偏移不超过5格），试样即施加了10kgf

(1kgf=9.8N) 的初载荷。随后转动指示器表盘，使大针对准“0”（测 HR 时对准“30”），再按下按钮释放转盘，在砝码重量的作用下，顶杆便在缓冲器的控制下匀缓下降，使主载荷通过杠杆压轴和压头作用于试样上。停留数秒钟后再扳动手柄，使转盘顺时针方向转动至原来被锁住的位置。由于转盘上齿轮使扇齿轮、齿条同时运转而将顶杆顶起，卸除了主载荷。这时指示器指针所指的读数即为所求的洛氏硬度值。

（三）试验方法

参照 GB/T 3398.2—2008《塑料硬度测定　第 2 部分：洛氏硬度》。

1. 试验设备

设备要求见洛氏硬度计结构（见图 2-35）。

洛氏硬度试验中，试样在主试验力 F_1 的作用下，所产生的压入深度中包括两部分变形，即弹性变形和塑性变形，当去除 F_1 后，弹性变形得到恢复，在保持初始试验力 F_0 条件下试样上所产生的压入深度为残余压痕深度。

洛氏硬度试验中，初始试验力 F_0 为一定值（98.07N），按照主试验力 F_1 和压头直径的不同，洛氏硬度标尺分四种，表 2-15 列出了各种洛氏硬度标尺的初始试验力、主试验力和压头直径。

表 2-15　各种洛氏硬度标尺的初始试验力、主试验力和压头直径

洛氏硬度标尺	硬度符号	初始试验力 F_0/N	主试验力 F_1/N	压头直径/mm	
				基本尺寸	极限偏差
R	HRR	98.07	588.4	12.700	±0.015
L	HRL	98.07	588.4	6.350	±0.015
M	HRM	98.07	980.7	6.350	±0.015
E	HRE	98.07	980.7	3.175	±0.015

2. 试样

试样应厚度均匀、表面光滑、平整、无气泡、无机械损伤及杂质等。

标准试样厚度应不小于 6mm，试样的大小应保证能在同一表面上进行 5 个点的测量。每个测量点的中心距离以及到试样边缘的距离不得小于 10mm。推荐试样的尺寸为 50mm×50mm×6mm。

3. 试验步骤

1）试验环境：试验一般应在温度为（23±2）℃、相对湿度为（50±10）%的环境条件下进行状态调节和试验。

2）选择合适的标尺，使洛氏硬度大于 50。

3）试样应平稳地放在刚性支撑物上，并使压头轴线与试样表面垂直。

4）无冲击和振动地施加初始试验力 F_0，初始试验力保持时间不超过 3s，在施加初始试验力后，指示盘或光学投影屏的指示线，不应超过硬度计的最大指示范围，否则应卸除试验力，在试样另一位置重新试验。从初始试验力 F_0 施加至总试验力 F 的时间应不小于 1s 且不大于 10s。总试验力保持时间为 15s。然后卸除主试验力 F_1，保持初始试验力 F_0，经 15s 后进行读数。

5）移动试样位置，打下一点，两相邻压痕中心距离不得小于 10mm。

6）如无其他规定，每个试样上的试验点数应不少于5点（第1点不记）。

4. 试验结果表示

1）洛氏硬度试验结果表示方法：洛氏硬度按主试验力和压头直径不同有四种标尺，四种标尺的硬度符号分别为HRR、HRL、HRM、HRE，在洛氏硬度符号前示出硬度示值，如80.5HRL表示用压头直径为6.350mm、主试验力为588.4 N的洛氏硬度值为80.5。

2）测量结果取多次测量值（至少5个有效试验点）的算术平均值作为试验结果，取3位有效数字。

三、球压痕硬度试验

（一）定义和计算公式

塑料球压痕硬度：以规定直径的钢珠压头，在试验载荷作用下，垂直压入试样表面，保持一定的时间后，单位压痕面积上所承受的平均压力以 N/mm^2 表示。

球压痕硬度的计算公式为

$$HB=\frac{F_r}{\pi D h_r} \tag{2-43}$$

式中　HB——球压痕硬度，单位为 N/mm^2；

F_r——折合试验载荷，单位为N；

D——压头直径，单位为mm；

h_r——压入的折合深度，单位为mm。

（二）试验方法

参照GB/T 3398.1—2008《塑料硬度测定第1部分：球压痕法》。

1. 试验设备

球压痕硬度计一般由机架、压头、加荷装置、压痕深度测量装置、计时装置等组成。

（1）机架　为刚性结构，并带有可升降的工作台。

（2）压头　直径为5mm的钢球，公差应在标准直径的±5%以内，硬度为800HV。

（3）加荷装置　包括加荷杠杆、砝码和缓冲器，能对压头施加如下载荷：

1）初载荷为9.8N。

2）试验载荷为49N、132N、358N、961N，各级载荷的最大允差应为其标称值的±1.0%。

3）缓冲器应使压头对试样能平稳而无冲击的加载，并控制加荷时间在2s~3s以内。

（4）压痕深度测量装置　用于测量压头压入深度，量程为0mm ~ 5mm，精度为0.005mm。

（5）计时装置　用于指示试验载荷全部加上后到读取压痕深度的时间。量程不小于60s，精确度为±5%。

2. 试样

试样应厚度均匀、表面光滑、平整、无气泡、无机械损伤及杂质等。

试样厚度应不小于4mm，试样的大小应保证能在同一表面上进行5个点的测量。每个测量点的中心距离以及到试样边缘的距离不得小于10mm。

推荐试样的尺寸为50mm×50mm×4mm。

3. 试验步骤

1）试验环境：试验一般应在温度为（23±2）℃、相对湿度为（50±10）%的环境条件下进行状态调节和试验。

2）定期测定各级载荷下的机架变形量 h_2。测定时卸下压头，升起工作台使其与主轴接触。加上初载荷，调节深度指示表为零，再加上试验载荷，直接由深度指示表读取相应载荷下的机架变形量 h_2。

3）根据材料的硬度选择合适的试验载荷，装上压头，并把试样放在工作台上，并使压头轴线与试样表面垂直。无冲击和振动地施加初始载荷之后，把深度指示表调到零点。

4）2s~3s 内将所选择的试验载荷施加到试样上。保持 30s，立即读取压痕深度 h_1。

5）必须保证压痕深度在 0.15mm~0.35mm 的范围内，否则应改变试验载荷，使其达到上述规定的深度范围。

6）每组试样不少于 2 块，试验点数应不少于 10 点。

4. 试验结果计算与表示

球压痕硬度的计算公式为

$$HB=\frac{0.21p}{\pi D(h-0.04)} \tag{2-44}$$

式中　HB——球压痕硬度，单位为 N/mm^2；

p——试验载荷，单位为 N；

D——压头直径，单位为 mm；

h——校正后的压痕深度，$h=h_1-h_2$，单位为 mm；

h_1——试验载荷下的压痕深度，单位为 mm；

h_2——试验载荷下的机架变形量，单位为 mm。

试验结果以一组试样的算术平均值表示，取 3 位有效数字。

四、邵氏硬度试验

（一）定义和计算公式

邵氏硬度试验使用邵氏硬度计，在规定的标准试验条件下，用标准的弹簧压力将硬度计规定形状的压针压入试样表面，当压足表面与试样表面完全贴合时，压针尖端相对压足平面有一定的伸出长度 L，以 L 值的大小来表征邵氏硬度的大小，L 值越大，表示邵氏硬度越低，反之越高。邵氏硬度试验原理如图 2-36 所示，邵氏硬度 $=100-L/0.025$，邵氏硬度计用此公式以压入深度转换为硬度值，直接从硬度计上读出硬度值。

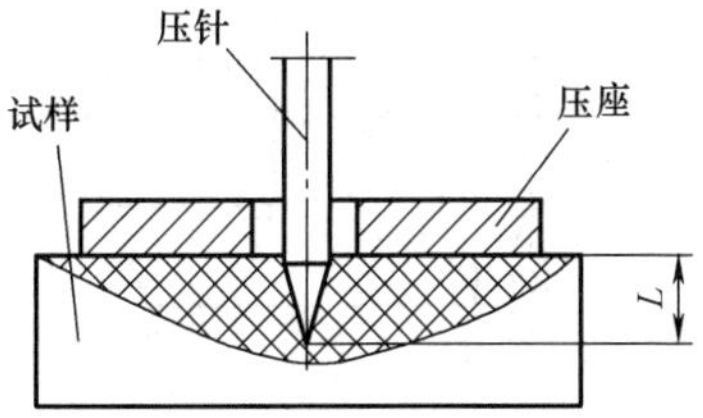

图 2-36　邵氏硬度试验原理

邵氏硬度分为邵氏 A、邵氏 D、邵氏 AO 和邵氏 AM 四种类型硬度。常用的邵氏 A 用于硫化橡胶或较软的塑料，邵氏 D 适用于较硬的塑料。

（二）邵氏硬度计

邵氏硬度计主要由硬度计（读数度盘）、压针、下压板及对压针施加压力的弹簧组成。

1. 读数度盘

读数机构用于读出压针末端伸出压足表面的长度，并用硬度值表示出来。读数机构为100分度。每一分度相当于一个邵氏硬度值。当压针端部与下压板处于同一水平面时，即压针无伸出，硬度计度盘指示“100”。当压针端部距离下压板（2.50±0.02）mm时，即压针完全伸出，硬度计度盘指示“0”。

2. 压针弹簧

压力弹簧对压针所施加的力应与压针伸出压板位移量有横定的线性关系。不同硬度计压针上的力与硬度计的读数对应关系见表2-16。

表2-16　不同硬度计压针上的力与硬度计的读数对应关系

硬度计类型	压针上的力/mN	硬度计的读数
A型硬度计	$F_A=550+75HA$	HA
D型硬度计	$F_D=445HD$	HD
AO型硬度计	$F_{AO}=549+75HAO$	HAO

3. 压足（下压板）

压足为硬度计与试样接触的平面，A型、D型的压足直径为（18±0.5）mm并带有（3±0.1）mm中孔；AO型的压足面积至少为500mm^2，带有（5.4±0.2）mm的中孔。在进行硬度测量时，该平面对试样施加规定的压力，并与试样均匀接触。

4. 压针

A型和D型压针采用直径为（1.25±0.15）mm的硬质钢棒制成，压针头部的结构如图2-37、图2-38所示；AO型压针为半径（2.5±0.02）mm的球面。

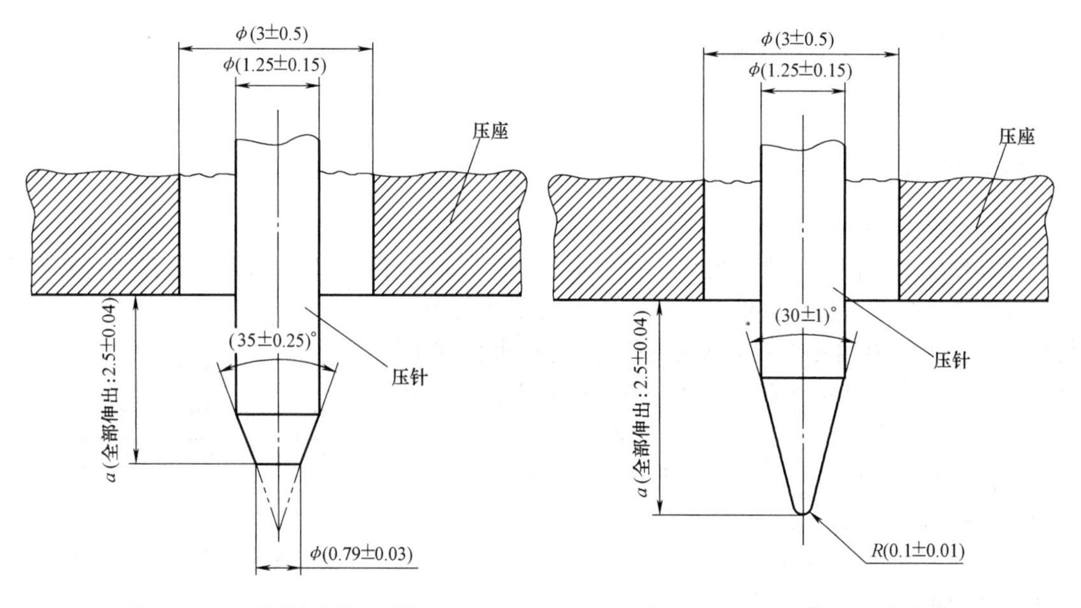

图2-37　A型压针头部的结构　　图2-38　D型压针头部的结构

（三）试样

试样厚度应均匀、表面光滑、平整、无气泡、无机械损伤及杂质等。

1. 试样厚度

使用邵氏 A 型、D 型和 AO 型硬度计测定硬度时，试样的厚度应不小于 6mm。

对于厚度小于 6mm 的薄片，为得到足够的厚度，试样可以由不多于 3 层叠加而成。对于邵氏 A 型、D 型和 AO 型硬度计，叠加后试样总厚度至少 6mm；要求每片试样的表面都应紧密接触，不得被任何形式的表面缺陷分开。

2. 试样的大小

试样应有足够的面积。使邵氏 A 型和 D 型硬度计，每个测量点的中心到试样边缘的距离应不小于 12mm，每个测量点之间的距离不小于 6mm；邵氏 AO 型硬度计，每个测量点的中心到试样边缘的距离不小于 15mm；每组试样的测量点不少于 5 个。可在一个或几个试样上测量。推荐试样的尺寸为 50mm×50mm×6mm。

3. 表面状态

采用邵氏硬度计一般不能在弯曲、不平和粗糙的表面获得满意的测量结果。试样的表面在一定范围内应平整，上下平行，以使压足能和试样在足够面积内进行接触。邵氏 A 型和 D 型硬度计接触半径至少 6mm，AO 型至少 9mm。

（四）试验步骤

1）试验环境：试验一般应在温度为（23±2）℃、相对湿度为（50±10）%的环境条件下进行状态调节和试验。

2）校正硬度计的读数，将硬度计下压板与玻璃板试样平台完全接触，此时读数度盘应指示“100”。当下压板和指针完全离开玻璃板试样平台时，读数度盘应指示“0”。邵氏硬度值最大偏差为±1。

3）把试样置于玻璃板试样平台上，使压针头离试样边缘至少 12mm，平稳而无冲击地使硬度计用规定的载荷，在最大速度为 3.2mm/s 的条件下加在试样上，下压板与试样完全接触 15s 后立即读数。如果规定要瞬时读数，则在下压板与试样完全接触 1s 内读数。

4）在同一个试样上相隔 6mm 以上的不同点测量硬度 5 次。

5）测量硬度：用 D 型硬度计测量硬度值低于 20 时，可改用 A 型硬度计测量硬度。

（五）试验结果表示

邵氏硬度试验结果表示方法，硬度符号分别为 HA、HD、HAO、HAM，在邵氏硬度符号前示出硬度示值，如 62HA，表示邵氏 A 硬度值为 62。

测量结果一般取多次测量值的中值作为试验结果，取整数。

五、巴柯尔硬度试验

（一）定义

巴柯尔硬度试验使用巴柯尔硬度计，在规定的标准试验条件下，用特定压头以标准弹簧压力压入试样，并以压痕深度转换为硬度值，直接由硬度计读出巴氏硬度值。

巴柯尔硬度用来表征纤维增强塑料的硬度和热固性塑料的硬度，也用于其他非增强的硬质塑料。

（二）试验方法

参照 GB/T 3854—2017《增强塑料巴柯尔硬度试验方法》。

1. 试验设备

巴柯尔硬度计主要由压头和指示仪表组成。其结构如图 2-39 所示。

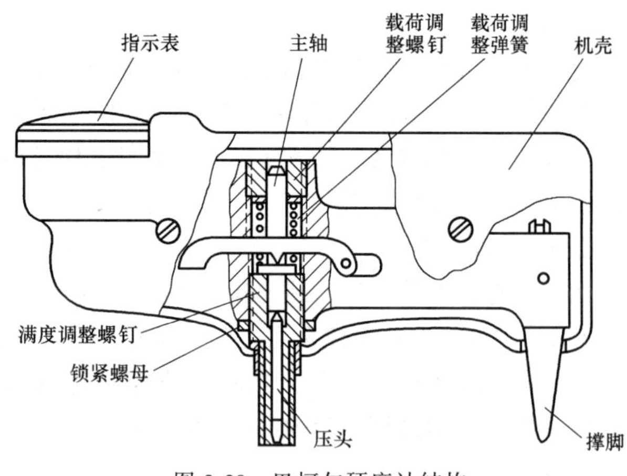

图 2-39　巴柯尔硬度计结构

(1) 压头　压头是一个用淬火钢制成的截头圆锥，锥角为 26°，顶端平面直径为 0.157mm，配合在一个满度调节螺丝孔内，并被一个由弹簧加载的主轴压住。

(2) 指示仪表　指示仪表表头刻度盘为 100 分度。每一分度相当于压入 0.0076mm 的深度。压入深度为 0.76mm 时，表头读数为 0；压入深度为 0 时，表头读数为 100；读数越高材料越硬。

2. 试样

试样表面应平整光滑，没有缺陷和机械损伤。

试验厚度不小于 1.5mm，试样的大小应满足任意一压点到试样边缘以及压点与压点之间的距离不小于 3mm。

3. 试验步骤

(1) 试验环境　试验一般应在温度为 (23±2)℃、相对湿度为 (50±10)%的环境条件下进行状态调节和试验。

(2) 满刻度校准　检查指示表的指针是否在零点，允许最大偏差为 1 硬度值。将硬度计放在平板玻璃上，加压于机壳上，使压头被完全退回到满度调节螺孔内，此时，表头读数应指示“100”，即满刻度。如满刻度检查不是“100”，须进行调整。打开机壳，松开下部的锁紧螺母，旋动满度调整螺母，旋松表头指示值下降，旋紧表头指示值升高，直至满度符合 100 为止。

(3) 示值校准　经满刻度校准后，测试硬度计附带的标准硬度块，测得的值应在标准硬度标注值的范围内。如测量值与标准硬度标注值不符，则需旋动带有十字槽的载荷调整螺钉，旋紧时示值下降，旋松时示值升高。示值调好后不必重新检验满刻度偏差。如果压头折断或损坏，则不能得到满意的结果，此时必须更换压头。

(4) 更换压头　压头长度与整个测量系统的尺寸链有关。压头损坏时不能修磨复用，只能用仪器所附备件进行更换。更换压头时，先打开机壳，松开下部的锁紧螺母，将满度螺钉旋出，取出旧压头，装上新压头。注意不要让主轴及载荷弹簧弹出来。更换压头后，硬度计必须重新进行满刻度和示值校准。

(5) 加载　将试样放置在坚固的支撑面上，曲面试样应注意防止由于测试力可能造成的弯曲和变形。将压头套筒垂直置于试样被测表面上，撑脚置于同一表面或者有相同高度的其他固体上。用手握住硬度计机壳，迅速向下均匀施加压力，直至刻度盘的读数达到最大值，记录该最大读数，此数即为巴柯尔硬度值。

(6) 测量次数　非增强材料和增强材料测量次数随硬度的大小而变化，所需的最少测量次数见表 2-17。

表 2-17　硬度的大小与最少测量次数

非增强材料		增强材料	
巴柯尔硬度	最少测量次数/次	巴柯尔硬度	最少测量次数/次
20	9	30	29
30	8	40	22
40	7	50	16
50	6	60	10
60	5	70	5
70	4	—	—
80	3	—	—

4. 试验结果处理

1）单个测量值：x_1，x_2，x_3，……x_n。

2）一组测量结果取多次测量值的算术平均值的计算公式为（修约至整数）

$$\bar{x}=\frac{\sum_{i=1}^{n}x_i}{n} \tag{2-45}$$

式中　$\bar{x}$——一组测量值的算术平均值；

x_i——单个测量值；

n——测量次数。

3）标准差的计算公式为（保留 2 位有效数字）

$$S=\sqrt{\frac{\sum_{i=1}^{n}(x_i-\bar{x})^2}{n-1}} \tag{2-46}$$

式中　S——标准差。

4）离散系数的计算公式为（保留 2 位有效数字）

$$C_v=\frac{S}{\bar{x}} \tag{2-47}$$

式中　C_v——离散系数。

5）测量结果一般取多次测量值的平均值作为试验结果，取整数。

六、布氏硬度试验

（一）定义和计算公式

布氏硬度试验：在规定的试验条件下，对试样按规定程序用一钢珠施以静载荷压入试样并保持规定时间，卸荷后，以试样压痕单位面积所承受的压力作为材料硬度值，称为布氏硬度，用符号 HBW 表示。布氏硬度的计算公式为

$$\text{HBW}=\frac{2p}{\pi D(D-\sqrt{D^2-D_1^2})} \tag{2-48}$$

式中　p——加载载荷，单位为 kgf；

D——压头直径，单位为mm；

D_1——压痕直径，单位为mm；

其中，压痕深度为h，有$h=\frac{D-\sqrt{D^2-D_1^2}}{2}$，单位为mm。

（二）试验设备

布氏硬度计一般由机架、压头、加荷装置、测量装置等组成。

（1）机架　为刚性结构，并带有可升降的工作台。

（2）压头　硬度计钢球直径为2.5mm、5mm、10mm，允许偏差不超过0.01mm。钢球表面光滑，无缺陷。

（3）加荷装置　包括加荷杠杆、砝码和缓冲器，能对压头施加2.45kN、1.225kN、0.6125kN三种载荷。

（4）测量装置　用于测量压头压入深度或压痕直径。

（三）试样

试样厚度均匀、表面光滑、平整、无气泡、无机械损伤及杂质等。

试样厚度应不小于4mm，试样的长度应大于25mm，试样的宽度应大小15mm，推荐试样的长度和宽度为50mm。试样数量不少于5个。

（四）试验步骤

1）试验环境条件：试验一般应在温度为（23±2）℃、相对湿度为（50±5）%的环境条件下进行状态调节和试验。

2）根据材料的硬度选择合适的试验载荷，装上压头，并把试样放在工作台上。

3）使压头轴线与试样表面垂直。加荷时应缓慢而均匀，加荷时间不少于5s，保持时间为1min，卸荷时间为2s～3s。

测量结果取多次测量结果的平均值，取3位有效数字。

第七节　剪切性能试验

一、基础知识

剪切试验是在规定的温度、湿度和试验速度条件下，试样置于剪切夹具上，对试样施加一定方向的载荷，以测定材料在剪切力作用下的剪切模量、剪切强度等特性参数的一种试验。

在剪切试验中试样受力的特点是作用在试样两侧面上的外力的合力大小相等，方向相反，作用线相距很近，并将各自推着作用的部分沿着作用线相平行的受剪面发生错移。剪切强度是试样在剪切力作用下破坏时，单位面积上的最大破坏载荷。

不同的材料其剪切试验的加载方式不同。对于胶黏剂的剪切试验主要表示胶接接头试样的胶粘层受剪切应力时，单位面积上的最大破坏载荷。在剪切试验过程中，外力方向与接头的胶接面相平行，并均匀地分布在整个胶接面上。根据胶黏剂的用途，胶黏剂的剪切强度试验分拉伸剪切试验和压缩剪切试验两种。拉伸剪切试验适用于金属与金属粘接，压缩剪切试验适用于塑料、木材、玻璃和不易加工的硬质合金材料被粘接的剪切强度试验。对于纤维增强复合材料的剪切试验主要表示复合材料层与层之间受剪切应力时，单位面积上的最大破坏载荷等。

二、剪切试验中的应力状态

剪切时根据剪切状态不同，试样的受力与变形也存在一定的差异。单剪试验和双剪试验试样受力和变形如图 2-40、图 2-41 所示。

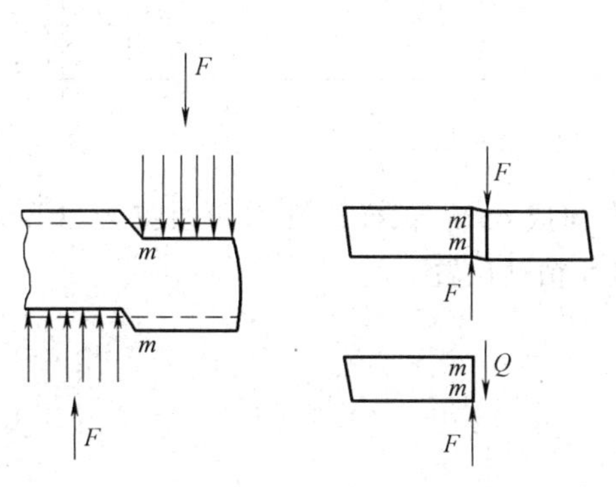

图 2-40　单剪试验试样受力和变形

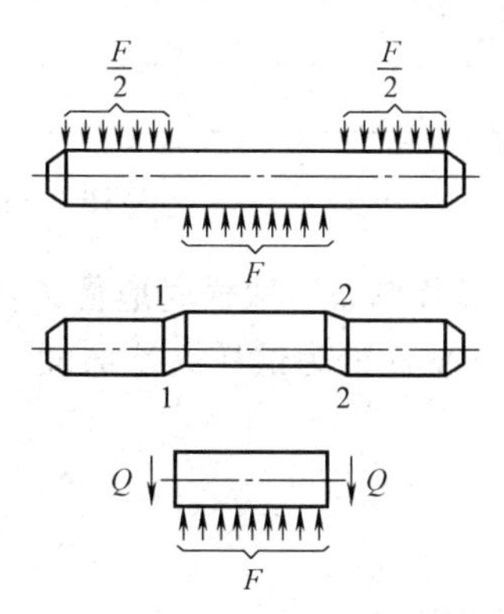

图 2-41　双剪试验试样受力和变形

单剪试验时试样仅有一个剪切面，在图 2-40 中，沿截面假想地将试样分成两部分，并取左边作为研究对象。由受力平衡关系可知，在 m-m 受剪面上分布的内力系的合力必然是一个平行于外力 F 方向相反的剪力 Q。由平衡条件得：$F-Q=0$，故 $Q=F$。图 2-41 所示双剪试验中，试样在 1-1 和 2-2 截面上同时受到剪力的作用。试样承受的剪力 $Q=F/2$，实际上，由于试样受剪时外力作用不在同一直线，剪切试验时试样还会承受弯曲、挤压，所以除有剪应力外，还存在着数值不大的弯曲正应力，而且在剪切面上作用的应力情况也很复杂，剪应力也并非均匀分布。

但是为了使计算简便，工程上通常采用近似的但基本符合实际的计算方法，即假定剪应力在剪切面内是均匀分布的，在测得试样的最大载荷 F_b 后，仍然按剪应力在剪切面上均布的假设计算该材料的剪切强度。受剪切面上切应力 τ 的计算公式为

$$\tau=\frac{Q}{A_0} \tag{2-49}$$

式中　A_0——试样受剪面横截面积，单位为 mm^2；

Q——试样受剪面承受的剪力，单位为 N。

三、试验方法

（一）纤维增强塑料纵横剪切试验

参照 GB/T 3355—2014《聚合物基复合材料纵横剪切试验方法》。

1. 试验原理

通过对 $[\pm45]_{ns}$ 层合板试样施加单轴拉伸载荷测定聚合物基复合材料纵横剪切性能。

2. 试样

（1）铺层形式　试样的铺层顺序为 $[45/-45]_{ns}$（复合材料子层合板重复铺贴 n 次后，再进行对称铺贴）。其中对于单向带，$4\leqslant n\leqslant6$；对于织物，$2\leqslant n\leqslant4$。

（2）试样形状和尺寸　试样几何形状和应变计布置如图 2-42 所示。

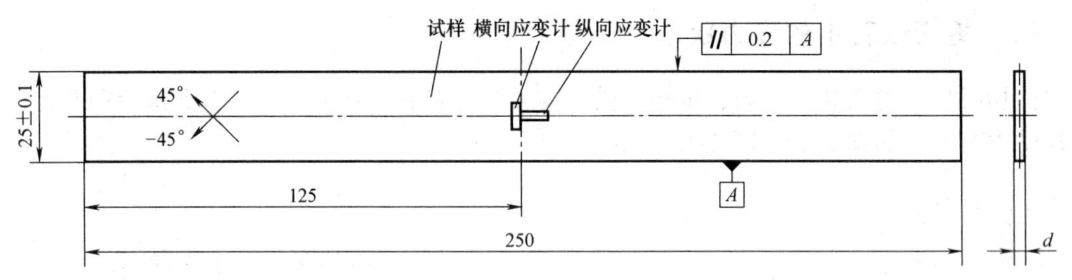

图 2-42　试样几何形状和应变计布置

（3）试样制备　取样时应使试样轴线与纤维方向成 45°，试样纤维方向如图 2-43 所示。试样两端 50mm 处为试样夹持部位，或为试样加强片粘贴位置。

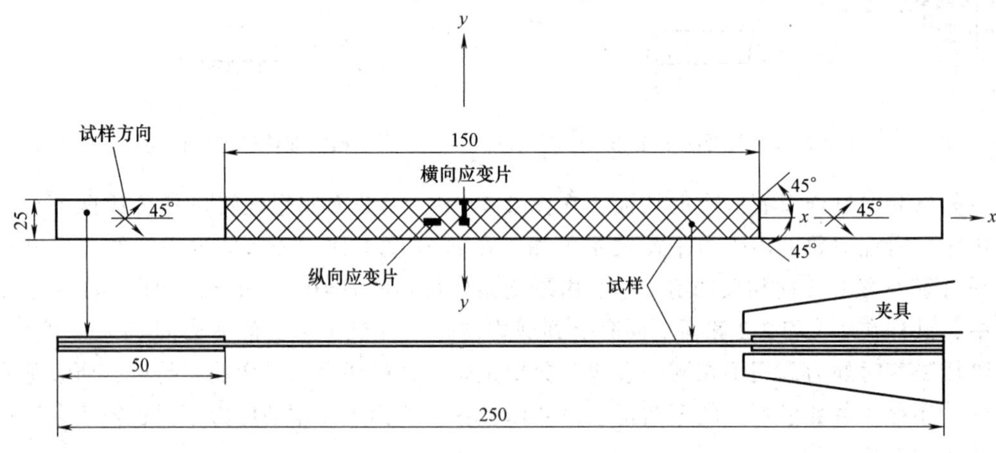

图 2-43　试样纤维方向

（4）试样数量　每组有效试样应不少于 5 个。

3. 试验设备

应变计和引伸计安装：每组试样中选择 1 个 ~2 个试样，在其工作段中心两个表面对称位置背对背地安装双向引伸计（见图 2-44）或粘贴应变计（见图 2-42），测试后计算试样的弯曲百分比。若弯曲百分比不超过 3%，则同组的其他试样可使用单个传感器。若弯曲百分比大于 3%，则同组所有试样均应背对背安装引伸计或粘贴应变计，试样的应变取两个背对背引伸计或对称应变计测得应变的算术平均值。

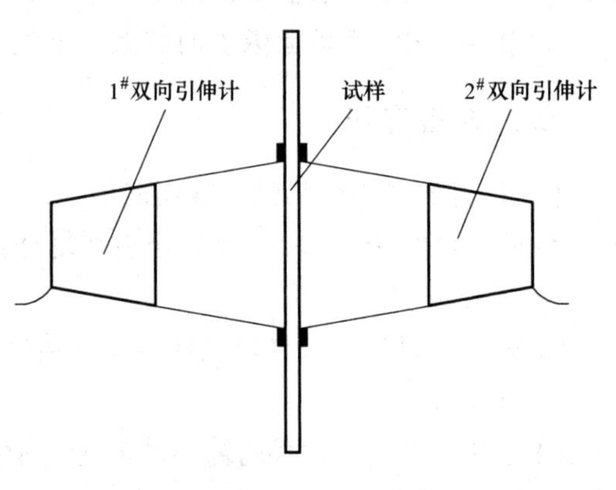

图 2-44　双向引伸计

4. 试验步骤

1）将试样编号，并测量工作段内任意 3 点的厚度和宽度，取算术平均值。测量精度为 0.01mm。

2）装夹试样，使试样的轴线与上下夹头中心线一致。

3）在试样工作段安装测量试样轴线及其

垂直方向变形（或应变）的仪器。施加初载荷（大约为破坏载荷的5%），检查并调整测量系统，使其处于正常的工作状态。

4）以1mm/min~2mm/min的加载速度，对试样进行连续加载。加载的同时测定纵横剪切弹性模量和绘制剪切应力-应变曲线，同时绘制载荷-变形或载荷-应变曲线。

5）若试验设备或测量设备不能进行连续加载时，可采用分级加载，级差为破坏载荷的3%~6%，至少五级，记录各级载荷值与相应的变形值或应变值。

6）测定纵横剪切强度，应以1mm/min~5mm/min的加载速度（碳纤维增强塑料宜采用下限速度），对试样进行连续加载至试样破坏或剪应变超过5%后停止试验，连续记录试样的载荷-应变（或载荷-位移）曲线。若试样破坏，则记录失效模式、最大载荷、破坏载荷以及破坏瞬间或尽可能接近破坏瞬间的应变。若采用引伸计测量变形，则由载荷-位移曲线通过拟合计算破坏应变。直至试样破坏，记录最大载荷值。

7）破坏发生在试样夹持段内，应予作废，同批有效试样不足5个时，应重作试验。

5. 试验结果表示

(1) 绘制剪切应力-应变曲线　各级载荷下的剪应力和相应的剪应变的计算公式为

$$\tau_{LT}=\frac{p}{2bd} \tag{2-50}$$

式中　τ_{LT}——剪应力，单位为MPa；

p——试样承受的载荷，单位为N；

b——试样宽度，单位为mm；

d——试样厚度，单位为mm。

$$\gamma_{LT}=\varepsilon_x-\varepsilon_y \tag{2-51}$$

式中　γ_{LT}——载荷为p时的剪应变；

ε_x——载荷为p时试样的轴向应变；

ε_y——载荷为p时试样轴线垂直方向的应变。

(2) 纵横剪切强度　计算公式为

$$S=\frac{p_b}{2bd} \tag{2-52}$$

式中　S——纵横剪切强度，单位为MPa；

p_b——剪应变等于或小于5%的最大载荷，单位为N。

(3) 纵横剪切弹性模量　计算公式为

采用分级加载时：

$$G_{LT}=\frac{\Delta\tau_{LT}}{\Delta\gamma_{LT}} \tag{2-53}$$

式中　G_{LT}——纵横剪切弹性模量，单位为MPa；

$\Delta\tau_{LT}$——纵横剪切应力-应变曲线的直线段上选取的剪应力增量，单位为MPa；

$\Delta\gamma_{LT}$——与相对应的剪应变增量。

采用自动记录装置时：

$$G_{LT}=\frac{\Delta p}{2bd(\Delta\varepsilon_x-\Delta\varepsilon_y)} \tag{2-54}$$

式中　Δp——载荷应变曲线直线段上选取的载荷增量，单位为 N；

$\Delta\varepsilon_x$——与 Δp 相对应的试样轴向应变增量；

$\Delta\varepsilon_y$——与 Δp 相对应的试样轴线垂直方向应变增量（横向应变增量）。

（4）0.2%剪切强度和0.2%剪应变　图 2-45 所示为剪切模量及 0.2%剪切强度测量。过剪应变轴上偏离零点 0.2%剪应变值，作平行于剪切应力-应变曲线线性段的直线，该直线与剪切应力-应变曲线交点所对应的剪应力值为 0.2%剪切强度 $S_{0.2}$，对应的剪应变值为 0.2%剪应变 $\gamma_{0.2}$。

（5）极限剪应变　当试样在剪应变小于 5%前发生破坏，破坏瞬间的应变为极限剪应变 γ_{12}；当试样在剪应变超过 5%后仍未发生破坏，极限剪应变即为 5%。

（6）结果处理　试验结果取 3 位有效数字。对每个系列的测试，均计算平均值、标准偏差和离散系数。

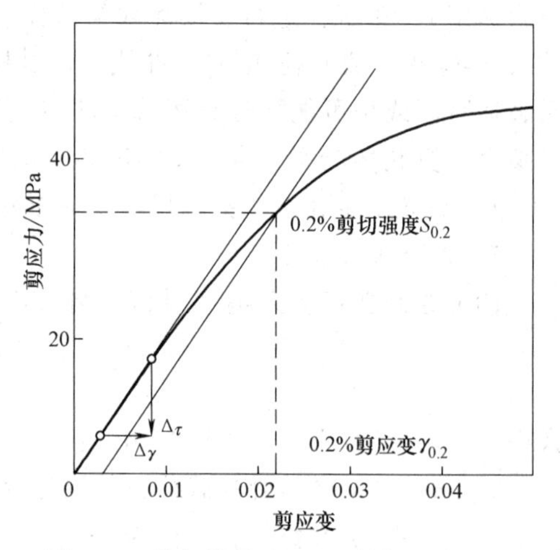

图 2-45　剪切模量及 0.2%剪切强度测量

（二）纤维增强塑料层间剪切试验

参照 GB/T 1450.1—2005《纤维增强塑料层间剪切强度试验方法》

1. 试验设备

可做压缩试验的材料试验机，载荷测量精度优于 1 级。能用力加载控制试验速度。需配备一专用剪切夹具，使施加的载荷能通过夹具对试样产生剪切应力。

2. 试样

纤维增强塑料层间剪切试验试样如图 2-46 所示。

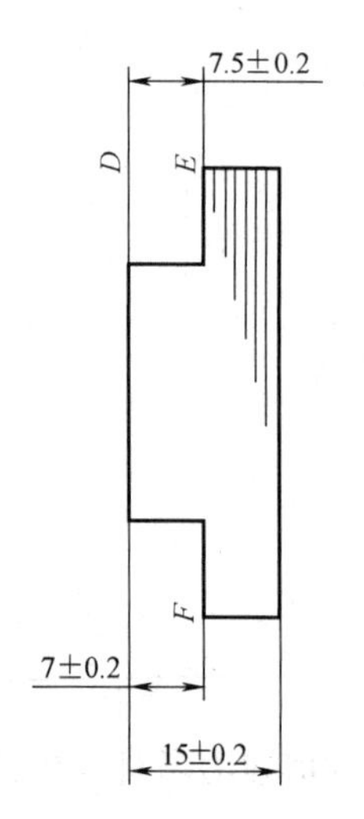

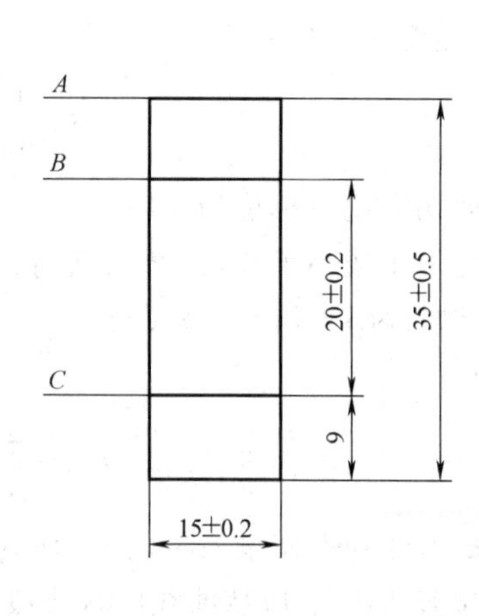

图 2-46　纤维增强塑料层间剪切试验试样

试样 A、B、C 三个面应相互平行，且与织物层垂直。D 面为加工面，且 D、E、F 面与织物层平行。受力面 A、B 应平整光滑。试样数量至少为 5 个。

3. 试验步骤

1）试验一般应在温度为（23±2）℃、相对湿度为（50±5）%的环境条件下进行状态调节和试验。

2）常规试验加载速度为5mm/min～15mm/min，仲裁试验加载速度为10mm/min。

3）试样编号，测量试样受剪面任意三处的高度和宽度，取算术平均值。

4）将试样放入层间剪切夹具中，A面向上，夹持时以试样能上下滑动为宜，不可过紧。然后把夹具放置在试验机上，使受力面A的中心对准试验机上压板中心。压板的表面必须平整光滑。

5）以选定的试验速度恒速加载，直至破坏。把试验过程中达到的最大力作为试样的破坏力，记录最大载荷。

6）有明显内部缺陷或不沿剪切面破坏的试样，应予作废。同批有效试样不足5个时，应重做试验。

4. 结果计算与表述

层间剪切强度的计算公式为

$$\tau=\frac{P}{bh} \tag{2-55}$$

式中　τ——层间剪切强度，单位为MPa；

P——最大载荷，单位为N；

h——试样受剪面高度，单位为mm；

b——试样受剪面宽度，单位为mm。

以一组试样（5个有效结果）的平均值表示，保留3位有效数字。

（三）V型缺口梁剪切性能试验

参照GB/T 30970—2014《聚合物基复合材料剪切性能V型缺口梁试验方法》。

1. 试样

（1）试样的几何形状和尺寸　如图2-47所示。

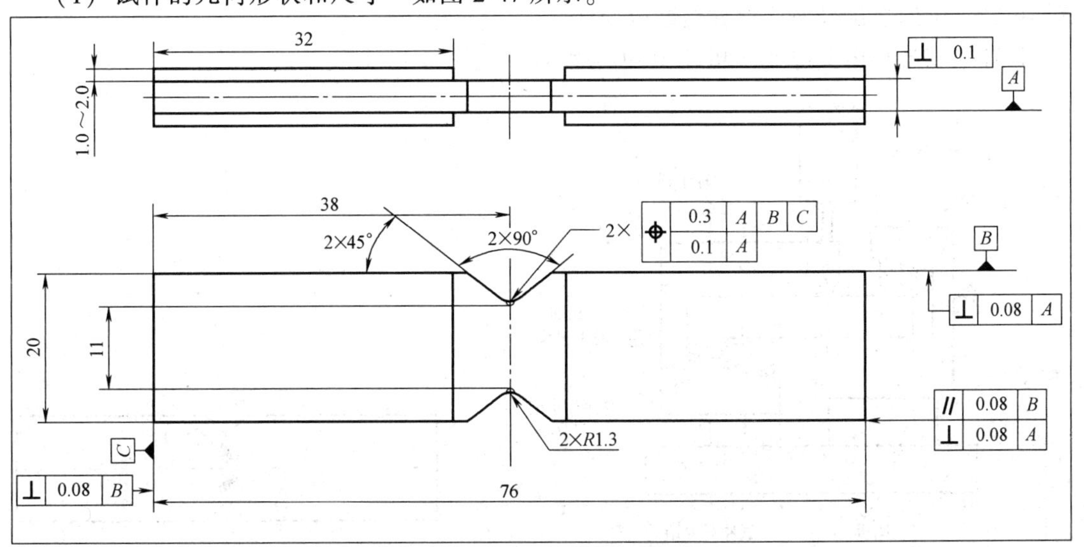

图2-47　试样的几何形状和尺寸

（2）试样制备　层间剪切试样形状（两个方向的试样 G_{13}、G_{23}）如图 2-48 所示。

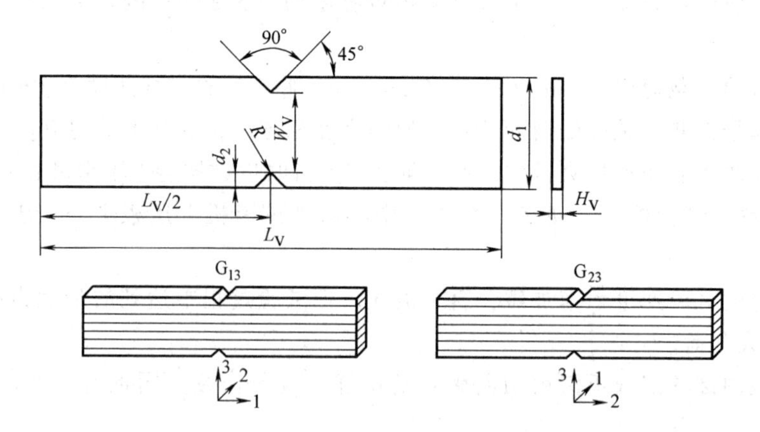

图 2-48　层间剪切试样形状（两个方向的试样 G_{13}、G_{23}）

（3）试样加强片　试样应粘贴加强片，加强片推荐采用 $[0/90]_{ns}$ 连续玻璃纤维或其机织物增强的复合材料层压板，也可采用铝合金板。加强片的厚度一般为 1.0mm~2.0mm。粘贴加强片时，试样表面处理应保证不损坏试样纤维。粘贴加强片所用胶黏剂应保证试验过程中加强片不脱落，胶黏剂固化温度应对试验材料的性能不产生影响。加强片粘贴完毕后，应对试样边缘进行修整，确保试样符合本标准的公差要求。

（4）试样数量　对每种试验情况，至少应包括 5 个有效试样。

2. 试验设备与装置

（1）试验机　试验机应配备适合连接本标准中规定的试验装置的平台或者其他等效连接装置，上下连接部分的其中之一应具有可调节的球形支座。

（2）试验夹具　专用试验夹具如图 2-49 所示。

（3）应变指示装置　在试样缺口根部的中心区域粘贴应变计，如图 2-50 所示。若考虑试样扭转，则应在试样两面对称粘贴应变计。

推荐采用最小名义应变不超过 3%的应变计。

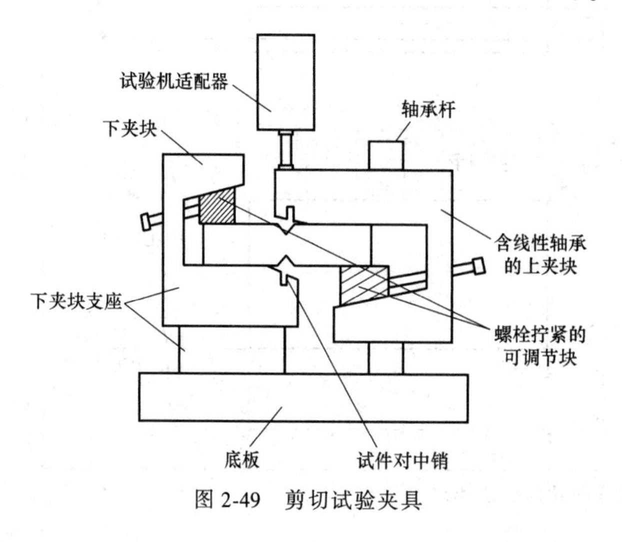

图 2-49　剪切试验夹具

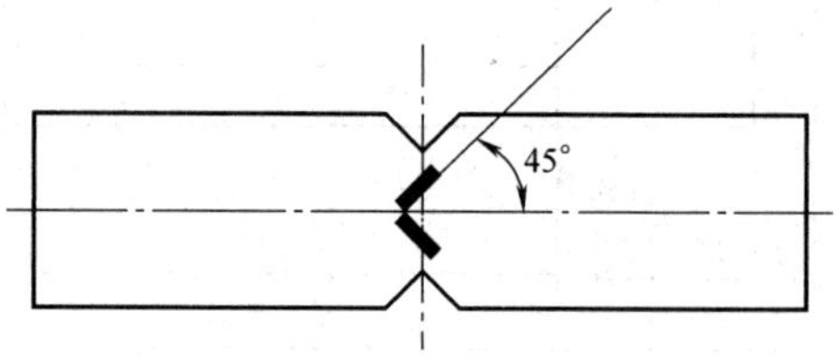

图 2-50　应变计粘贴位置

3. 试验步骤

1）试样外观检查。

2）试样状态调节在标准状态下至少 24 小时。

3）将合格的试样编号，并按需要测量试样两 V 型缺口根部间的距离和试样厚度。

4）若测量剪应变，则应在试验状态调节之前粘贴应变片。

5）调节载荷显示值零点，必要时，应考虑夹具重量的补偿。

6）试样装夹具时，将试样贴靠于夹具背面，用对中工具调整试样左右位置，使试样的中截面与加载线重合，旋紧锁紧螺母，固定试样，松紧程度以试样不产生移动，又不会对试样产生夹紧效应为宜。

7）对试样预加载荷，然后卸至初载（为破坏载荷的 5%～10%），调整仪器设备零点，预加载时，应保证试样不发生任何形式的损坏，一般不超过破坏载荷的 30%。

8）将应变测量装置与记录装置连接，并进行必要的标定。

9）以规定的速率对试样加载。记录载荷-应变数据。若出现载荷下降的情况，则记录该点的载荷和对应的剪切应变值，并记录相应的损伤模式，若试样出现最终破坏，则记录破坏前的最大载荷以及破坏瞬间或尽可能接近破坏瞬间的载荷与应变。若剪应变达到 5%仍未发生破坏，则忽略 5%以后的数据，记录 5%剪切应变时的载荷，作为剪切破坏载荷。允许分级加载并记录载荷及相应的剪切应变值，推荐使用自动记录装置。

10）若测量剪切模量，应确保在模量计算的范围内具有不少于 5 级的载荷-应变数据，每级级差为破坏载荷的 5%～10%。

11）按照图 2-51 所示的典型的失效模式判断试样失效模式是否为有效失效模式，若发生无效的失效模式，应予作废。同批有效试样数量不足 5 个时，应另取试样补充或重作试验。

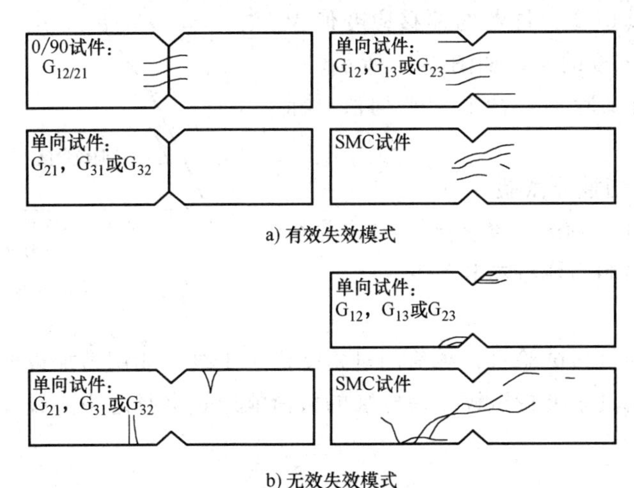

图 2-51　典型的失效模式

4. 试验结果与数据处理

1）剪切强度的计算公式为

$$S=\frac{P^{\mathrm{u}}}{bd} \tag{2-56}$$

式中　S——剪切强度，单位为 MPa；

P^{u}——剪切破坏载荷或者剪应变等于5%时对应的载荷值，单位为 N；

b——两缺口根部间的宽度，单位为 mm；

d——试样的厚度，单位为 mm。

2）剪切模量的计算公式为

$$G_{XY}=\frac{\Delta P}{bd(|\Delta\varepsilon_{+45}|+|\Delta\varepsilon_{-45}|)}\times10^{3} \tag{2-57}$$

式中　G_{XY}——剪切模量，单位为 GPa；

ΔP——载荷应力-应变曲线初始线性范围内的载荷增量，单位为 N；

$\Delta\varepsilon_{+45}$——与载荷增量向对应的+45°方向的应变增量，单位为 $\mu\varepsilon$；

$\Delta\varepsilon_{-45}$——与载荷增量向对应的−45°方向的应变增量，单位为 $\mu\varepsilon$；

b——两缺口根部间的距离，单位为 mm；

d——试样的厚度，单位为 mm。

3）计算弦线剪切模量时，在 1500$\mu\varepsilon$~2500$\mu\varepsilon$ 范围内选取一个较低的应变作为计算起始点，剪应变增量取（4000±200）$\mu\varepsilon$，在该区间内用式（2-57）计算弦线剪切模量。采用弦线剪切模量计算出计算中使用的应变范围。

4）当采用自定义的剪切模量时，可以按照相应的定义，用式（2-57）计算和记录使用者自行定义的其他弹性模量。若采用了自定义的剪切模量，应详细记录给出其定义、所用的剪应变范围和试验结果。

5）必要时，可以从剪应力-剪应变曲线中确定偏移剪切强度。将剪切模量线从原点平移到一个指定的应变值，该线与应力-应变曲线交点处的应力值，定义为相应偏移量下的偏移剪切强度。若没有特别指定偏移应变，推荐的偏移应变值为 0.2%，模量和偏移强度的确定如图 2-52 所示。

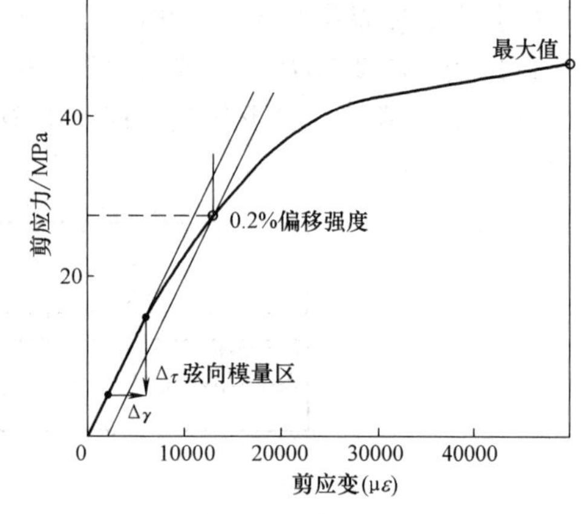

图 2-52　模量和偏移强度的确定

6）计算每一组试验测量性能的平均值、标准差和离散系数。

（四）胶黏剂剪切性能试验

参照 GB/T 7124—2008《胶黏剂　拉伸剪切强度的测定（刚性材料对刚性材料）》。

1. 试验设备

可做拉伸试验的材料试验机，载荷测量精度优于 1 级。能用力加载控制试验速度。需配备一对自动定位的夹具来夹持试样，使施加的载荷能通过夹具之中心线并与试样的长轴方向相重合。

2. 试样

胶黏剂拉伸剪切试样形状如图 2-53 所示。

搭接长度一般采用（12.5±0.25）mm，试样制备时应特别仔细，保证金属片对齐。试样数量至少为 6 个。

3. 试验步骤

1）试验一般应在温度为（23±2）℃、相对湿度为（50±10）%的环境条件下进行状态调节和试验。

2）把试样对称的夹持在夹具中，夹持位置距离试样黏结处为（50±1）mm，夹具中可使用垫片以确保作用力在黏结面上。

3）以一恒定的试验速度进行加载，使试样破坏时间在（65±20）s。若试验机可以应力加载，则剪切力变化速率定在每分钟8.3MPa~9.8MPa之间恒速加载，直至破坏。把试验过程中达到的最大力作为试样的破坏力，记录最大载荷。

4）测量搭接试样的长度，计算粘接面积。

4. 结果计算与表示

胶黏剂的剪切强度计算公式为

$$\tau = \frac{P}{A} \tag{2-58}$$

式中　τ——胶黏剂的剪切强度，单位为MPa；

P——最大载荷，单位为N；

A——搭接面的面积，单位为mm^2。

以一组试样（5个有效结果）的平均值表示，保留3位有效数字。

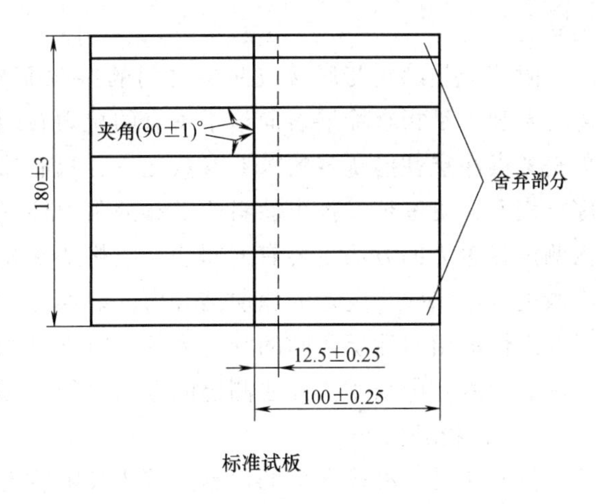

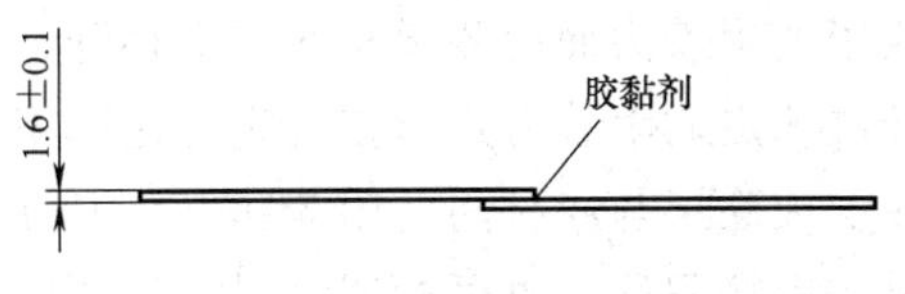

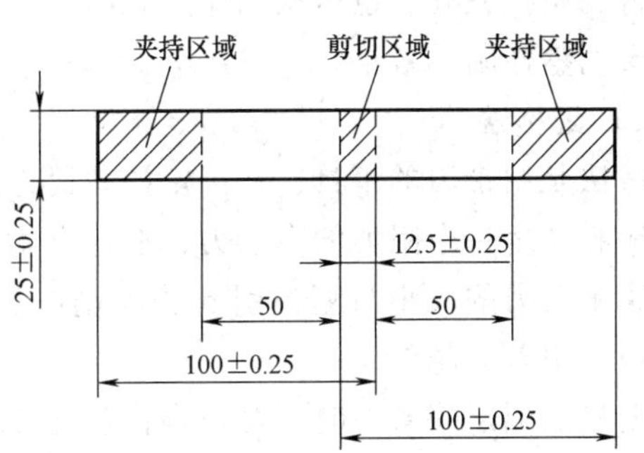

图 2-53　胶黏剂拉伸剪切试样

四、推荐的试验标准

剪切试验方法有GB/T 3355—2014《聚合物基复合材料纵横剪切试验方法》，GB/T 1450.1—2005《纤维增强塑料层间剪切强度试验方法》，GB/T 30970—2014《聚合物基复合材料剪切性能V型缺口梁试验方法》，HG/T 3839—2006《塑料剪切强度试验方法 穿孔法》，JC/T 773—2010《纤维增强塑料 短梁法测定层间剪切强度》，GB/T 3355—2014《聚合物基复合材料纵横剪切试验方法》，ISO 14129—1997《纤维增强塑料复合材料 用±45°张力试验法测定平面剪应力/剪应变特性，包括平面切变模量和剪切强度》，GB/T 7124—2008《胶黏剂 拉伸剪切强度的测定（刚性材料对刚性材料）》，WJ 745—1994《光学仪器用胶压缩剪切强度试验方法》，GB/T 13936—2014《硫化橡胶 与金属粘接拉伸剪切强度测定方法》等。

第八节　附着力试验

一、基础知识

附着力是漆膜（或胶黏剂）和其底材之间结合力大小的表征，这一结合力包括化学键性质的化学力、原子之间的吸引力和表面机械啮合的机械力等。要想精确地测量漆膜与底材的附着力是非常困难的，但是漆膜的附着力是关系到漆膜是否能牢固地附于底材上的重要因素。

附着力是涂料与底材或涂层之间的接触面相互作用，在一定条件下保持接触表面不分离，宏观上是指在涂层表面给予垂直的拉力直到涂层剥离时的拉力代表附着力。涂层的附着力是考察涂层性能优劣的重要参数之一，只有漆膜具有良好的附着能力，才能很好地附着在底材表面，更好地发挥出涂料所具有的附着性和保护性，从而达到使用涂料的目的。目前国内测定附着力的方法主要有划圈法、划格法和拉开法。其中，划圈法和划格法一般只能通过肉眼观察给出一个定性的涂层结合力的好坏，不能定量地反映出涂层的结合力。而拉开法可以在定性的给出涂层之间的结合力的同时准确给出直接反映涂层结合力大小的数据。因此，在附着力测定中采用拉开法测定的数据更能全面、准确地反映出涂层性能的好坏。

（一）拉开法

拉开法是一种较科学的定量测试漆膜附着力的方法，其原理为：对漆膜施加张应力，用以克服漆膜的附着力而使漆膜从底材上移开，移开的力在一定条件下等于漆膜的附着力。

拉开法测定的附着力是指在规定的速率下，在试样的胶结面上施加垂直、均匀的拉力，以测定涂层或涂层与底材间的附着破坏时所需的力，以 MPa 表示。此方法不仅可以检验涂层与底材的粘接程度，也可检测涂层之间的层间附着力；考察涂料的配套性是否合理，全面评价涂层的整体附着效果。

（二）划格法

划格法是用带刃的工具，在一定的载荷作用下，以一定的速度做划穿漆膜的运动。划痕运动对漆膜产生一个附加的牵引力，在这个附加牵引力的作用下，漆膜会产生脱离基体的趋势。漆膜附着力的大小与划痕引起漆膜剥离块的面积有关，划痕引起漆膜剥离块的面积越大，漆膜的附着力越低。

在划格法测定附着力时，可以最高测定 250μm 厚度的涂膜。根据涂层厚度大小，可以选择不同的划格间距，一般为涂层小于 60μm，硬质底材划格间距选为 1mm，软质底材划格间距选为 2mm；涂层厚度为 60～120μm，软硬质底材划格间距均为 2mm；涂层厚度大于 120μm，软硬质底材划格间距选为 3mm。附着力的大小用分级表示，一般分为六级，划格法测定附着力分级见表 2-18。

表 2-18　划格法测定附着力分级

分级	级别描述
0	切割边缘完全平滑，无一格脱落
1	交叉处有少许涂层脱落，受影响面积不能明显大于 5%
2	在切口交叉处或沿切口边缘有涂层脱落，影响面积为 5%～15%
3	涂层沿切割边缘部分或全部以大面积脱落受影响的交叉切割面积在 15%～35%
4	沿边缘整条脱落，有些格子部分或全部脱落，受影响面积 35%～65%
5	剥落的程度超过 4 级

（三）划圈法

用附着力测定仪在漆膜上划圆滚线能获得大小不同的划痕格子，观测格子的大小，就可以获得漆膜附着力半定量分级结果，划圈法附着力分级如图 2-54 所示。

划圈法所采用的附着力测定仪是按照划痕范围内的钢结构油漆的漆膜完整程度进行评

定，以级表示。是按照制备好的马口铁板固定在测定仪上，为确保划透漆膜，酌情添加砝码，按顺时针方向，以80r/min～100r/min均匀摇动摇柄，以圆滚线划痕，标准圆长为7.5cm，取出样板，评级。试验中需要注意以下几点：

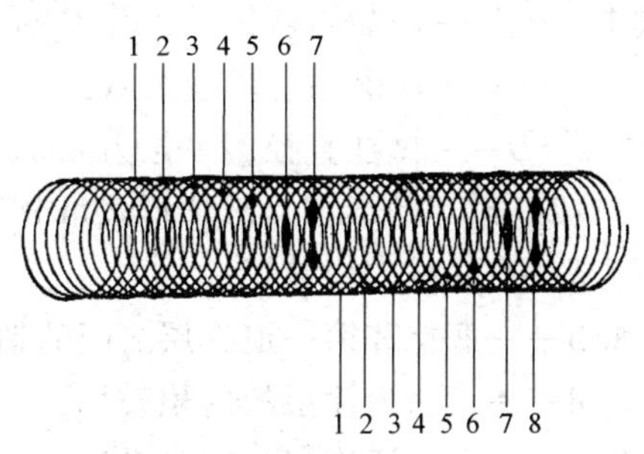

图2-54　划圈法附着力分级

1）测定仪的针头必须保持锐利，否则无法分清1、2级的区别，应在测定前先用手指触摸感觉是否锋利，或在测定若干块试板后酌情更换。

2）先试着刻划几圈，划痕应刚好划透漆膜，若未露底板，酌情添加砝码；但不要加得过多，以免加大阻力，磨损针头。

3）评级时可以从7级（最内层）开始评定（见图2-54），也可以从1级（最外圈）进行评级，按顺序检查各部位的漆膜完整程度，如某一部位的格子有70%以上完好，则认为该部位是完好的，否则认为坏损。例如，部位1漆膜完好，附着力最佳，定为1级；部位1漆膜坏损而部位2完好的，附着力次之定为2级。依据类推，7级附着力最差。通常要求比较好的底漆附着力应达到1级，面漆的附着力可在2级左右。

二、试验方法

漆膜附着力-拉开法试验

1. 试验设备

1）可做拉伸试验的材料试验机，载荷测量精度优于1级。能用力加载控制试验速度。

2）应配备有专用的拉伸装置，以使试件能连接到试验机上下夹具上。

2. 试样

涂层拉开法试样如图2-55所示。圆柱形试样，直径为20mm、长度大于直径；粘接试样的胶黏剂，其结合强度和内聚强度要大于漆膜的附着力或漆膜的内聚强度，并且对漆膜性能基本上无影响。保证试样的同轴度，粘接好的试样两半的相对位移不得超过0.2mm。试样数量至少为5个。

3. 试验步骤

1）在漆膜干燥后，试样应在温度为（23±2）℃、相对湿度为（50±5）%的环境下，放置不少于24h，并在该环境条件下进行试验。

2）将试样用专用的拉伸装置连接到材料试验机，在试验机上施加同轴的垂直于界面的拉应力，以不大于1MPa/s的速度加拉应力，使得试样在90s内破坏。只要断裂不发生在粘接处或胶黏剂内部，均认为测试有效。

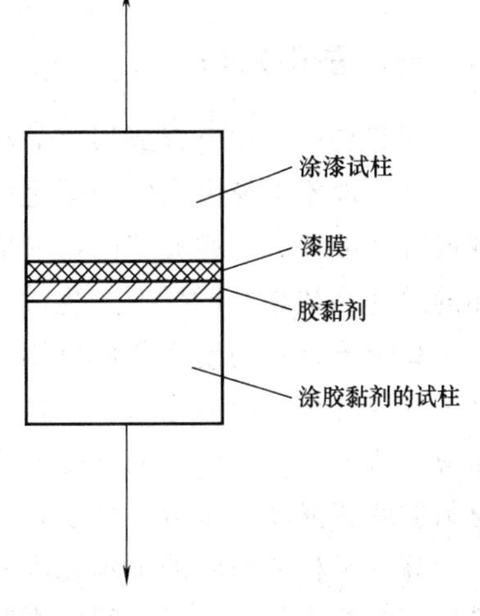

图2-55　涂层拉开法试样

4. 结果计算和表示

（1）结果计算　断裂强度的计算公式为

$$\sigma_b=\frac{4F}{\pi D^2} \tag{2-59}$$

式中 σ_b——断裂强度，单位为 MPa；

F——断裂力，单位为 N；

D——试柱直径，单位为 mm。

（2）破坏的形式 破坏形式可分为如下几种：

A——底材内聚破坏；

A/B——底材和第一道涂层之间的粘接破坏；

B——第一道涂层的内聚破坏；

B/C——第一道涂层与第二道涂层之间的粘接破坏；

C/Y——最后一道涂层与胶黏剂之间的粘接破坏；

Y——胶黏剂的内聚破坏；

Y/Z——胶黏剂和试柱间的粘接破坏。

（3）结果的表示 拉开试验的结果可以用下列形式表示：

1）断裂强度值。

2）第一种破坏形式面积百分比及破坏形式符号。

3）第二种破坏形式面积百分比及破坏形式符号等。

三、推荐的试验标准

附着力试验方法标准有 GB/T 5210—2006《色漆和清漆 拉开法附着力试验》，ISO 4624：2016《色漆和清漆 附着力拉开法试验》，GB/T 9286—1998《色漆和清漆 漆膜的划格试验》，ASTM D3359—02《用胶带测量附着力试验方法》，GB/T 1720—1979《漆膜附着力测定法》等。

第九节 疲劳性能试验

一、基础知识

疲劳是材料在重复或振荡的载荷作用下失效的一种现象。这种现象在工程实践中经常遇到，疲劳现象中最突出的问题是使材料丧失原有的力学性能，在应力远小于静态应力下的强度值就会破坏。引起疲劳的载荷形式可以是拉伸、弯曲、压缩、扭转等。疲劳试验使材料破坏的过程最初是在试样上产生微小的疲劳裂纹，裂纹逐渐增大，最终导致试样完全破坏。

高分子材料的耐疲劳性可用材料的疲劳寿命曲线和疲劳强度来表征。疲劳寿命定义为在某一给定的交变应力作用下，材料可以承受的应力次数。高分子材料的典型疲劳寿命曲线，随应力值增大，材料所能承受的应力次数减小。不致引起材料疲劳破坏的最高极限应力称为材料的疲劳强度。多数高分子材料的拉伸疲劳强度仅在静拉伸强度的 20%~35%之间。

高分子材料疲劳的根本原因是由于它的黏弹性，在交变应力作用下，分子链的变形总是滞后于应力变化，分子链间的内摩擦产生大量热，塑料的导热不良又使热量累积导致材料升温，引起材料局部软化、熔融或引起结晶塑料内部再结晶、相变、链折叠点的断裂等。试样的固有缺陷（如内部缩孔，外部划伤、缺口或表面过分粗糙等）都容易导致疲劳破坏。塑料的结晶有助于改善耐疲劳性，结晶度增大，耐疲劳性提高，较细的晶粒对抗疲劳性有利。

所有高分子材料，提高树脂相对分子质量都有利于提高耐疲劳性。

二、疲劳性能参数定义

疲劳性能试验是指在交变周期性应力（例如振动）或频繁的重复应力作用下，材料的力学性能衰减以至破坏的现象。以正弦交变力为例，如图 2-56 所示。

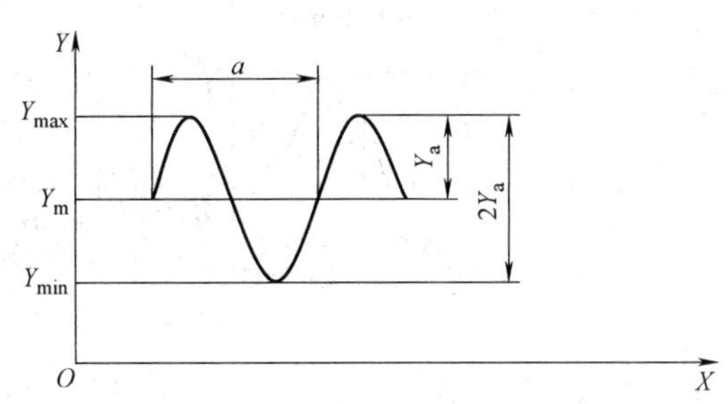

图 2-56　正弦波循环应力

疲劳性能试验常用的参数如下：

（1）最大应力　在应力循环周期中最高代数值的应力称为最大应力 Y_{max}。

（2）最小应力　在应力循环周期中最小代数值的应力称为最小应力 Y_{min}。

（3）平均应力　最小应力和最大应力的代数平均值称为平均应力 Y_m。

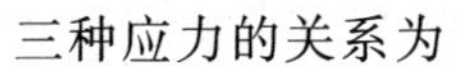

三种应力的关系为

$$Y_m=\frac{Y_{max}+Y_{min}}{2} \tag{2-60}$$

（4）应力振幅　在一个周期内最大应力与最小应力之差称为应力范围，应力范围的一半称为应力振幅 Y_a。计算公式为

$$Y_a=\frac{Y_{max}-Y_{min}}{2} \tag{2-61}$$

（5）循环　从波形上的任何点到下次出现相同点，单个完整的波形。

（6）循环类型　由波与零应力（应变）的位置关系确定循环类型。图 2-57 所示为应力循环实例。

（7）频率　1s 内的循环次数，用 Hz 表示。

（8）应力（载荷）比　在一次循环中最大应力（载荷）和最小应力（载荷）的比值。

（9）初始载荷　完成最初 100 次循环或状态稳定时的最大载荷。

（10）初始应力　初始载荷计算得到的应力，用 MPa 表示。

（11）静态强度　在静态加载速率下的得到的强度。

（12）应力水平　疲劳试验时选择的最大应力或所选择最大应力与静态强度（疲劳强度）的比值。

（13）疲劳破坏　一般当试样在疲劳试验中断裂为两半时被认为是疲劳破坏。但对于一些纤维填充的材料，当裂纹出现后，裂纹扩展很慢，到完全断裂为两半还需要很大的循环次数，这时就定义试样刚性下降到原始值的 7/8 时为疲劳破坏。

（14）疲劳强度　是指从 S-N 曲线上推算出的 N 次循环数时的疲劳破坏应力值。

（15）疲劳极限　是指循环无限次，试样也不会破坏的最大应力值。许多高聚物材料不存在疲劳极限，一般用 10^7 次的疲劳强度来评价材料的疲劳特性。

三、试验方法

参照 GB/T 35465. 3—2017《聚合物基复合材料疲劳性能测试方法　第 3 部分：拉-拉疲劳》，

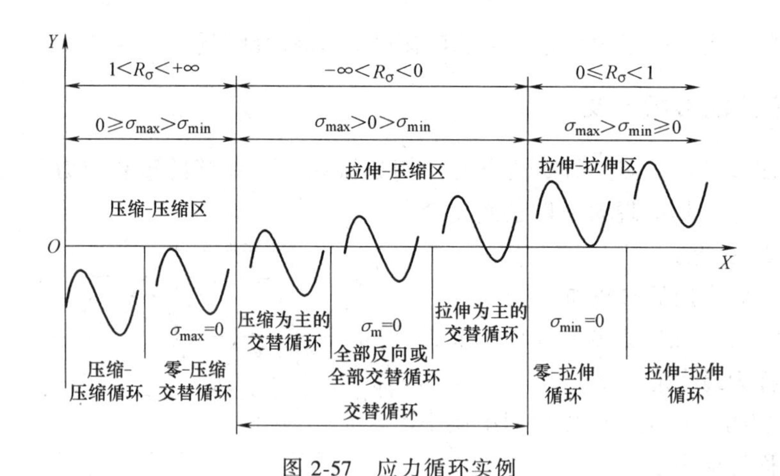

图 2-57　应力循环实例

GB/T 16799—2008《纤维增强塑料层合板拉-拉疲劳性能试验方法》，ASTM D7791—2017《塑料单轴疲劳特性的标准试验方法》。

（一）试验设备

（1）材料试验机　静载荷测量精度优于 1 级，动载荷测量示值误差在±3%以内。波形和频率能满足试验要求。

（2）应变测量装置　能测量试验过程中任何时刻试样标距的相对变化，应变测量的相对误差不能超过 1%，测量装置与试样之间基本无滑动。

（3）试样尺寸测量装置　测量装置的测量头应适宜被测量的试样，不应使试样在承受压力且尺寸发生明显下进行测量。测量精度至少要达到 0.02mm。

（4）加载夹具　用于夹持试样的夹具与试验机相连，使试样的长轴与通过夹具中心线的拉力方向重合，当加到试样上的拉力增加时，能保持或增加对试样的夹持力，且不会在夹具处引起试样的过早破坏。

（二）拉伸试样

1. 试样形状和尺寸

试样分为直条型和哑铃型，在特殊需求下，也可采用四面加工型试样。单向层合板采用直条型或四面加工型试样，其他层合板可采用直条型或哑铃型试样。直条型试样的形状如图 2-58 所示，尺寸见表 2-19；四面加工型试样形状和尺寸如图 2-59 所示；哑铃型试样形状和尺寸如图 2-60 所示。

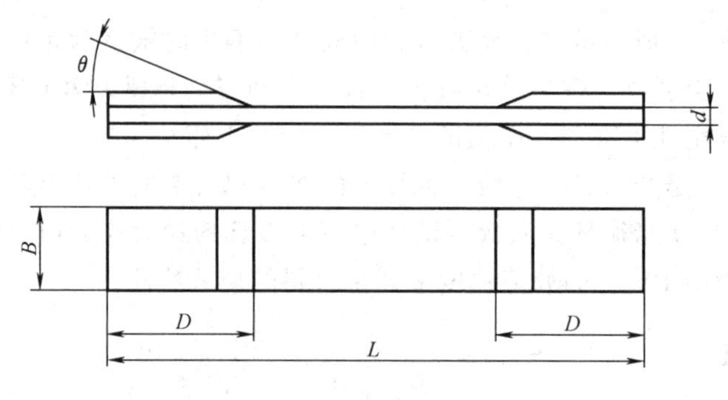

图 2-58　直条型试样的形状

表 2-19　直条型试样尺寸

试样铺层	L/mm	B/mm	d/mm	D/mm	θ/(°)
单向 0°	200	10±0.5	1~2	50	15°
其他	200	15±0.5	2~4	50	15°

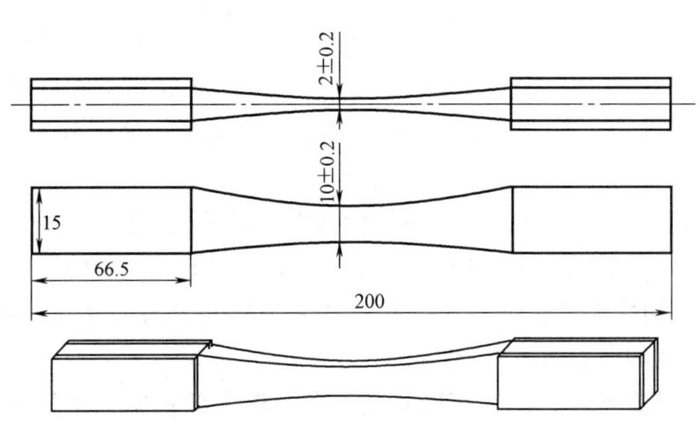

图 2-59　四面加工型试样形状和尺寸

2. 试样制备和试样数量

1）试样的取位区，一般宜距板材边缘（已切除工艺飞边）30mm 以上，最小不得小于 20mm，若取位区有气泡、分层、树脂淤积、皱褶、翘曲、错误铺层等缺陷，则应避开。

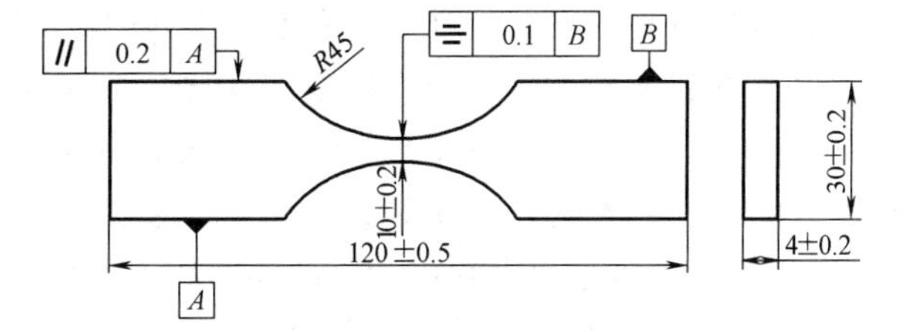

图 2-60　哑铃型试样形状和尺寸

2）若对取位区有特殊要求或需从产品中取样时，则按相关技术要求确定，并在试验报告中注明。

3）聚合物基复合材料一般为各向异性，应按各向异性材料的两个主方向或预先规定的方向切割试样，且严格保证纤维方向和铺层方向与试验要求相符。

4）聚合物基复合材料试样应采用硬质合金刃具或砂轮片等加工。加工时要防止试样产生分层、刻痕或局部挤压等机械损伤。

5）加工试样时，可采用水冷却（禁止用油），加工后，应在适宜的条件下对试样及时进行干燥处理。

6）对试样成型表面不宜加工。如需加工时，尽可能保持铺层单元的完整性。

7）对于直条形试样需用加强片，加强片材料采用铝合金板或纤维增强塑料板。加强片黏结所用的胶黏剂应保证在试验过程中加强片不脱落，胶黏剂固化温度不高于试样层板成型温度，对胶接加强片处的试样表面进行处理时，不允许损伤试样纤维。

3. 试样数量

1）静态测试：至少选取 5 根有效试样用于静态强度的测量。获得的强度用于选择应力水平。

2）疲劳测试：疲劳试样总共不少于 12 根有效试样，至少 4 个水平，每个应力水平至少

3个有效数据。

4. 试验步骤

（1）试样检查 对试样进行外观检查，有缺陷、不符合尺寸或制备要求的试样，应予作废。

（2）前处理 试验前，将试样在实验室标准环境条件下至少放置24小时；若不具备实验室标准环境条件，可选择在干燥器中至少放置24小时。特殊状态调节按需要而定。

（3）测量试样原始尺寸 对试样编号，直条型试样测量工作段内任意三点的宽度和厚度，取算术平均值；哑铃型和四面加工型试样测量最小截面处宽度和厚度，三次测量后取算术平均值。测量精度为0.01mm。

（4）测定 按以下方法测定试样静态拉伸强度、弹性模量或疲劳强度：

1）静态拉伸强度、模量和失效应变：直条型试样按GB/T 3354—2014《定向纤维增强聚合物基复合材料拉伸性能试验方法》测定，哑铃型和四面加工型试样按GB/T 1447—2005《纤维增强塑料拉伸性能试验方法》测定。

2）疲劳强度：设置与疲劳试验相同的频率和足够大的振幅，采用三角波加载方式，使试样在0.5次循环时间内失效，以最大应力作为疲劳强度。

（5）按试验要求选择波形和试验频率 试验波形一般为正弦波，试验频率推荐1Hz~25Hz，若进行高频率试验时，频率不大于60Hz。

（6）按试验类型确定应力比或应变比 本部分不推荐应力比或应变比小于0.1。

（7）测定S-N曲线（ε-N曲线） 按试验类型，至少选取4个应力或应变水平。一般按疲劳测试的最大应力或应变表征水平。选取应力或应变水平的方案如下：

1）第一个水平以大约以10^4循环次数为目标。

2）第二个水平以大约以10^5循环次数为目标。

3）第三个水平以大约以5×10^5循环次数为目标。

4）第四个水平以大约以2×10^6循环次数为目标。

（8）疲劳试验的加载 通常从第一个水平开始疲劳试验，若循环次数与预期差异较大，则逐量升高或降低应力或应变水平。推荐四个应力或应变水平分别为静态拉伸强度或疲劳强度的75%、55%、40%、30%。若无特殊试验目的，各应力或应变水平应使用相同频率和应力或应变比。

（9）装夹试样 夹持试样并使试样中心线与上下夹头中心线一致。若进行应变控制，安装应变仪或其他应变测量装置，并在无载荷时对应变清零。

（10）试样温度的控制 对试样加载直至试样失效或达到协定失效条件（如刚度下降20%）。在试验过程中，监测试样表面温度，若试样温度变化超过10℃，启用散热装置。若散热装置不能降低试样的温度，需重新选择试验频率。

（11）断口检查 试样失效后，应保护好试样断口。检查失效模式，特别注意加强片边缘或夹持部位产生的破坏。去除所有不可接受的试样并补充试验。

（12）注意试样状态 试验过程中随时检查设备状态，观察试样的变化，每水平至少记录一根试样的温度。

（13）失效模式 失效模式可分为8种情况，4种接受的失效和4种不可接受的失效模式。可接受的失效和不可接受的典型失效模式如图2-61所示。

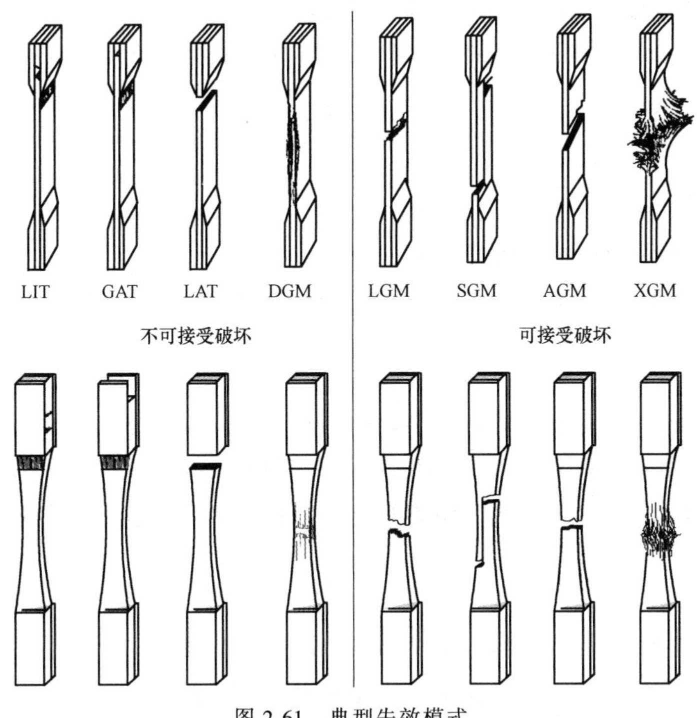

图 2-61　典型失效模式

（三）试验结果表示

1）给出每个应力水平下的中值寿命，通常用对数表示。

2）给出 S-N_{50} 曲线。

3）给出条件疲劳极限。

第十节　蠕变性能试验

一、基础知识

蠕变是指在恒定应力作用下，材料的应变随时间不断增大的现象，随应力形式不同，有拉伸、压缩、弯曲等蠕变。与金属不同，塑料在室温下就会产生蠕变，随温度升高，蠕变现象更加明显。进行塑料蠕变性能试验对塑料结构件的强度、刚度的可靠性、尺寸稳定性等均十分重要。塑料产生蠕变的原因是因为聚合物具有黏弹性，具有理想的弹性固体和黏性液体的性质。理想的弹性固体服从胡克定律，受载时应变瞬时产生，并正比于应力。黏性液体的应变速率正比于应力，在应力作用下，应变有一个发展过程。从根本上说，塑料的蠕变是由于树脂分子链运动单元的多重性引起，在外力作用下，分子链各键的键角和键长的增大是瞬时的，但卷曲分子链的松开和整个分子链的移动都是逐渐进行的。

二、定义和计算公式

蠕变是在恒定的温度、湿度环境中，材料在恒定外力作用下，产生的应变随时间不断增大的特性。蠕变性能试验主要是测量高聚物材料在固定条件下的变形量增强特性，除去外力后变形恢复的特性。蠕变性能试验常用的名词有：

（1）初始应力 σ　标距间单位初始横截面上的拉伸载荷，单位为 MPa，其计算公式为

$$\sigma=\frac{F}{A} \tag{2-62}$$

式中　F——载荷，单位为 N；

A——试样标距间初始横截面，单位为 mm^2。

（2）伸长 $(\Delta L)_t$　时刻 t 时标线间距离的增量，单位为 mm，其计算公式为

$$(\Delta L)_t=L_t-L_0 \tag{2-63}$$

式中　L_t——试验中任一给定时刻 t 时的标距，单位为 mm；

L_0——预加载后、加载前试样的初始标距，单位为 mm。

（3）标称伸长 $(\Delta L^*)_t$　夹具间距离的增量，单位为 mm，其计算公式为

$$(\Delta L^*)_t=L_t^*-L_0^* \tag{2-64}$$

式中　L_t^*——试验中任一给定时刻 t 时的夹具间距离，单位为 mm；

L_0^*——预加载后、加载前试样的夹具间距离初始标距，单位为 mm。

（4）蠕变应力　在试验过程中，施加的载荷与试样原始横截面积之比称为应力。

（5）拉伸蠕变应变 ε_t　蠕变试验中任一给定时间由施加载荷产生的伸长与初始标距之比，其计算公式为

$$\varepsilon_t=\frac{\Delta L_t}{L_0} \tag{2-65}$$

（6）标称拉伸蠕变应变 ε_t^*　蠕变试验中任一给定时刻由于施加载荷产生的标称伸长与夹具间初始距离之比。

（7）拉伸蠕变模量 E_t　初始应力与拉伸蠕变应变之比。

（8）标称拉伸蠕变模量 E_t^*　初始应力与标称拉伸蠕变应变之比。

（9）蠕变速率 K_C　蠕变应变与产生蠕变应变所需时间的比值，其计算公式为

$$K_C=\frac{\varepsilon_2-\varepsilon_1}{t_2-t_1} \tag{2-66}$$

式中　ε_1、ε_2——t_1、t_2时刻所测得的总应变。

（10）等时应力-应变曲线　施加试验载荷后，在某规定时刻直角坐标中应力对蠕变应变的曲线。

（11）蠕变断裂时间　蠕变过程中，从开始加满载到试样断裂时的时间。

（12）蠕变强度极限　在给定温度和相对湿度下，在规定时刻 t 时刚好导致破断的初始应力 $\sigma_{B,t}$ 或产生规定形变的初始应力 $\sigma_{K,t}$。

（13）蠕变恢复　试样完全卸载后，任一给定时刻应变的减少，用卸载后试样应变减少与卸载时应变之比表示。

三、试验方法

参照 GB/T 11546.1—2008《塑料　蠕变性能的测定 第 1 部分：拉伸蠕变》。

1. 试验设备

（1）夹具　夹具应尽可能保证加载轴线与试样纵轴方向一致，确保试样只承受单一应力，可认为试样受载部分所受应力均匀分布在垂直于加载方向的横截面上。

（2）加载系统　加载系统应保证能平稳施加载荷，不产生瞬间过载，并且施加的载荷在所需载荷的±1%以内。在蠕变破断试验中，应采取措施防止试样破断时产生的振动传递到相邻的加载系统，加载机构应能施加快速、平稳和重复性载荷。

（3）伸长测量装置　伸长测量装置的精确度应在±0.01mm 以内。伸长测量装置由能够测量载荷下试样标距伸长量或夹具间距离伸长量的非接触式或接触式装置构成，此装置不应通过力学效应、其他物理效应或化学效应对试样性能产生影响。

使用非接触式（光学）装置测量应变时，应使试样纵轴垂直于测量装置的光轴。为测定试样长度伸长，应使用引伸计记录夹具间距离变化。

进行蠕变破断试验，可使用按测高仪原理制成的非接触式光学系统测量伸长，最好能自动指示试样的破断时间。

（4）计时器　应精确至 0.1%。

（5）测微计　测量试样厚度和宽度所使用的测微计，应精确至 0.01mm 或更小。

2. 试样

（1）形状和尺寸　试样为哑铃形分为 A1 型和 B1 型。直接模塑的多用途试样选用 A1 型；机加工试样选用 B1 型。A1 型和 B1 型试样如图 2-62 所示，尺寸见表 2-20。

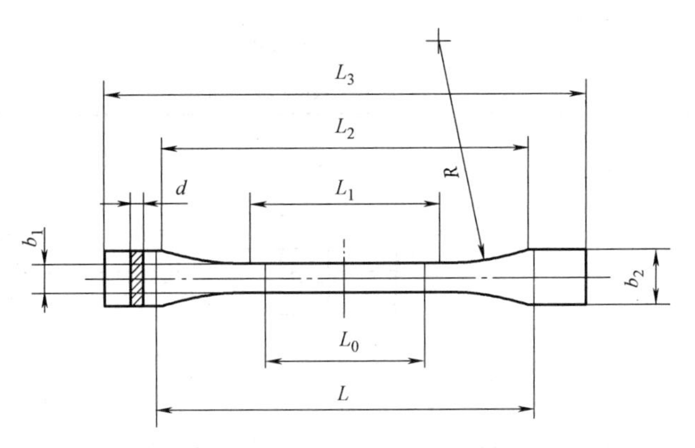

图 2-62　A1 型和 B1 型试样

如果由于某些原因不能使用 1 型标准试样时，可使用 BA1 型、BB1 型（见图 2-63），A5、B5 型（见图 2-64）。尺寸见表 2-21、表 2-22。

表 2-20　A1 型和 B1 型试样尺寸　（单位：mm）

符号	名称	A1 型	B1 型
L_3	试样总长度	>150	>150
L_2	宽平行部分间距离	104~113	106~120
L_1	中间平行段长度	80±2	60±0.5
L_0	标距	50.0±0.5	50.0±0.5
b_1	中间平行段宽度	10.0±0.2	10±0.2
b_2	端部宽度	20.0±0.2	20±0.2
d	厚度	2~10 优选厚度 4.0±0.2	2~10 优选厚度 4.0±0.2
L	夹具间的初始距离	115±1	L_2~(L_2+5)

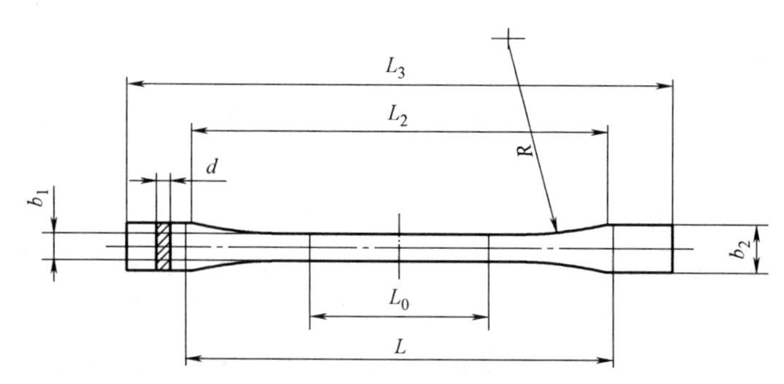

图 2-63　BA1 型和 BB1 型试样

表 2-21　BA1 型和 BB1 型试样尺寸　　（单位：mm）

符号	名称	BA1 型	BB1 型
L_3	试样总长度	≥75	≥30
R	半径	≥30	≥12
L_2	宽平行部分间距离	58±2	23±2
b_2	端部宽度	10.0±0.5	4.0±0.2
b_1	窄部分宽度	5.0±0.2	2.0±0.2
d	厚度	≥2	≥2
L_0	标距	25.0±0.5	10.0±0.2
L	夹具间的初始距离	$(L_2)^{+2}$	$(L_2)^{+1}$

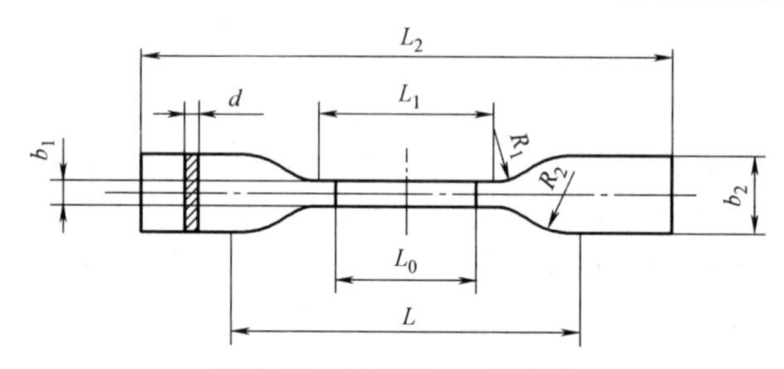

图 2-64　A5 型和 B5 型试样

表 2-22　A5 型和 B5 型试样尺寸　　（单位：mm）

符号	名称	A5 型	B5 型
L_2	试样总长度	≥75	≥35
b_2	端部宽度	12.5±1	6.0±0.5
L_1	宽平行部分间距离	25±1	12±0.5
b_1	窄部分宽度	4.0±0.1	2.0±0.1
R_1	小半径	8±0.5	3±0.1
R_2	大半径	12.5±1	3±0.1
L	夹具间的初始距离	50±2	20±2
L_0	标距	20±0.5	10±0.2
d	厚度	≥2	≥1

（2）试样的制作　应按照相关材料规范制作试样。如果模塑试样存在飞边应去掉，但不能损伤模塑表面。由制件机加工制备试样时应取平面或曲率最小的区域。除非确实需要，对于增强塑料试样不宜使用机加工来减少厚度。

（3）试样数量　每个受试方向的试验，试样数量不少于5个。

3. 试验步骤

（1）状态调节和试验环境　试样的状态调节应按材料标准的规定进行。蠕变性能不仅受试样的热历史影响，而且受状态调节时的温度和湿度影响。如果试样未达到湿度平衡，蠕变将受到影响。当试样过于干燥，由于吸水会产生正应变；而当试样过于潮湿，由于脱水会产生负应变。

应在与状态调节相同的环境下进行试验，并保证试验时间内温度偏差在±2℃以内。

（2）试样的检查及尺寸测量　试样应无扭曲，相邻的平面间应相互垂直，所有表面和边缘应无可见裂痕、划痕、空洞、凹陷或其他缺陷。试样可与直尺、直角尺、平板比对，应用目测并用螺旋测微器检查是否符合这些要求。经检查发现试样有一项或几项不合要求时，应舍弃或在试验前机加工至合适的尺寸和形状。

在每个试样中部距离标距每端5mm以内测量宽度 b 和厚度 d。宽度 b 精确至0.1mm，厚度 d 精确至0.02mm。

（3）夹持试样　将状态调节后并已测量尺寸的试样安装在夹具上，务必使试样的长轴线与试验机的轴线成一条直线。当使用夹具对中销时，为准确对中，应在紧固夹具前稍微绷紧试样，然后平稳而牢固地夹紧夹具，以防止试样滑移。

（4）安装引伸计　将校准过的引伸计安装到试样的标距上并调正，应小心操作以使试样产生的变形和损坏最小。引伸计和试样之间基本无滑动。

（5）选择应力值　选择与材料预期应用相当的应力值，并按式（2-53）计算施加在试样上的载荷。若规定初始应变值，应力值可以用材料的杨氏模量计算。

（6）控制温度和湿度　若温度和相对湿度不是自动记录的，开始试验时应记录，最初一天至少测三次。当在规定时间内试验条件是稳定的，可以不再频繁检查温度和相对湿度（至少每天一次）。

（7）加载步骤

1）预加载：为消除试验中传动装置的齿间偏移，可在增加试验载荷前向试样施加预载荷，但应保证预加载不对试验结果产生影响。夹好试样后，待温度和相对湿度平衡时预加载，再测量标距。预加载过程中预载荷保持不变。

2）加载：向试样平稳加载，加载过程应在1s~5s内完成。同种材料的一系列试验应使用相同的加载速度。

计算总载荷（包括预载荷）作为试验载荷。

（8）测量伸长　记录试样加满载荷点作为 $t=0$ 点，若伸长测量不是自动和（或）连续记录的，则要求按下列时间间隔测量应变：

1）1min，3min，6min，12min，30min。

2）1h，2h，5h，10h，20h，50h，100h，200h，500h，1000h等。

3）如认为时间点太宽，应提高读数频率。

（9）测量时间　测量每个蠕变试验的总时间，准确至±0.1%或±2s以内。

（10）测量蠕变恢复率　试验超过预定时间而试样不破断，应迅速平稳地卸去载荷。使用与蠕变测量中相同的时间间隔测量恢复率。

4. 试验结果计算及表示

（1）计算法

1）拉伸蠕变模量 E_t：拉伸蠕变模量单位为 MPa，计算公式为

$$E_t=\frac{\sigma}{\varepsilon_t}=\frac{FL_0}{A(\Delta L)_t} \tag{2-67}$$

式中　F——载荷，单位为 N；

L_0——初始标距，单位为 mm；

A——试样初始横截面积，单位为 mm^2；

$(\Delta L)_t$——时间 t 时的伸长，单位为 mm。

2）标称拉伸蠕变模量 E_t^*：标称拉伸蠕变模量单位为 MPa，计算公式为

$$E_t^*=\frac{\sigma}{\varepsilon_t^*}=\frac{FL_0^*}{A(\Delta L^*)_t} \tag{2-68}$$

式中　F——载荷，单位为 N；

L_0^*——夹具间初始距离，单位为 mm；

A——试样初始横截面积，单位为 mm^2；

$(\Delta L^*)_t$——时间为 t 时的标称伸长，单位为 mm。

（2）图解法

1）蠕变曲线：如果试验是在不同温度下进行的，则其原始数据将按每一温度表示为一系列拉伸蠕变应变对时间对数的蠕变曲线，每条曲线代表所用的某一初始应力，如图 2-65 所示。

2）蠕变模量-时间曲线：对每一个所用的初始应力，可画出按式（2-69）计算出的拉伸蠕变模量对时间对数的曲线（见图 2-66）。如果试验是在不同温度下进行的，则对每一温度绘出一组曲线。

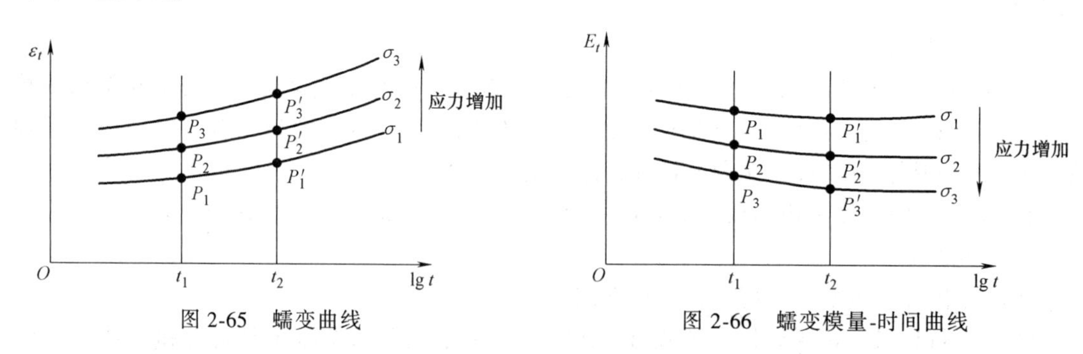

图 2-65　蠕变曲线　　　图 2-66　蠕变模量-时间曲线

3）等时应力-应变曲线：等时应力-应变曲线是施加试验载荷后，在某规定时刻直角坐标中应力对蠕变应变的曲线。通常绘制载荷下 1h、10h、100h、1000h 和 10000h 几条曲线。由于每一蠕变试验在每一曲线上只绘出一点，因此有必要在至少三个不同的应力下进行试验，以得到等时曲线。要从图示的一系列蠕变曲线上得到载荷下某一特定时间（如 10h）的等时-应变曲线，可从每一蠕变曲线上读出 10h 时的应变，然后在直角坐标中标出对应于应

力值（纵轴）的应变值（横轴）。其他时间重复这些步骤以得到一系列等时曲线（见图 2-67）如果试验是在不同温度下进行的，对每一温度绘出一组曲线。

4）蠕变破断曲线：蠕变破断曲线可预测任何应力下发生破断的时间。这可以绘制成应力对时间对数（见图 2-68）或应力对数对时间对数曲线（t 为破断时间）。

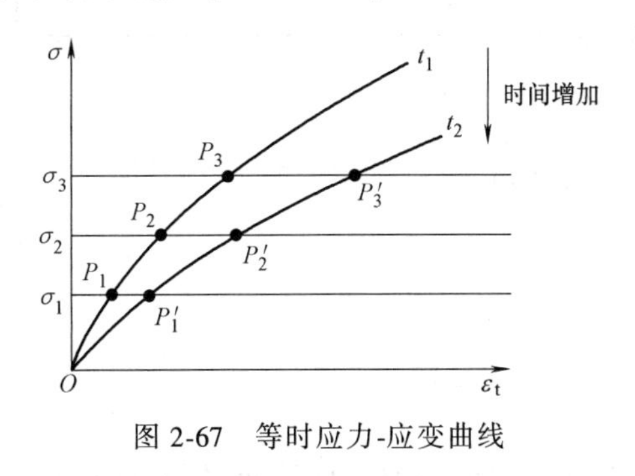

图 2-67 等时应力-应变曲线

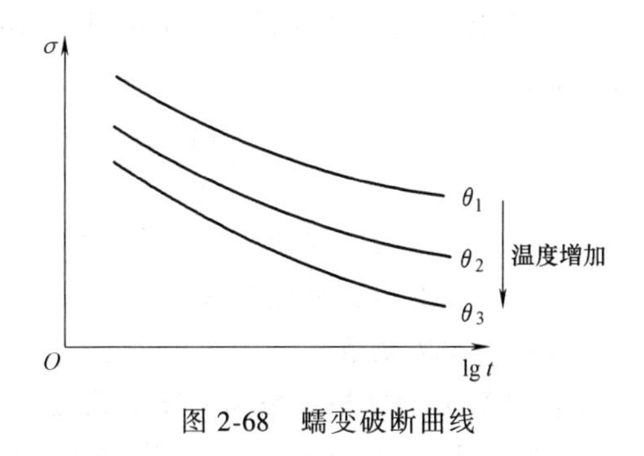

图 2-68 蠕变破断曲线

第十一节 摩擦和磨损性能试验

一、基础知识

当两个互相接触的物体彼此之间相对运动或有相对运动的趋势时，在两者之间的接触面上就会有一种阻碍其相对运动的机械作用力，此现象称为摩擦。物体之间的摩擦按所处的状态可分为静摩擦和动摩擦；按运动特征分可分为滑动摩擦和滚动摩擦。摩擦性能试验用摩擦系数和磨耗量表征。非金属材料与金属不同，摩擦系数不仅与表面粗糙度和清洁程度有关，还与接触面的法向压力、相对运动速度、温度、湿度等因素有关。当法向压力增大到某一数值后，进一步增大法向压力，塑料的摩擦系数会减小。这是因为随法向压力增大，表面间真正接触面增大。由于塑料较软，当法向压力增大到某一数值后，两表面微观的凸峰处会屈服使真正接触面积接近表观面积，法向压力进一步增大，摩擦力也不再增大，这时摩擦系数就会减小。随运动速度增大，摩擦系数一般会有一个由小变大，再由大变小的过程。温度具有与相对运动速度相似的影响。吸湿较强的塑料，湿度增大使摩擦系数增大，吸湿性小的塑料，湿度对摩擦系数影响较小。润滑对塑料的摩擦性能影响不像对金属那样大，在许多情况下塑料实际上不需要润滑。吸湿性小的塑料，可以用水作为润滑剂，但其作用在很大程度上也是为了散热。

二、定义与计算公式

（1）摩擦力 相互接触的两物体当一个相对于另一个切向相对运动或有相对运动趋势时，在两者接触面上发生的阻碍该两物体相对运动的切向力。

（2）摩擦力矩 在转动摩擦副中，转动体在周向上受到的摩擦力与转动体有效半径的乘积。

（3）磨痕宽度 在环-块摩擦磨损试验时，块的表面经摩擦磨损后在摩擦面上留下的损伤痕迹的断面—凹形圆弧的圆弧弦长，单位为 mm，如图 2-69 所示。

（4）磨损　由于摩擦造成表面的变形、损伤或表层材料逐渐流失的现象和过程。

（5）磨损量　在磨损过程中摩擦后的材料接触表面变形或表层材料流失的量。

（6）摩擦系数　摩擦力 F_f 与两接触表面间的法向压力 N 之比，其计算公式为

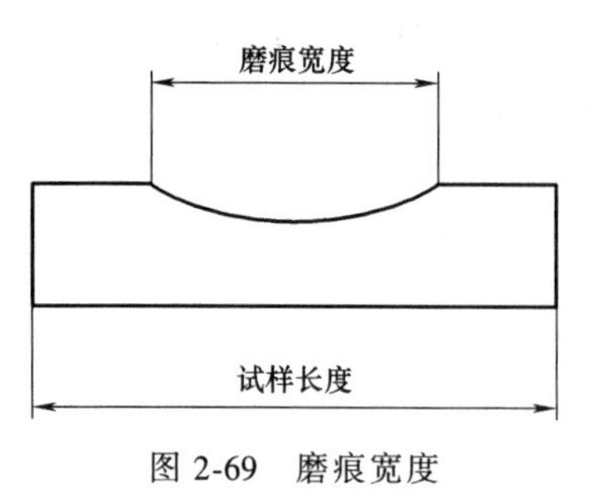

图 2-69　磨痕宽度

$$\mu=\frac{F_f}{N} \tag{2-69}$$

式中　N——两接触面间的法向压力，单位为 N；

F_f——摩擦力，单位为 N；

μ——摩擦系数。

摩擦系数分静摩擦系数和动摩擦系数。

1）静摩擦系数：两个相互接触的物体只有相对移动趋势但彼此保持相对静止时的最大静摩擦力 F_{max} 与两物体间的正压力 N 之比，即 $\mu_s=F_{max}/N$。

2）动摩擦系数：两个相互接触的物体处于相对移动状态时的动摩擦力 F_d 与两物体间的正压力 N 之比，即 $\mu_k=F_d/N$。

摩擦系数是一个无因次量，其数值不仅与摩擦材料有关，还与摩擦表面状况有关。对于金属，摩擦系数主要与表面粗糙度，清洁程度和润滑情况有关。清洁的表面，粗糙度减小，摩擦系数减小。法向压力、接触面积和两接触面的相对运动速度对金属的摩擦系数几乎无影响。

三、试验方法

塑料 滑动摩擦磨损试验

1. 试验设备

1）传达系统，用来带动圆环以给定的转速旋转，精确到 5%以内。

2）加载系统，对试样和圆环可施加法向力，精确到 5%以内。

3）记录装置，可记录圆环转数，精确到 1%以内。

4）试样夹持装置，保证试样安装后无轴向窜动。

将试样安装至试验机，试样安装于试验环上方，并加载载荷，试样保持静止，试验圆环以一定转速转动，如图 2-70 所示。

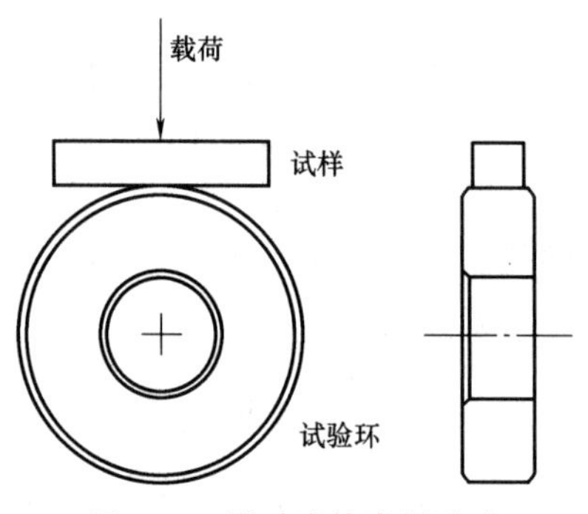

图 2-70　滑动摩擦磨损试验

2. 试样

1）试样的形状如图 2-71 所示。

2）试样尺寸：长度 $L=30^{+1.0}_{+0.5}$mm，宽度 $b=(6\pm0.2)$mm，厚度 $d=7^{-0.1}_{-0.2}$mm。

3）试样数量：每组试样不少于 3 个。

3. 试验步骤

1）试验环境：试验一般应在温度为（23±5）℃、相对湿度为（50±10）%的环境条件下

进行状态调节和试验。

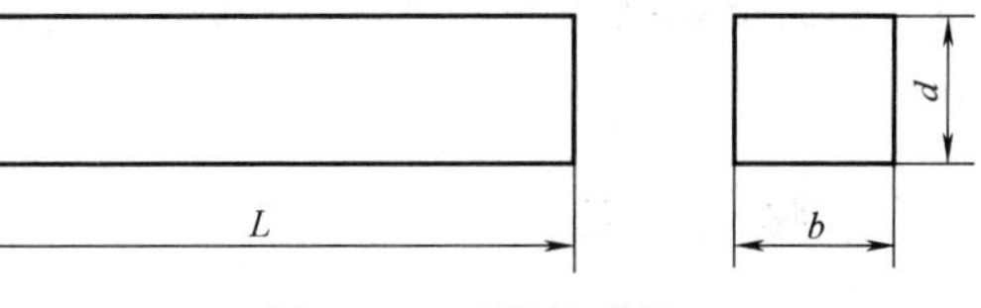

图 2-71　试样的形状

2）测量试样尺寸，准确至 0.02mm。用感量为 0.1mg 的分析天平称试样质量 m_1。

3）把试样装进夹具。开动试验机校好零点。

4）平稳地加荷至选定的载荷值。

5）对磨 2 小时后停机卸载荷，取下试样，清理试样表面，用精度不低于 0.02mm 的量具测量磨痕宽度，1 小时后用感量为 0.1mg 的分析天平称试样质量 m_2。

6）记录摩擦力矩值 M。

4. 试验结果计算与表示

1）磨痕宽度：每个试样测量 3 点，取平均值，各点之差不得大于 1mm。

2）体积磨损 V 的计算公式为

$$V=\frac{m_1-m_2}{\rho} \tag{2-70}$$

式中　m_1——试验前试样的质量，单位为 g；

m_2——试验后试样的质量，单位为 g；

ρ——试样在 23℃ 时的密度，单位为 g/cm^3。

3）摩擦系数 μ 的计算公式为

$$\mu=\frac{M}{R\times F} \tag{2-71}$$

式中　M——稳定的摩擦力矩，单位为 kg · cm；

F——试验载荷，单位为 kg；

R——圆环半径，单位为 cm。

结果取 2 位有效数字。

四、推荐的试验标准

常用的试验标准有 GB/T 3960—2016《塑料 滑动摩擦磨损试验方法》，GB/T 10006—1988《塑料薄膜和薄片摩擦系数测定方法》。

第十二节　剥离性能试验

一、基础知识

剥离试验是指两个被黏合的界面分离时的分离过程，本节主要介绍胶粘剂的剥离试验，胶粘剂的剥离强度表示粘接试样受扯离力作用时，应力集中在胶粘层边缘附近，而不是分布在整个粘接面上，一般把单位长度上的载荷定义为剥离强度。由于被粘接的材料不同可区分为剥离和撕离两种情况；两种刚性不同的材料黏结的试样受扯离作用时，称为剥离；两种柔性材料黏结的试样受扯离作用时，称为撕离；一般硬质材料与柔性材料黏结需进行剥离试验；而两种柔性材料的粘接则需进行撕离试验，通常也把撕离强度称为剥离强度。剥离强度试验，根据被黏结的材料不同常见的剥离强度试验形式有三种 180°剥离、T 型剥离、90°剥离。

二、试验方法

(一) 180°剥离试验

参照 GB/T 15254—2014《硫化橡胶　与金属粘接　180°剥离试验》。

1. 试验设备

(1) 试验机　试验机的力值测量范围应适宜，试样的破坏力应处于满量程的 10%~80%范围内。试验机应能保证试样夹持器以 (100±10)mm/min 的速度对试样施加力。试验机的力值误差应不超过 2%。试验机应有自动记录剥离力的装置。最好采用无惯性的拉力试验机。

(2) 试样夹持器　应有两个试样夹持器。一个夹持器适宜夹持金属板，另一个夹持器适宜夹持硫化橡胶。夹持硫化橡胶的夹持器应能自动调整，使施加的力平行于金属板。硫化橡胶与金属粘接 180°剥离试验如图 2-72 所示。

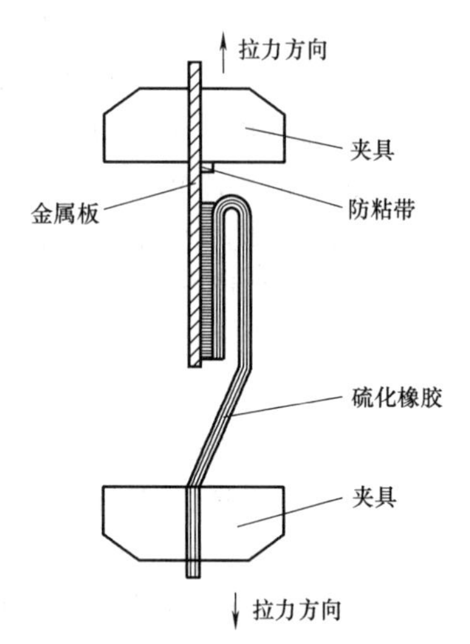

图 2-72　硫化橡胶与金属粘接 180°剥离试验

(3) 量具　测量试样粘接宽度的量具精确度应不低于 0.1mm。

2. 试样

1) 试样由硫化橡胶与金属板粘接而成。试样的形状和尺寸如图 2-73 所示。

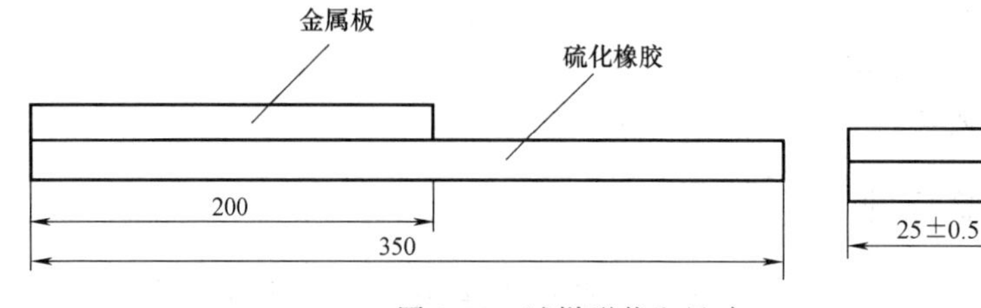

图 2-73　试样形状和尺寸

2) 推荐硫化橡胶厚度为 (2.0±0.2)mm、宽度为 (25.0±0.5)mm、长度至少 350 mm。

3) 金属板应平整，厚度为 1.5mm、宽度为 (25.0±0.5)mm、长度至少 200mm。

3. 试样制备

1) 橡胶与金属板可以经硫化粘接，也可由硫化橡胶与金属板采用胶黏剂粘接。

2) 试样可以单个制备，也可先粘接成大板再切割成单个试样。切割试样要小心，防止试样受到热或机械损伤。切割时要将平行于试样长度方向的两边各切掉 12mm。

3) 如用胶黏剂粘接，应在橡胶和金属板的整个粘接面上涂胶，不要漏涂，涂胶长度为 150mm。

4) 制备试样时，在试样剥离端的橡胶与金属板间放一条长约 10mm，宽约 30mm 的防粘带，便于试验前剥开试样。

5) 试样应平整，粘接面的错位不应大于 0.2mm。

6）试样如需加压，应在整个粘接面上施加均匀的压力。如无其他规定，压力为700kPa。加压时在试样表面覆盖一块厚约10mm，硬度约45邵尔A的橡胶垫，有利于粘接面上的压力分布均匀。

7）试样数量：试样数量不应少于5个。

4. 试验步骤

1）测量试样的粘接面宽度，测量部位不少于3次。取平均值，精确到0.1mm。

2）将剥离端的硫化橡胶弯曲180°，夹在能自动调整的夹持器中，把金属板夹在另一个夹持器中，并使剥离面向着操作者。夹持试样要仔细，定位要精确，使试样受力时在粘接宽度上剥离力分布均匀。

3）开动试验机，使夹持器以（100±10）mm/min的速度对试样进行剥离。如另有规定，也可采用其他速度。

4）用自动记录装置，连续记录试样剥离时的剥离力，剥离长度至少125mm。

5）试验过程中如出现部分撕胶，可在硫化橡胶与金属板的粘接面处用刀分割后继续试验。如出现硫化橡胶断裂，则可用增加背衬材料或增加橡胶试片厚度等方式重新进行试验，若仍出现硫化橡胶断裂则记录数据，停止试验。

6）记录试样剥离破坏类型。试样剥离破坏类型用下列符号表示：

R——硫化橡胶破坏；

RC——硫化橡胶与胶黏剂间破坏；

CP——胶黏剂内聚破坏；

M——胶黏剂与金属间破坏。

5. 试验结果

1）弃掉剥离曲线上起始的25mm剥离长度后，取其余剥离曲线上力的平均值，作为该试样的平均剥离力，剥离力曲线如图2-74所示。用平均剥离力除以粘接面宽度即为该试样的剥离强度，单位为kN/m。

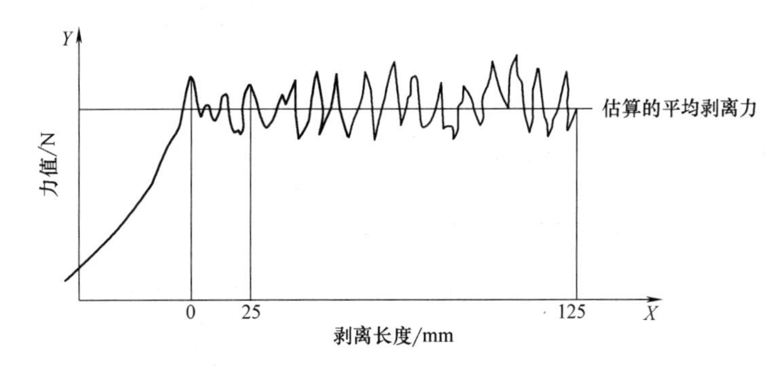

图2-74　剥离力曲线图

2）记录剥离曲线计算长度内的最大剥离力和最小剥离力，并计算该试样的最大剥离强度和最小剥离强度。

3）计算全部试样的剥离强度的算术平均值及最大剥离强度和最小剥离强度的算术平均值。

4）平均剥离力可用画等高线或用测量面积或其他适宜的方法得到。

5）硫化橡胶与金属粘接的剥离强度的计算公式为

$$\sigma_b = C\frac{h}{b} \tag{2-72}$$

式中 σ_b——硫化橡胶与金属粘接剥离强度，单位为 kN/m；

C——剥离曲线的载荷坐标轴单位长度所代表的力，单位为 N/cm；

b——试样粘接面的平均宽度，单位为 mm；

h——剥离长度内剥离曲线的平均高度，单位为 cm。

$$\sigma_b = C\frac{s}{bL} \tag{2-73}$$

式中 σ_b——硫化橡胶与金属粘接剥离强度，单位为 kN/m；

C——剥离曲线的载荷坐标轴单位长度所代表的力，单位为 N/cm；

b——试样粘接面的平均宽度，单位为 mm；

s——剥离长度内剥离曲线所围的面积，单位为 cm^2；

L——剥离长度，单位为 cm。

6）每个试样的平均剥离强度、最大剥离强度和最小剥离强度；试样的平均剥离强度、最大剥离强度和最小剥离强度的算术平均值；试样的破坏类型。

（二）T 剥离试验

参照 GB/T 2791—1995《胶粘剂　T 剥离强度试验方法　挠性材料对挠性材料》。

1. 试验设备

具有适宜的载荷范围，夹头能以恒定的速率分离并施加拉伸力的装置，该装置应配备有力的测量系统和指示记录系统。力的示值误差不超过 2%。整个装置的响应时间应足够的短，以不影响测量的准确性为宜，即当胶接试样被破坏时，所施加的力能被测量到。试样的破坏载荷应处于满量程载荷的 10%～80%之间。载荷测量精度不低于 1%。试验速度要求 100mm/min 以上。需配备专用夹具使施加的载荷对试样形成 T 剥离力。

2. 试样

T 剥离强度试验试样如图 2-75 所示。

粘接部分长度为 150mm，宽度为 25mm。

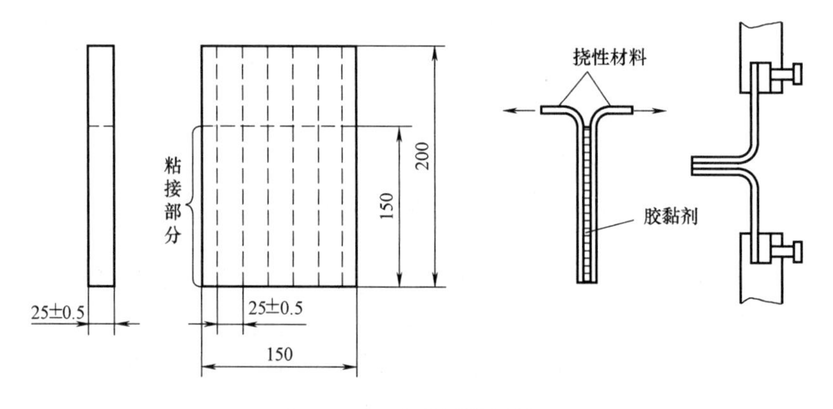

图 2-75　T 剥离试验试样

试样数量至少为 5 个。

3. 试验步骤

1）试验一般应在温度为（23±2）℃、相对湿度为（50±5）%的环境条件下进行状态调节和试验。

2）把试样夹持在试验机的上下夹具间，以（100±10）mm/min 的试验速度剥离试样，试验进行到粘接部分剩下 10mm 为止，整个试验过程应绘制出胶黏剂剥离载荷-剥离长度曲线，如图 2-76 所示，且有效剥离长度应在 125mm 以上。

4. 结果计算及数据处理

胶黏剂剥离强度的计算公式为

$$\sigma_{\mathrm{T}}=\frac{F}{b} \tag{2-74}$$

式中　σ_{T}——剥离强度，单位为 kN/m；

F——剥离力，单位为 N；

b——试样宽度，单位为 mm。

计算所有试验试样的平均剥离强度、最大剥离强度和最小剥离强度。

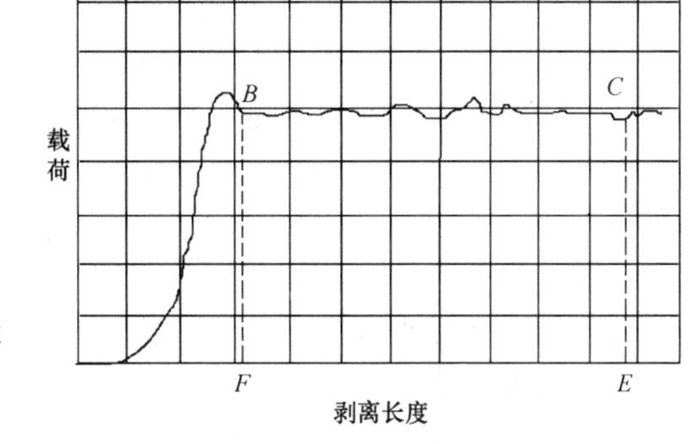

图 2-76　胶黏剂剥离载荷-剥离长度曲线

（三）胶粘带 90°剥离强度试验

参照 GB/T 2792—2014《胶粘带剥离强度的试验方法》。

1. 试验装置

90°剥离强度试验设备如图 2-77 所示。其工作原理是把粘贴有胶粘带的钢板固定在仪器中，再将该仪器放入试验机的固定夹具上，胶粘带的自由端固定在可移动夹具里，将胶粘带垂直地从钢板表面剥离，并通过水平移动钢板，从而保证钢板与胶粘带一直保持 90°。

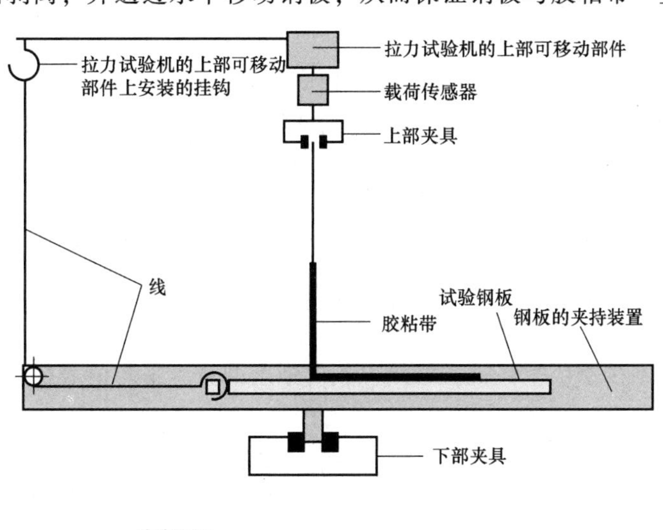

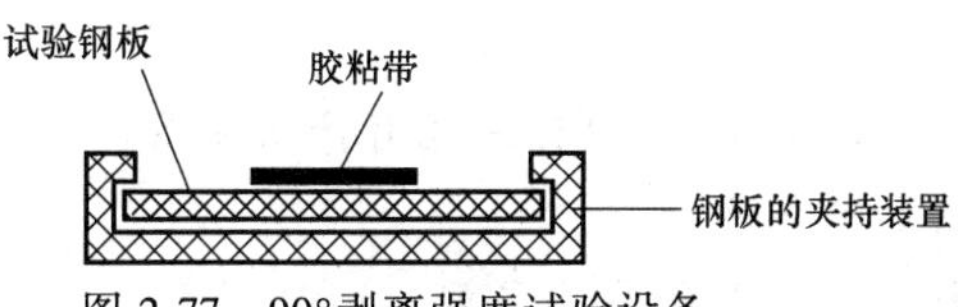

图 2-77　90°剥离强度试验设备

图 2-77 中钢板相对于设备呈水平开口，可以随着夹具的移动而水平移动且保持 90°的剥离角度。钢板可在正常压力下自由移动，或通过与可移动夹具直接连接进行移动。

2. 样品和试样

1）状态调节。将整卷胶粘带样品、实验板置于温度为（23±1）℃、相对湿度为（50±5）%的条件下，停放 24h 以上。

2）试验需要 3 个试样。试样宽度为（24±0.5）mm、长度约 300mm。当样品宽度小于 24mm 时，以样品的实际宽度进行测试，并在试验结果中注明。

3）在进行制样之前，从样品卷上撕去最外的 3 层~6 层胶粘带。

4）每个试验至少制取 3 个试样。从待测样品卷上以 500mm/s~750mm/s 的速率解卷试样。当胶粘带卷解卷力较大，无法在规定速率解卷试样时，在接近 500mm/s 的速率下解卷。

5）当胶粘带宽度大于 24mm 时，使用试样裁刀，从胶粘带条的中心位置，裁取规定宽度的试样。

6）在解卷后的 5min 内粘贴试样。

3. 试验步骤

（1）标准试验条件　标准试验环境温度为（23±1）℃、相对湿度为（50±5）%。

（2）钢板预处理　用溶剂擦拭钢板，用新的吸收性清洁材料擦干。使用同种溶剂，重复清洗 3 次。最后一次用甲基乙基酮或丙酮清洗。

洗后的钢板至少晾置 10min；10h 内未使用的试验钢板需重新清洗。为了得到一致的结果，新钢板在使用前，用甲基乙基酮或丙酮清洗至少 10 次。

（3）剥离强度样件制备　样件制备：从测试的胶粘带样品中裁取 300mm 长试样。沿试样长度方向，将一端胶粘面对折粘贴成约 12mm 长的折叠层。拿住该折叠层，将试样的另一端粘贴在钢板的一端，使胶粘带自然地置于钢板上方（不接触钢板），然后用手动或机械方法，将压辊来回滚压两次，防止胶粘面和钢板之间有空气残留。如有空气残留，则试样作废，重新制备。

每个试样逐一制样、试验，控制在 1min 内完成。

（4）剥离强度试验　从胶粘带折叠的一端从钢板上剥下 25mm 的胶粘带，把钢板的一端夹在拉力试验机的夹具里，胶粘带自由端夹到另一夹具里。在（5.0±0.2）mm/s 的速率下连续剥离。

负载夹具运转后，忽略第一个 25mm 胶粘带机械剥离时获得的值，以下一个 50mm 胶粘带获得的平均力值作为剥离力，转换为剥离强度。

4. 试验结果

每组试样个数不少于 3 个，试验结果以剥离强度的算术平均值表征，单位为 kN/cm。

思　考　题

1. 拉伸试验测定的基本性能参数有哪些？
2. 压缩试验与拉伸试验的应力-应变曲线有什么关系？
3. 简述弯曲试验的加载方式。
4. 简述非金属材料冲击试验的主要类型。

5. 冲击试验的试验速度是如何得到的？
6. 非金属材料冲击试验的试验摆锤是如何选择的？
7. 简述剪切试验的基本原理。
8. 简述洛氏硬度试验的试验步骤及要求。
9. 简述巴柯尔硬度试验的适用范围。
10. 简述塑料球压痕硬度测定的试验步骤。
11. 简述邵氏硬度试验的试验步骤。
12. 简述常用的漆膜附着力试验方法。
13. 简述高分子材料疲劳的根本原因。
14. 塑料产生蠕变的原因是什么？
15. 摩擦系数的定义是什么？
16. 胶黏剂的剥离试验形式有哪几种？

第三章

物理性能检测

第一节　基本概念

材料的物理性能是材料本身所固有的特性，非金属材料由于结构的复杂性其自身特性也表现出多样性。无机非金属的晶体结构远比金属复杂，并且没有自由的电子，具有比金属键和纯共价键更强的离子键和混合键。这种化学键所特有的高键能、高键强赋予这一大类材料以高熔点。有机高分子材料分子链一般都是由原子序数较小的 C、H、N、O、F、S、Cl 等较轻的元素的原子组成，因此，基材的密度比金属、陶瓷、玻璃等的密度小，且在常温下不同的高分子材料有着不同的聚集状态：玻璃态、黏流态、高弹态，不同聚集状态的物理特性也不尽相同。因此本章重点讨论高分子材料在常温状态下一些典型物理特性的检测原理和试验方法，主要有密度和相对密度、含水和吸水性、黏度、熔体流动速率等。

第二节　密度试验

一、基础知识

材料的密度对探索材料物理变化的发生、显示试样的均匀性非常重要，是一种经常测量的性能。高分子材料的密度与分子链组成与结构、空间排列形式及聚集状态有关。化学组成相同的分子链，当其构型不同时，分子链之间的距离就会不同而使密度不同。大分子链以远程有序排列的聚合物，形成结晶结构，密度就大于组成相同但分子链以随机无序排列的无定形结构。高分子材料配料中含有无机填料、增强剂，一般情况下会明显使密度增大。含氟塑料是现有塑料中密度最大的一族，如聚四氟乙烯的密度在 $2.14g/cm^3 \sim 2.20g/cm^3$ 之间；聚三氟氯乙烯在 $2.07g/cm^3 \sim 2.18g/cm^3$ 之间。聚烯烃是现有塑料中密度最小的一族，如聚乙烯密度在 $0.910g/cm^3 \sim 0.965g/cm^3$ 之间；聚丙烯在 $0.890g/cm^3 \sim 0.919g/cm^3$ 之间。其他塑料的密度大多介于 $1.0g/cm^3 \sim 1.5g/cm^3$ 之间。泡沫塑料是固相树脂与气相泡孔相互交织的两相体系（某些泡沫塑料是三相体系），可以使密度大幅度减小，成为质轻、绝热、隔音的多用途材料。高倍率发泡的泡沫塑料密度可小到 $10^{-2}g/cm^3 \sim 10^{-3}g/cm^3$ 数量级，主要用作绝热和防振缓冲包装材料。

对于粉状、片状、颗粒状、纤维状、松散的团块状等材料，还常用表观密度、体积密度、视密度等来表征材料在自由堆积时单位体积内所含的质量数。

二、定义和计算公式

密度定义为单位体积材料所具有的质量，常用的表示符号为 ρ。根据此定义，密度的计算公式为

$$\rho=\frac{m}{V} \tag{3-1}$$

式中　m——材料的质量；

V——材料体积。

密度单位有 g/cm^3、g/mL 和 kg/m^3；塑料密度常用 g/cm^3 表示，而泡沫塑料常用 kg/m^3 表示。由于材料的密度随温度而变化，故引用密度时必须指明温度。温度 t 时的密度，用 ρ_t 表示。

相对密度指材料的密度与同温度下参考材料的密度之比，用符号 d_t^t 表示，其计算见式（3-2）。最常用的参考材料是蒸馏水。

$$d_t^t=\frac{\rho_t}{\rho_r} \tag{3-2}$$

式中　d_t^t——材料在温度 t℃时的相对密度，无量纲；

ρ_t——t℃时试样的材料密度，单位为 g/cm^3；

ρ_r——t℃时参考材料的密度，单位为 g/cm^3。

按照上述定义及其公式可知，只要知道了材料的质量和相应的体积，便可求得材料的密度。因此，密度试验的过程通常就是根据试样的具体形状和状态，采用合适的方法与途径获得其质量与体积的过程。

不同或同种高分子材料的外观形状与状态有多种多样，如块、板、棒、管、颗粒、粉末、片状等。因此测量试样体积的方法不能一概而论，必须因物而异。由此产生了不同的密度试验方法。

三、试验方法

根据材料的结果和状态，密度的试验方法有下列几种，见表 3-1。

表 3-1　密度的试验方法

方法类型	方法名称	适用范围
A 法	浸渍法	适用于成品状态的材料，如板、棒、管材及模塑料等
B 法	液体比重瓶法	适用于粉料、粒料或小片状材料等
C 法	密度梯度柱法	适用于方法 A 中的材料以及粒状塑料等
D 法	几何法	适用于具有规则形状的材料
E 法	量筒法	用于粉料、粒料等

表 3-1 中，A 法、B 法、D 法和 E 法是通过测量试样的质量与体积得到试样的密度，而 C 法则是通过测量试样沉入具有一定密度梯度的液柱的高度，与已知密度的标准浮子的比较来获得试样的密度。

（一）浸渍法

1. 试验原理

通过试样在空气中与在已知密度的浸渍液中的质量差，得到试样所受的浮力。根据阿基米德浮力原理——试样所受到的浮力等于所排开液体的重力，即试样体积与浸渍液密度和 g 的乘积，求出试样的体积。再根据所测试样的质量和体积得到试样的密度。

2. 试样要求

由于浸渍法是利用浮力原理测量试样的体积，故要求试样必须具有合适大小的体积，且不含气孔，表面光滑、无凹陷，如塑料板、棒、管材及模塑料等。试样有气孔或体积过小会使测量误差过大，因此本法不适用于泡沫塑料类或颗粒、粉末等较碎的试样。

试样数量：每组 3 个。

3. 试验设备

分析天平：精度优于 0.1mg；要求带支梁，以便于称量试样浸没于液体后的质量。

浸渍液：要求挥发性小，密度小于试样的密度，并且与试样有良好的浸润性。

温度计：分度值为 0.1℃，测量范围为 0℃~30℃。

4. 试验步骤

1）试样状态调节：将试样在温度为（23±2）℃、相对湿度为（50±5）%的环境条件下放置 24h。

2）根据试样的大致密度及浸润性，选择合适的浸渍液，并将其温度调整至（23±0.5）℃。

3）在空气中称量试样的质量，精确到 0.1mg，并记录。

4）将试样完全浸没于浸渍液中，如果试样表面存在气泡，则应利用真空干燥器抽吸，将试样表面的气泡排除。

5）称量试样悬挂于浸渍液中的质量，精确到 0.1mg，并记录。

5. 结果计算

试样密度的计算公式为

$$\rho_S = \frac{m_{S,A}\rho_{IL}}{m_{S,A} - m_{S,IL}} \tag{3-3}$$

式中 ρ_S——23℃时试样的密度，单位为 g/cm^3；

ρ_{IL}——23℃时浸渍液的密度，单位为 g/cm^3；

$m_{S,A}$——试样在空气中的质量，单位为 g；

$m_{S,IL}$——试样在浸渍液中的表观质量，单位为 g。

试验结果表示：以三次测定的算术平均值作为试验结果，结果保留到小数点后第 3 位。

（二）液体比重瓶法

1. 试验原理

将一定质量的碎状试样置于容量一定的玻璃比重瓶中，加入密度已知的浸渍液至满，通过比重瓶在装样和未装样时浸渍液的质量差，求出浸渍液在比重瓶装样和未装样时浸渍液的体积差。此体积差即为试样所占取的体积。根据所测试样的质量与体积得到试样的密度。

2. 试样要求

试样要求为不含气孔的粉料、粒料或小片状及能够方便装入和取出比重瓶的碎状塑料或树脂。

试样数量：每组 3 个。

3. 试验设备

分析天平：精度优于 0.1mg。

比重瓶：容量确定，且在 30mL~50mL 之间。

浸渍液：要求密度小于试样的密度，挥发性小，与试样有良好的浸润性。

恒温水浴：水浴温度能够控制在（23±0.5)℃。

温度计：分度值为 0.1℃，测量范围不小于 0℃~30℃。

4. 试验步骤

1）试验环境与状态调节：试样应在温度为（23±2)℃，相对湿度为（50±5)%的环境中进行状态调节。

2）控制恒温水浴的温度在（23±0.5)℃。

3）将比重瓶洗净并干燥至恒重，称量其质量，精确至 0.1mg，并记录。

4）根据试样的密度大小，在比重瓶中装入适量试样，一般在 1g~5g 之间。称量比重瓶加试样后的质量，精确至 0.1mg。计算所装试样质量。

5）往比重瓶中加入适量浸渍液，没过试样少许。轻摇，观察有无气泡。若有，则需用真空干燥器通过抽真空将气泡排净。若无气泡，则将比重瓶浸渍液基本加满。

6）将比重瓶放入（23±0.5)℃的恒温液浴中恒温约 20min 后，取出，迅速将浸渍液加满至刻度，擦干瓶外液体，称量其质量，精确到 0.1mg，并记录。

7）将比重瓶倒空，清洗、烘干后，加入浸渍液至近满。将其置于恒温水浴中，恒温约 20min 后，取出，迅速将浸渍液加满至刻度，擦干瓶外液体，称量其质量，精确到 0.1mg，并记录。

5. 结果计算

试样密度的计算公式为

$$\rho_S = \frac{m_S \rho_{IL}}{m_1 - m_2} \tag{3-4}$$

式中　ρ_S——23℃时试样的密度，单位为 g/cm^3；

ρ_{IL}——23℃时浸渍液的密度，单位为 g/cm^3；

m_S——试样的表观质量，单位为 g；

m_1——充满空比重瓶时的浸渍液质量，单位为 g；

m_2——充满装有试样比重瓶的浸渍液表观质量，单位为 g。

6. 试验结果表示

以 3 次测定的算术平均值作为试验结果，结果保留到小数点后第 3 位。

（三）密度梯度柱法

1. 试验原理

根据观察试样在密度线性增加的液体中的平衡位置而得出。

密度梯度柱指从上到下密度均匀增加的液体柱。

2. 仪器和材料

1）密度梯度柱：一根标有刻度的直管，上端开口，长约 1 米，直径为 40mm~50mm，外有水浴使其温度保持在（23±0.1）℃。在柱底有一个不锈钢框，通过悬线上提或下降。

2）一系列经校准的浮标，直径为5mm～6mm，23℃时的密度已知，精确至1万，其范围包含所测的密度。

3）填充密度梯度柱的仪器，包含虹吸管、活塞、玻璃管、体积为2L的容器、磁力搅拌器。

4）浸渍液：两种液体，混合后可包含所测的密度范围，典型的混合液有：

乙醇、三溴甲烷（密度范围为0.81 g/cm^3～2.89g/cm^3）

氯化锌、水（密度范围为1.00 g/cm^3～2.00g/cm^3）

三氯乙烷、二溴乙烯（密度范围为1.35 g/cm^3～2.18g/cm^3）

四氯化碳、二溴乙烯（密度范围为1.59 g/cm^3～2.18g/cm^3）

四氯化碳、三溴甲烷（密度范围为1.59 g/cm^3～2.89g/cm^3）

警告：使用这些液体时必须采取必要的安全措施。

注：方法C中的密度梯度柱可以用两种方法来准备。

第一种方法（见图3-1）是从柱子顶部逐渐加入密度渐小的液体，每种液体沿着管的内表面缓慢流入，使其停留在密度更大一些的液体上面。

第二种方法（见图3-2）是从柱子底部逐渐加入密度渐大的液体，密度较大的液体取代密度较小的液体位置而使密度较小的液体向上移动。

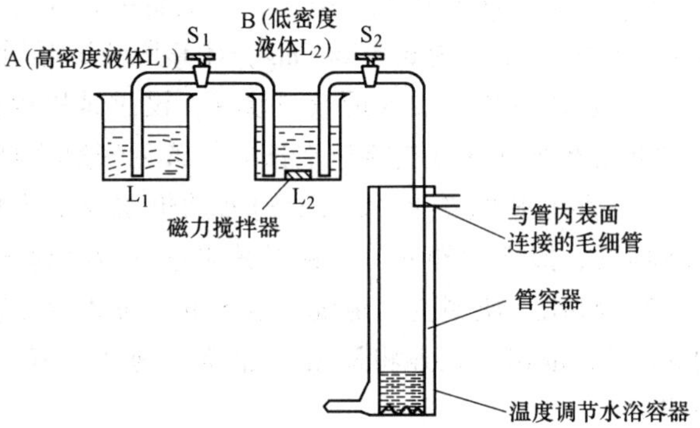

图3-1　从顶部注入密度梯度管制备示例

3. 密度梯度柱配制步骤

按图3-1和图3-2安装好设备，调节温度至（23±0.1）℃。在柱子底部放入不锈钢框和校准浮标（至少5个）。

准备好两种液体L_1（高密度）和L_2（低密度）。根据所需的精度，可以是单一液体或者混合液，其密度范围应包含所测的纤维密度。精度要求越高，密度梯度则越小。

通常70cm柱长对应的密度梯度为0.05g/cm^3。

向锥形瓶A和B中分别加入液体L_1和L_2。每个锥形瓶中的液体体积应等于或大于密度梯度柱一半的体积。

搅动靠近柱子的液体，然后打开S_1和S_2（见图3-1）或R_1和R_2（见图3-2），填充约2h。

图3-2的方法中，随着密度的增加，浮球逐步从液体表面下沉，直至在柱中平衡。

图3-2的方法中，随着密度的增加，

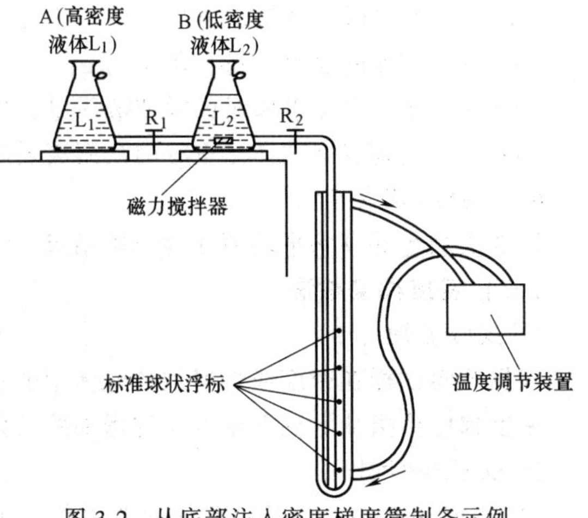

图3-2　从底部注入密度梯度管制备示例

浮球逐步从柱底向上升，直至在柱中平衡。

塞紧柱塞，(23±0.1)℃恒温至少24h。测量每个浮球从悬浮位置到柱底的距离，以mm表示，绘制浮球高度-密度曲线。如果该曲线非线性，重复以上步骤。密度梯度柱一般可保存一个月，超过一个月后密度梯度柱失去线性。

4. 试样

根据单位长度的质量取1mg~10mg的试样，浸入两种液体中，在密度较小的液体中至少浸入10min，小心地排除气泡。

将试样制成适宜的形状浸入密度梯度柱，该形状应根据测试的碳纤维类型选择，对于碳纤维纱来说最好是打结或弓形。

5. 试验步骤

1）按照上述方法准备好密度梯度柱。

2）将试样小心地浸入密度梯度柱的上部，使其自然下降到平衡位置，注意应没有纤维漂浮到表面，也没有气泡夹杂在试样中。

3）当试样达到平衡时，记录相应的刻度值，并从校准曲线上测得相应的密度值。注意达到平衡的时间可能会从几分钟到几小时，它取决于试样的形状、密度梯度和精度。应避免试样接触柱子的侧边，也就避免之前测试的样品留在柱子中，以免降低试样自由下落的速度。

4）小心地移走散落破碎的试样，避免破坏液体柱。

（四）几何法

1. 试验原理

通过直接测量试样的尺寸，求出试样的体积，再称量试样的质量，根据所测试样的体积和质量得到试样的密度。对于泡沫材料又称为表观总密度：单位体积泡沫材料的质量。

2. 试样

(1) 尺寸　试样的形状应便于体积计算。切割时，应不改变其原始结构。试样总体积至少为100cm^3，在仪器允许及保持原始形状不变的条件下，尺寸尽可能大。对于硬质材料，用从较大样品上切下的试样进行表观总密度的测定时，试样和较大样品的表皮面积与体积之比应相同。

(2) 数量　至少测试5个试样。在测定样品的密度时会用到试样的总体积和总质量。试样应制成体积可精确测量的规整几何体。

3. 试验步骤

1）测量试样的尺寸，每个尺寸至少测量三个位置，对于板状的硬质材料，在中部每个尺寸测量五个位置。分别计算每个尺寸的平均值，并计算试样体积。

2）称量试样，精确到0.5%，单位为g。

4. 结果计算

密度的计算公式为

$$\rho=\frac{m}{V}\times10^6 \tag{3-5}$$

式中　ρ——表观密度（表观总密度或表观芯密度），单位为kg/m^3；

m——试样的质量，单位为g；

V——试样的体积，单位为 mm^3。

取其平均值，并精确至 $0.1kg/m^3$。

（五）量筒法

1. 试验原理

通过直接测量试样的尺寸，求出试样的体积，再称量试样的质量，根据所测试样的体积和质量得到试样的密度。

2. 仪器

1）天平，精确至 0.1g。

2）量筒，金属制成，内部光滑，容积为（100±0.5）mL，内径为（45±5）mm。

3）A 型漏斗表观密度测量装置，形状与尺寸如图 3-3 所示。

4）B 型漏斗表观密度测量装置，形状与尺寸如图 3-4 所示。

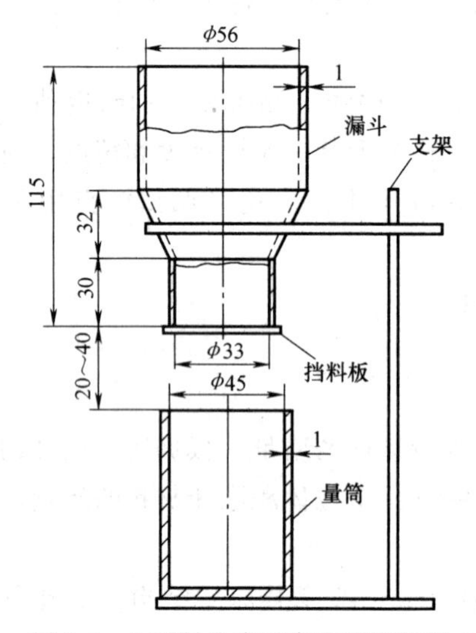

图 3-3　A 型漏斗表观密度测量装置

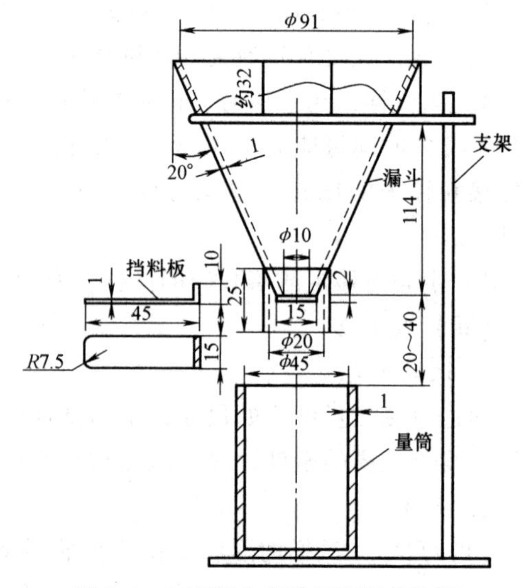

图 3-4　B 型漏斗表观密度测量装置

3. 试验步骤

1）将 A 型漏斗垂直固定，其下端出口距量筒正上方 20mm～30mm，并尽可能与量筒同轴线。在测试粉料时也可使用 B 型漏斗。试验前将试样混匀，用量杯量取试样 110mL～120mL。用挡板封住漏斗下端小口，将试样倒入漏斗中。

2）迅速移去挡板，使试样自然流进量筒，装满试样的量筒不得振动。必要的话，对于热固性模塑料可以用一根小棒松动试样帮助流动；如果由于静电，试样不流动，可以加入少量 γ-氧化铝、炭黑或乙醇重新进行试验。用直尺刮去量筒上部多余的试样，用天平称量，精确至 0.1g。

3）重新取样进行第二次测定。

4. 试验结果

材料表观密度的计算公式为

$$D_a = \frac{m}{V} \times 10^3 \tag{3-6}$$

式中　D_a——表观密度（表观总密度或表观芯密度），单位为 kg/m^3；

m——量筒中试样的质量，单位为 g；

V——量筒的容积，单位为 mL。

试验结果以 2 次测定的算术平均值表示，取 2 位有效数字。

四、推荐的试验标准

常用的试验方法有 GB/T 1033.1—2008《塑料 非泡沫塑料密度的测定 第 1 部分：浸渍法、液体比重瓶法和滴定法》，GB/T 6343—2009《泡沫塑料及橡胶 表观密度的测定》，GB/T 1636—2008《塑料 能从规定漏斗流出的材料表观密度的测定》，GB/T 1463—2005《纤维增强塑料密度和相对密度试验方法》，GB/T 533—2008《硫化橡胶或热塑性橡胶 密度的测定》，ASTM D1505—2018《密度梯度法测定塑料密度的标准试验方法》（Standard Test Method for Density of Plastics by the Density-Gradient Technique），ASTM D792—2013《用位移法测定塑料密度和比重的标准试验方法》（Standard Test Methods for Density And Specific Gravity（Relative Density）of Plastics by Displacement），ASTM D6111—2019a《对塑料层材和形材特殊重量和体密度的标准试验方法》（Standard Test Method for Bulk Density and Specific Gravity of Plastic Lumber and Shapes by Displacement），ASTM D1622—2014《硬质泡沫塑料的表面密度的标准试验方法》（Standard Test Method for Apparent Density of Rigid Cellular Plastics），ISO 1183—1：2019《塑料 测定非泡沫塑料密度的方法 第 1 部分：浸渍法、液体比重瓶法和滴定法》（Plastics—Methods for determining the density of non-cellular plastics—Part 1：Immersion method，liquid pyknometer method and titration method），ISO 1183—2：2019《塑料 非泡沫塑料的密度测定方法 第 2 部分：密度梯度柱法》（Plastics—Methods for determining the density of non-cellular plastics—Part 2：Density gradient column method），ISO 1183—3：1999《塑料　非泡沫塑料的密度测定方法 第 3 部分：气体比重瓶法》（Plastics—Methods for determining the density of non-cellular plastics—Part 3：Gas pyknometer method）等。

第三节　含水率和吸水率试验

一、基础知识

高分子材料由于化学组成上的多样化，分子链上常常含有氧、羟基、酰胺基等亲水基团，而使材料具有了不同程度的吸水倾向。高分子材料的吸水性强弱取决于构成其分子链的链段的化学结构和官能团。分子链仅由 C、H 等疏水性元素组成的高分子材料，如聚乙烯、聚丙烯、聚苯乙烯等，吸水倾向很小；而分子链上含有氧、羟基、酰胺基等亲水基团的塑料，则吸水倾向很大。此外，塑料中的某些助剂对塑料的吸水性也有一定影响。

高分子材料及其制品吸水后会引起许多性能变化，例如电绝缘性能降低、模量减小、尺寸增大等。与吸水性能有关的另一个参数是材料供料的含湿量，指材料供料（颗粒、粉料、含纤维增强剂的团块状供料等）在运输和贮存过程中从环境中吸收的水分，用含湿量与材料质量的百分数表示。吸水性较强的塑料，其供料贮存时间较长时（特别是在湿度较高的环境），含湿量常常比吸水性数据要大。对于含湿量较高的材料，加工前必须充分干燥，未经干燥或干燥不充分的塑料供料，成型时会使制品表面出现银丝，也会引起制品力学性能、电性能下降。

二、定义和计算公式

（一）定义

1. 含水率

使试样置于规定温度下烘干，称取烘干前后的试样质量，计算二者差值与烘干前试样质量的百分比，得到试样含水率。

2. 吸水率

在特定大气环境下，使吸湿平衡的试样置于规定温度下烘干，称取干燥前后的试样质量，计算二者差值与烘干后试样质量的百分比，得到试样的饱和吸水率。

塑料吸水性用吸水率来表示，定义为23℃下将塑料试样浸泡于蒸馏水中24h后试样的吸水百分率，或是试样浸到沸水中30min后试样的吸水百分率。塑料吸水率也可用吸水量或单位表面积吸水量来表示。只有同一种表示方法的数据之间才可进行比较。

（二）计算公式

1. 吸水（百分）率 m_{pc}，其计算公式为

$$m_{pc}=\frac{m_2-m_1}{m_1}\times100\% \tag{3-7}$$

式中 m_{pc}——试样的吸水百分率，数值以%表示；

m_1——试样浸水前充分干燥处理后的表观质量，单位为mg；

m_2——试样浸水后的表观质量，单位为mg。

2. 单位面积吸水率 m_A，其计算公式为

$$m_A=\frac{m_2-m_1}{A} \tag{3-8}$$

式中 m_1——试样浸水前充分干燥处理后的表观质量，单位为mg；

m_2——试样浸水后的表观质量，单位为mg；

A——试样的表面积，单位为cm^2；

m_A——单位面积吸水量，单位为mg/cm^2。

需要注意的是，在进行吸水率试验时，试样首先要在适当温度下进行充分干燥后，再称取其质量，否则，试样原有的含湿量将影响到测试结果。

三、试验方法

（一）含水率试验（增强材料含水率）

1. 原理

使试样置于105℃温度下干燥，在标准室温下称取干燥前后的试样质量。

2. 仪器

1）通风烘箱：空气置换率20次/h～50次/h，温度能控制在（105±3）℃或所选择温度±3℃。

2）干燥器：内装合适的干燥剂，如硅胶、氯化钙或五氧化二磷。

3）试样皿：由耐热材料制成，能使试样表面有最大的空气流通，并能防止试样的损失。如陶瓷坩埚或不锈钢网篮等。

4）不锈钢夹钳：用于夹持试样和试样皿。

5）天平：精确至0.1mg。

6）具塞称量瓶：用于芳纶纤维纱线称量或估计含水率超过0.2%的试样称量。

3. 试样

（1）取样 连续纤维纱、短纤纱、无捻粗纱，绕取一定长度的纱作为试样，每个试样的质量至少为5g，最好在15g~30g之间。短切原丝和磨碎纤维，每个试样的质量应至少为5g，最好在15g~30g之间。机织物，裁取面积为$100cm^2$的试样，若试样质量少于5g，则应裁取较大尺寸的试样或多取几个相邻的面积为$100cm^2$的试样。

（2）试样数量 连续纤维纱、短纤纱、无捻粗纱、短切原丝和磨碎纤维取1个试样。机织物取3个试样。

4. 调湿与试验环境

1）估计制品的含水率低于0.2%时，将单位产品或实验室样本放置于温度为（23±2）℃、相对湿度为（50±10）%的标准环境下放置足够的时间以充分达到平衡，通常至少6h。

2）估计制品的含水率高于0.2%时，单位产品或实验室样本应贮存于密封的容器中，取样后立即测试。在试验前可以将试样放入容器中，并置于标准温度下，但应密封，防止水分损失。

5. 试验步骤

1）称取试样皿质量：将试样皿置于通风烘箱中恒定质量，通风烘箱温度控制在（105±3）℃范围内。如果已知试样含有在105℃下易挥发的物质，可选择较低的温度，但不得低于50℃，用夹钳夹持试样皿。将试样皿放在干燥器内冷却至规定的（23±2）℃的标准温度。称其质量，精确至0.1mg，记作m_0，单位为g。

2）初始（干燥前）质量：将取好的试样立即置于试样皿内。称取试样和试样皿的质量，精确至0.1mg，记作m_1，单位为g。

3）最终（干燥后）质量：将试样连同试样皿放入温度为（105±3）℃或所选择的温度±3℃的通风烘箱中。确保试样不接触烘箱壁，用夹钳夹持试样皿。加热试样至少1h，直至试样质量恒定。从烘箱中取出试样和试样皿，立即放入干燥器内，至少冷却30min，冷却至（23±2）℃的标准温度。称取其质量，精确至0.1mg，记作m_2，单位为g。

6. 结果表示

含水率H的计算公式为（以质量分数表示）

$$H=\frac{m_1-m_2}{m_1-m_0}\times 100\% \tag{3-9}$$

式中 m_0——试样皿质量，单位为g；

m_1——试样皿和试样的初始质量，单位为g；

m_2——试样皿和试样的最终质量，单位为g。

测试结果可以是1个试样的测试结果（若每次只测试1个试样）或是所有试样测试结

果的平均值。

（二）吸水率试验（塑料吸水率）

1. 试验设备

1）分析天平，称量精度为0.1mg。

2）烘箱，具有强制对流和真空系统，能控制在（50.0±2.0）℃。

2. 试样

试样表面应规整，当试样表面有影响吸水性的材料污染时，应使用对塑料及其吸水性无影响的清洁剂擦拭，试样清洁后，需在温度为（23.0±2.0）℃、相对湿度为（50±10）%的环境条件下放置至少2h再开始试验。

试样数量：每组试样至少3个。

3. 试验步骤

GB/T 1034—2008《塑料　吸水性的测定》包括三种试验条件，即23℃水中24h，沸水中30min，温度23℃、相对湿度50%环境中24h。不论哪一种试验条件，试验前都必须充分干燥试样，所需干燥时间与试样厚度有关。

1）将试样放入（50.0±2.0）℃烘箱内干燥24h后，于干燥器内冷却至室温；称量每个试样，精确到0.1mg。重复本步骤至试样的质量变化在±0.1mg内。

2）在以下三种测试方法中选择一种对试样进行吸水性试验。

方法1：将试样于（23.0±2.0）℃水中浸泡24h后取出，迅速擦去试样表面的水，再次称量每个试样，精确到0.1mg。

方法2：将试样在沸水中浸泡（30±2）min后取出，放入室温蒸馏水中冷却（15±1）min；取出后擦去试样表面的水，再次称量每个试样，精确到0.1mg。

方法3：将试样于温度为（23±1）℃、相对湿度为（50±5）%的容器或房间中放置24h后，称量每个试样，精确到0.1mg。

4. 结果计算

计算每个试样的吸水质量分数，即吸水率，其计算公式为

$$c=\frac{m_2-m_1}{m}\times 100\% \tag{3-10}$$

或

$$c=\frac{m_2-m_3}{m_1}\times 100\% \tag{3-11}$$

式中　c——试样的吸水质量分数，数值以%表示；

m_1——浸泡前干燥处理后试样的质量，单位为mg；

m_2——浸水后试样的质量，单位为mg；

m_3——浸泡和最终干燥后试样的质量，单位为mg。

每组试样至少进行三次测定，取算术平均值作为试验结果，结果保留3位有效数字。

四、推荐的试验标准

常用含水率和吸水性试验方法有GB/T 1034—2008《塑料　吸水性的测定》，GB/T 9914.1—2013《增强制品试验方法　第1部分：含水率的测定》，GB/T 21332—2008《硬质

泡沫塑料 水蒸气透过性能的测定》，GB/T 1462—2005《纤维增强塑料吸水性试验方法》，GB/T 14207—2008《夹层结构或芯子吸水性试验方法》，GB/T 8810—2005《硬质泡沫塑料吸水率的测定》，FZ/T 50031—2015《碳纤维 含水率和饱和吸水率试验方法》，ASTM D570—1998（2008）《Standard Test Method for Water Absorption of Plastics》，ISO 62—2008《Plastics—Determination of water absorption》等。

第四节 透气性试验

一、基础知识

透气性是气体对薄膜、涂层、织物等高分子材料的渗透性。是聚合物重要的物理性能之一。我们常说的透气性测试指对于具有一定气体阻隔性的材料进行特定气体渗透性的检测。这类材料多是高分子聚合物或是由高聚物制成的多层复合材料，广泛应用于食品、药品、化工、电子、军工等领域的产品包装中。其中阻隔性极优（气体渗透性极低）的材料可以用于对氧气、水蒸气敏感商品的包装等。

透气性的表征参数有：

（1）气体透过率 在试样两侧存在单位分压差的状态下，单位时间内，试验气体透过单位面积试样的摩尔数。

（2）气体渗透系数 在试样两侧存在单位分压差的状态下，单位时间内，试验气体透过单位面积和单位厚度试样的摩尔数。

（3）气体扩散系数 在单位浓度梯度的条件下，单位时间内，垂直通过单位面积试样所扩散试验气体的量。

（4）气体溶解系数 试验气体在试样内的摩尔浓度与试样表面的试验气体分压之比。

（5）气体透过曲线 当气体渗透达到平衡时，以时间为横坐标绘出的测试腔内低压侧的压力变化曲线。

（6）水蒸气透过量 在规定的温度、湿度和厚度条件下，单位时间内通过单位面积试样的水蒸气的质量。

（7）水蒸气透过率 在试验过程中，试样水蒸气传播速度与在试验过程中试样上下表面间蒸气压差的比值。

（8）水蒸气阻力 水蒸气透过率的倒数。

（9）水蒸气透过系数 水蒸气透过率和厚度的乘积。它表明在单位时间、单位蒸气压差、单位厚度下，水蒸气透过一定面积试样的质量。

（10）水蒸气扩散阻力指数 空气中的水蒸气透过系数与材料的水蒸气透过系数的比值。它表明在同一温度下，材料的水蒸气透过与相同厚度下静态空气的水蒸气透过的对比情况。

二、试验方法

材料的透气性测试方法主要有压差法和等压法两类，其中使用范围最广泛的是压差法。压差法是纯粹的物理检测方法。

（一）气体透过性试验（压差法）

1. 试验原理

用一个试样将透气测试腔分隔为高压侧和低压侧。将试验气体注入高压侧，并确保在试样两侧形成一个持续的恒定压差（可调）；气体在压差梯度的作用下，由高压侧向低压侧渗透扩散，通过对低压侧内压力的监测处理，从而获得所测试样的气体透过率、气体渗透系数、气体扩散系数和气体溶解系数。

2. 测量装置

压差法透气性测量装置如图3-5所示，主要包括透气测试腔、试样支撑物、压力传感器、试验气体供应容器、真空泵、温度传感器和相应的管路及阀门等。

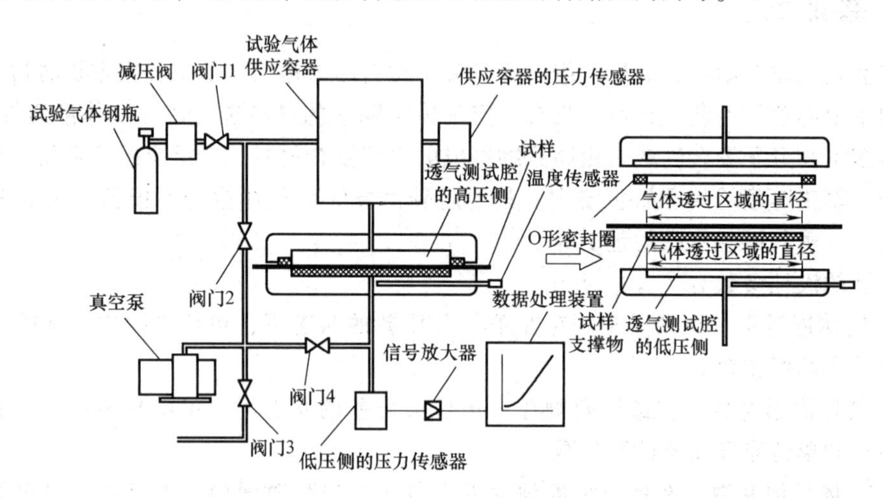

图3-5 压差法透气性测量装置

（1）透气测试腔 用于进行透气性测试的试验腔体。试样装入透气测试腔后，在试样两侧分别形成一个低压侧和一个高压侧。高压侧有一个试验气体的进气口；低压侧连接一个压力传感器，用于监测由气体透过试样而引起的压力变化。透气测试腔的两个与试样相接触的表面应该平整光滑，以防止气体泄漏。可加一个O形密封圈用于试样与透气测试腔之间的密封。密封圈的气体透过率应比试样小得多，以保证不会影响试验结果。透气测试腔的材质应不能与试验气体发生反应，也不能吸收所使用的试验气体。气体渗透区域的直径应在10mm~150mm之间，具体大小取决于预期的气体透过率范围。测量装置应具有一个加热系统，使透气测试腔温度可以上升至80℃。当测试温度在40℃~80℃范围内，温度控制精度应为±1℃。

（2）试样支撑物 用于在透气测试腔低压侧对试样进行支撑，以防止试样因高、低压两侧的压力差而产生变形。试样支撑物可使用任何不影响试验结果的材料，如滤纸或金属丝网。当使用滤纸时，建议使用化学分析用定量滤纸，厚度为0.1mm~0.3mm，厚度选择取决于透气测试腔的低压侧深度。

（3）压力传感器 透气测试腔的高、低压两侧各装有一个测压用压力传感器。其中一个安装在透气测试腔的低压侧，用于监测低压侧的压力变化，测压精度应不低于5Pa，可采用无汞型真空压力表、电子隔膜型传感器或其他合适的传感器。另一个用于监测试验气体供应容器内（即高压侧）的压力，测压精度应不低于100Pa。

(4) 试验气体供应容器 用于向透气测试腔的高压侧提供恒定压力的试验气体。容器的内容积应足够大，以保证试验气体在渗透过试样到达低压侧时，高压侧的压力下降不超过试验压力的1%。

(5) 真空泵 用于对透气测试腔的低压侧进行抽真空预处理，使低压侧的压强不大于10Pa。

(6) 温度传感器 用于监测试验温度。安装在透气测试腔内，测温精度应不低于0.1℃。

3. 试样

(1) 试样形状和尺寸 试样应具有代表性，表面不应有凹坑、划痕或其他可见缺陷。通常采用的试样为圆形薄片，其直径大小应足以覆盖透气测试腔的截面，同时被透气测试腔平整边缘所夹持密封。典型的试样直径为50mm~155mm，厚度为0.10mm~2.2mm。

(2) 试样数量 采用3片或更多的试样，当用于质量控制时，试样的数量可以减少。

(3) 厚度测量 试样表面应平整且平行度在试样厚度的0.5%以内。

4. 试验步骤

1) 将一个合适的试样支撑物放在透气测试腔内的低压侧。

2) 在透气测试腔上、下两个夹具与试样接触的边缘表面均匀地涂上薄层的真空油脂，将试样装在透气测试腔的下半部分中，装好的试样不应有皱褶和下垂。

3) 将一个密封圈（如需要）放在试样上，然后盖上透气测试腔的上半部分，用均匀的压力将试样夹紧，保证试样完全密封。

4) 如果规定在一个非标准实验室温度下进行测试，需预先将透气测试腔调节到规定的试验温度。

5) 关上阀门，开启真空泵，然后打开阀门。透气测试腔低压侧内的空气将首先被抽空，接着抽高压侧的，这样可使试样紧密地贴在试样支撑物上。持续抽真空，需要一段足够长的时间，以确保低透气率的试样能彻底排出所有吸收的气体。

6) 关闭阀门，将高压侧和低压侧的压力保持在10Pa或更低，并关闭真空泵。

7) 如低压侧的压力开始上升了，则重复上述步骤。因为有可能存在气体泄漏或者试样仍有吸收的气体。

8) 打开阀门，将试验气体引入高压侧，当压力达到试验压力时关断气体供应。当低压侧的压力由于气体从高压侧渗透到低压侧而开始增加，记录高压侧压力，记录温度 T。

9) 以低压侧的压力为纵坐标，时间为横坐标，绘制气体透过率曲线，直到透气率达到一个稳定速率，形成一条直线。气体透过率曲线如图3-6所示，应采用自动记录装置记录并绘制。

10) 计算得到气体透过率曲线中直线部分的斜率。这个斜率可以由记录装置自动计算得出。

11) 计算气体扩散系数时，将气体透过率曲线的直线部分延长至 t 轴，得到延迟时间 θ（见图3-6）。

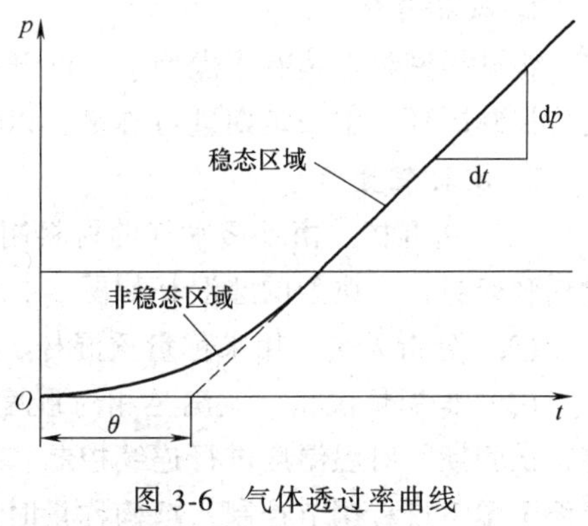

图3-6 气体透过率曲线

5. 结果表示

(1) 气体透过率 气体透过率的计算公式为

$$\mathrm{GTR}=\frac{V_{\mathrm{c}}}{RTp_{\mathrm{h}}A}\times\frac{\mathrm{d}p}{\mathrm{d}t} \tag{3-12}$$

式中　GTR——气体透过率，单位为 $mol/(m^2 \cdot s \cdot Pa)$；

V_c——透气测试腔的低压侧内容积，单位为 m^3；

T——试验温度，单位为 K；

p_h——透气测试腔高压侧的试验气体压力，单位为 Pa；

A——气体透过面积，单位为 m^2；

dp/dt——透气测试腔低压侧单位时间内的压力变化，单位为 Pa/s；

R——气体常数，单位为 $8.31m^3 \cdot Pa/(K \cdot mol)$。

将全部试样的气体透过率试验结果取算术平均值，得到最终结果。

（2）气体渗透系数　气体渗透系数的计算公式为

$$Q = \mathrm{GTR} \cdot d \tag{3-13}$$

式中　Q——气体渗透系数，单位为 $mol \cdot m/(m^2 \cdot s \cdot Pa)$；

GTR——气体透过率，单位为 $mol/(m^2 \cdot s \cdot Pa)$；

d——试样的厚度，单位为 m。

将全部试样的气体渗透系数试验结果取算术平均值，得到最终结果。

（3）气体扩散系数　气体扩散系数的计算公式为

$$D = \frac{d^2}{6\theta} \tag{3-14}$$

式中　D——气体扩散系数，单位为 m^2/s；

d——试样的厚度，单位为 m；

θ——延迟时间，单位为 s。

将全部试样的气体扩散系数试验结果取算术平均值，得到最终结果。

（4）气体溶解系数　气体溶解系数的计算公式为

$$S = \frac{Q}{D} \tag{3-15}$$

式中　S——气体溶解系数，单位为 $mol/(m^3 \cdot Pa)$；

Q——气体渗透系数，单位为 $mol \cdot m/(m^2 \cdot s \cdot Pa)$；

D——气体扩散系数，单位为 m^2/s。

将全部试样的气体溶解系数试验结果取算术平均值，得到最终结果。

（二）水蒸气透过性能试验

1. 试验原理

将试样密封在装有干燥剂、上端开口的试验器皿上，然后将整个试验装置放入温度、湿度可控制的环境中，定期进行称量，以此测定水蒸气透过试样进入干燥剂中的量。

2. 试验装置

（1）透湿杯　由不透水气的材料制成，如玻璃或金属，内径至少为65mm，顶部能用密封蜡轻轻封住，典型的透湿杯如图3-7所示。

（2）分析天平　用来称量透湿杯，可精确到0.1mg。

（3）恒温恒湿箱　应满足相对湿度保持在±2%，温度保持在±1℃的要求，且能保证在整个试验期间对温湿度进行连续控制，如图3-8所示。也可以在满足上述温度、湿度要求的恒温恒湿室进行调节控制。精确称量时，应关闭空气循环。

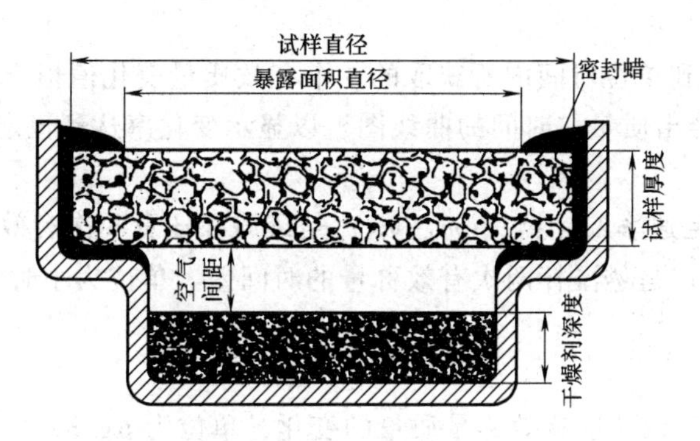

图 3-7　典型的透湿杯

（4）密封蜡　质量分数为 90%的微晶蜡和质量分数为 10%的增塑剂（如低分子量聚异丁烯）。

（5）干燥剂　无水氯化钙，粒径约 5mm，不含有小于 600μm 的粉料。

3. 试样

（1）形状　将试样按照图 3-7 所示的透湿杯的大小切成合适的尺寸，应为圆形。

（2）数量　至少 5 个试样。当样品可能具有各向异性时，切完后试样的平行面应与实际使用时水蒸气通过制品的方向相垂直。当试样表面带有自然表皮或两侧黏附不同材料皮层时，试样的试验方向应与实际使用时水蒸气的流向相同。如果不知道实际使用时的气流方向，应双倍取样，以获取不同方向上水蒸气透过的结果。

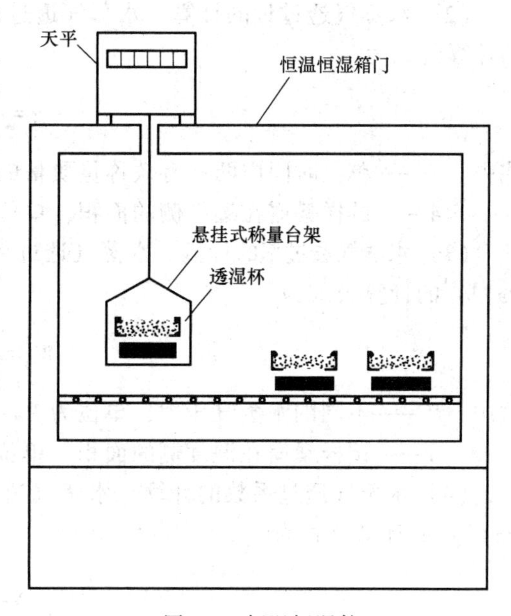

图 3-8　恒温恒湿箱

4. 试验步骤

1）选择试验环境：应选择最接近实际使用时的条件进行试验。因为从一种试验条件下获取的结果与另外一种条件下获取的结果会有所不同。推荐下列 3 种试验环境条件：

a）(38±1)℃，相对湿度梯度为 0～(88±2)%；

b）(23±1)℃，相对湿度梯度为 0～(85±2)%；

c）(23±1)℃，相对湿度梯度为 0～(50±2)%。

2）准备圆形试样：使其与所选择的透湿杯相适宜。

3）测量试样每个象限内的厚度并精确到 0.01mm，计算每个试样厚度的平均值。

4）在每个透湿杯的底部放置深度为（20±5）mm 的干燥剂。在器皿中加热密封蜡直至熔化，然后将试样密封到透湿杯上。试样和干燥剂之间的距离应为（15±5）mm，暴露的试验面积应至少为试样面积的 90%。

5）将透湿杯置于所选择的环境中，经 24h 状态调节后称量，精确到 0.1mg。

6）每隔 24h 称量每个透湿杯，如果将透湿杯从试验环境中取出，应在较短的时间内将其放回原处。

7）连续称量，直到单位时间内所获取的5个有效质量变化值恒定，且在平均值的±2%范围以内为止。可以绘出质量与时间的曲线图，以显示变化率达到恒定的位置。

5. 结果表示

（1）质量变化恒定速率的计算　（m_1-m_2）是透湿杯任意两次有效称量的质量差，单位为微克（μg），（t_1-t_2）是透湿杯两次有效称量的时间差，单位为小时（h）。

$$G_{12}=\frac{m_1-m_2}{t_1-t_2} \tag{3-16}$$

式中　G_{12}——单位时间内两次有效称量质量的变化，单位为μg/h。

5次测量结果与平均值的偏差在2%范围内时，试验终止。

（2）水蒸气透过量的计算　水蒸气透过量g（单位为微克每平方米秒[μg/(m^2·s)]）的计算公式为

$$g=\frac{G}{A}\times\frac{100}{36} \tag{3-17}$$

式中　G——单位时间内两次有效称量质量的变化，单位为μg/h；

A——试样暴露在湿度侧的面积，单位为cm^2。

（3）水蒸气透过率的计算　水蒸气透过率W_p（单位为纳克每平方米秒帕[ng/(m^2·s·Pa)]）的计算公式为

$$W_p=\frac{G}{AP}\times\frac{10^5}{36} \tag{3-18}$$

式中　P——不同的水蒸气压力，单位为Pa；

A——试样暴露在湿度侧的面积，单位为cm^2。

（4）水蒸气透过系数的计算　水蒸气透过系数δ（单位为纳克每米秒帕[ng/(m·s·Pa)]）的计算公式为

$$\delta=\frac{W_p}{10^3 d} \tag{3-19}$$

式中　d——试样的厚度，单位为mm。

三、推荐的试验标准

采用各种方式测量材料透气性试验标准有GB/T 7755.1—2018《硫化橡胶或热塑性橡胶　透气性的测定　第1部分：压差法》，GB/T 7755.2—2019《硫化橡胶或热塑性橡胶　透气性的测定　第2部分：等压法》，GB/T 21332—2008《硬质泡沫塑料　水蒸气透过性能的测定》，GB/T 18422—2013《橡胶和塑料软管及软管组合件　透气性的测定》，GB/T 24218.15—2018《纺织品　非织造布试验方法　第15部分：透气性的测定》等。

第五节　黏度试验

一、基础知识

黏度是表征流体或溶液特性的一个参数，是流体或溶液流动时分子内摩擦力大小的一个度量。高分子溶液或熔体的黏度与其分子结构、组成及分子量大小和分布密切相关。通过黏度测定和相关经验公式，可获得高聚物的相对粘均分子量、分子链在溶液中的形态和支化情况等信息。此外，黏度又是各种有机涂料、漆膜等许多高聚物产品的重要技术指标之一，因此黏度检测在高聚物材料的分析中具有重要意义。

任何液体或流体都具有黏性，黏度表示其黏性程度的大小。当有两块相距为 y、面积为 A 的平行板之间充满液体，并且上板受外力作用沿平行于下板方向移动时，液体内部由于分子间的摩擦力而产生黏性阻力，使不同层面流体之间的移动速率 u 随距离 y 而连续变化，其变化量可由速率梯度$\frac{du}{dy}$表示。实验证明，流体的黏性阻力 F 与流体的速率梯度及流体层之间的接触面积成正比，并有式 $F=\mu A\frac{du}{dy}$成立。这就是牛顿黏性定律，其中 μ 为比例系数，该系数大小反映了液体黏性阻力的大小，因此定义为流体的黏度。

按照黏度 μ 是否为常数，还是随速率梯度$\frac{du}{dy}$而变化，又将流体的类型分为牛顿型和非牛顿型两类。通常塑料、油漆、涂料等高黏度流体都属于非牛顿型流体。高聚物流体的黏度不仅与分子结构及其化学特性、分子量大小等密切相关外，还将随流体的流动速率及其速率梯度的不同而变化，即 μ 随速率梯度$\frac{du}{dy}$而变化。

黏度的表示方法有多种，如绝对黏度、运动黏度、相对黏度和条件黏度等。不同黏度的定义与单位见表 3-2。

表 3-2　不同黏度的定义与单位

名称	定　　义	单位
绝对黏度或动力黏度	定义为牛顿黏性定律关系式中的比例系数	Pa·s 或 $N\cdot s/m^2$
运动黏度	定义为流体的绝对黏度与相同温度下流体的密度之比	m^2/s
相对黏度	指同一温度下一个流体的绝对黏度与另一个流体（水或其他溶剂）的绝对黏度之比	—
条件黏度	表示在指定温度下和指定的黏度计中，一定量的流体流出的时间	s

液体或流体黏度的形式繁多。按测定原理的不同可分为细管法、落球法和旋转法。根据黏度计结构和黏度测量范围的不同，细管法又有玻璃毛细管黏度计（如品氏、奥氏、伏氏、乌氏）和涂-4 黏度计、涂-1 黏度计、恩格勒黏度计之分；落球法有落球和滚球之分；旋转法有圆筒、锥板的区别。因此测定流体黏度时，必须根据流体的性质和黏度范围选择合适的测量方式和测量器具。

需要指出的是，黏度测定方法分为绝对测定法和相对测定法两种。根据黏度定义及其推导计算公式进行黏度测定的方法称为绝对法。绝对测定法非常烦琐；因此实际工作中大都不使用绝对测定法，而采用相对测定法进行黏度测定。相对测定法是将被测样和黏度已知的标准黏度液作比较测定。相对测定法操作简单，测量精度高，因而被广泛采用。

二、试验方法

（一）毛细管法

本方法适用于实验室取样测量 $10^5 mm^2/s$ 以下的运动黏度。

1. 测量原理

测量一定体积的流体在重力作用下，以匀速层流状态流经毛细管所需的时间求运动黏度，其计算公式为

$$\nu=\frac{100\pi D^4 ght}{128VL}-\frac{E}{t^2} \tag{3-20}$$

式中 ν——流体的运动黏度，单位为 mm^2/s；

D——毛细管内径，单位为 cm；

L——毛细管长度，单位为 cm；

h——平均有效液柱高度，单位为 cm；

V——流体流经毛细管的计时体积，单位为 cm^3；

g——重力加速度，单位为 cm/s^2；

t——体积为 V 的流体的流动时间，单位为 s；

E——动能系数。

对于相对测量，其计算公式为

$$\nu=Ct-\frac{E}{t^2} \tag{3-21}$$

式中 C——用标准黏度液标定的黏度计常数，单位为 mm^2/s^2。

如果 $E/t^2 \ll Ct$，则计算公式变为

$$\nu=Ct \tag{3-22}$$

2. 设备和材料

（1）黏度计　有四种可供选用的玻璃毛细管黏度计，它们是平开维奇黏度计（简称平氏黏度计），如图 3-9 所示；坎农-芬斯克黏度计（简称芬氏黏度计），如图 3-10 所示；乌别洛特黏度计（简称乌氏黏度计），如图 3-11 所示；逆流型坎农-芬斯克黏度计（简称逆流黏度计），如图 3-12 所示。

（2）恒温槽　恒温槽应有观察窗，在设定温度下，恒温槽温度波动度应不超过 ±0.01℃，温场均匀性不大于 0.02℃。

（3）温度计　分度值不大于 0.01℃ 的水银温度计或其他测温设备。

（4）密度计　分度值为 $0.001g/cm^3$ 的密度计。

（5）计时器　分辨率不大于 0.01s，测量误差不大于 0.05%的秒表或其他计时设备。

3. 试验步骤

（1）黏度计的选择　选择适当内径的黏度计，使得流动时间在 200s 以上，平氏黏度计、乌氏黏度计和芬氏黏度计的最细内径的流动时间分别不得小于 350s 、300s 和 250s。

（2）黏度计的清洗及干燥 黏度计在使用前用适当的非碱性溶剂清洗并干燥。对于新购置、长期未使用过的或沾有污垢的黏度计，要用铬酸洗液浸泡 2h 以上，再用自来水、蒸馏水洗净并烘干。

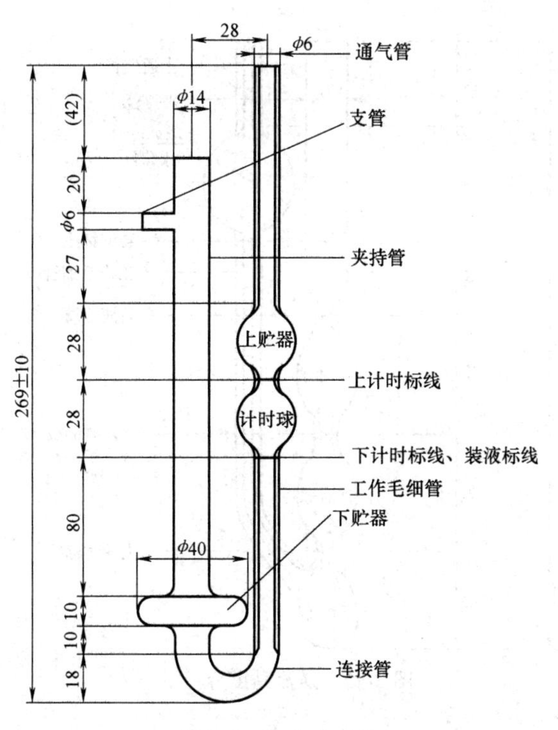

图 3-9 平氏黏度计

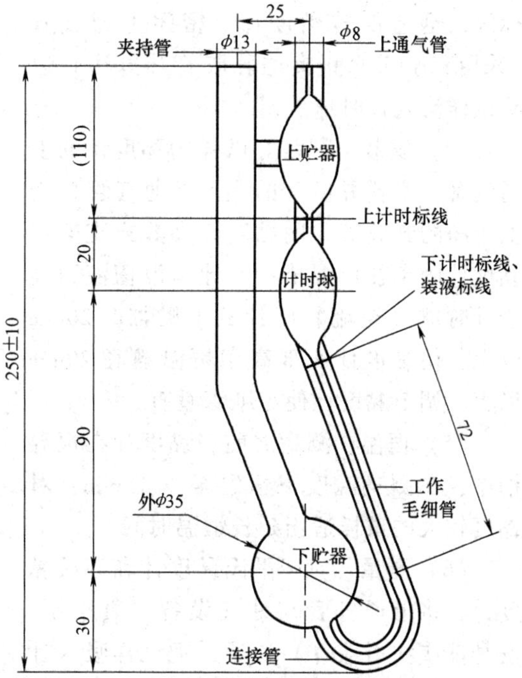

图 3-10 芬氏黏度计

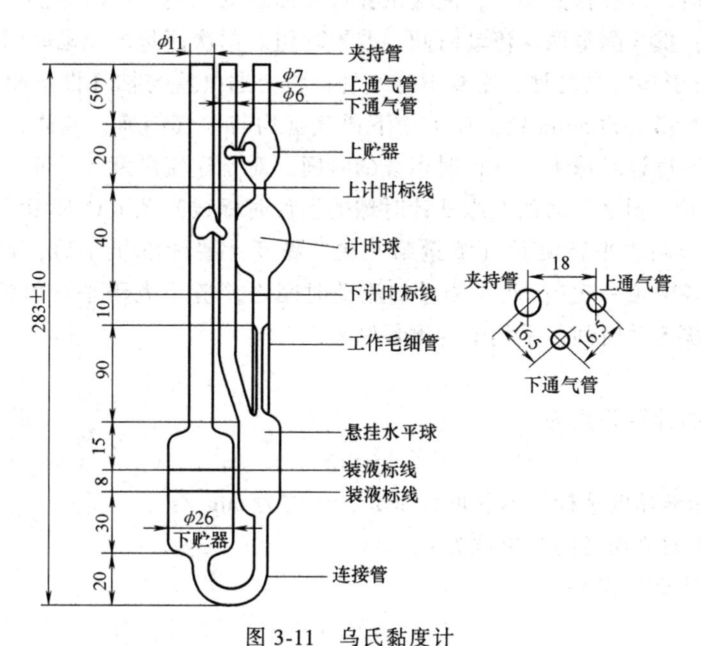

图 3-11 乌氏黏度计

（3）装液 试样温度应控制在试验温度±2℃的范围内，对于平氏黏度计及芬氏黏度计（见图 3-9、图 3-10），将其倒转过来，让上通气管插入试样中，将试样吸入至计时球的下计时标线，迅速倒转黏度计并擦净管口。对于乌氏黏度计（见图 3-11），把试样从夹持管装入下贮器，使液面处于上、下装液标线之间。对于逆流黏度计（见图 3-12），将其倒转过来，让上通气管插入试样中，将试样吸到装液标线，迅速倒转黏度计，密闭上通气管（采用套上带水止夹的乳胶管等方法）以防试样流入计时球。

（4）安装　把装好试样的黏度计的上通气管（乌氏黏度计的上、下通气管）套上干净的乳胶管。用黏度计夹具或支架把黏度计固定在恒温槽中，让恒温槽液面高于计时球（逆流黏度计的上贮器）20mm以上，使黏度计底部高于恒温槽底20mm以上。调节黏度计使毛细管垂直。

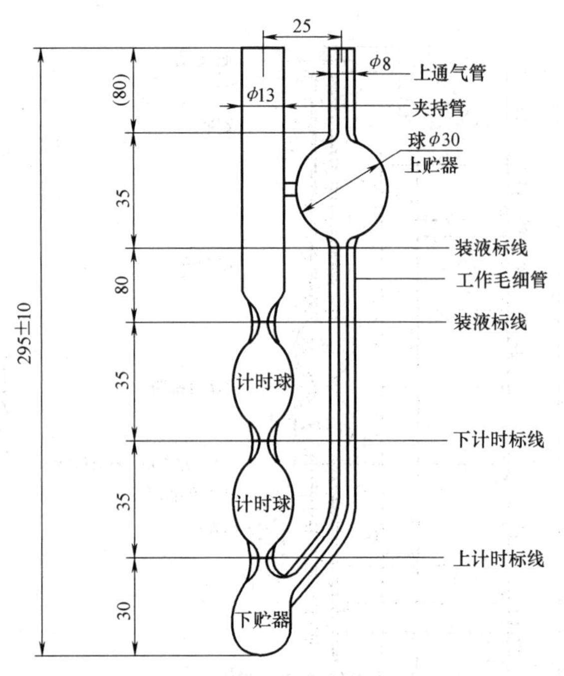

图 3-12　逆流黏度计

（5）恒温　测量之前，黏度计在恒温槽中，在测量温度下恒温至少15min，对黏度较大的试样适当延长恒温时间。

（6）测量　对于平氏黏度计和芬氏黏度计，将上通气管与抽气设备（真空泵、洗耳球或注射器等）连通，把试样吸入计时球，至上计时标线以上约5mm处，使上通气管与大气相通，试样自然流下，测量试样弯月面最低点通过计时球上、下计时标线的时间。不重装试样，重复测量两次流动时间，取平均值。两次测量的流动时间之差应不大于平均值的0.2%。对于乌氏黏度计，密封下通气管，将上通气管与抽气设备相连，将液体吸至计时球上计时标线以上约5mm处，使上、下通气管均与大气相通，液体自然流下，测量试样弯月面最低点通过计时球上、下计时标线的时间。对于逆流黏度计，使上通气管与大气相通，液体自然流下，测量液面的上缘从计时球的下计时标线升至上计时标线所需的时间。对于每一种试样要作两次平行测量（测量第一次，黏度计要清洗烘干后，再作第二次测量，或用两支黏度计各测量一次）。两次测量的流动时间之差应不大于平均值的0.2%。否则应重新测量。取两次流动时间的平均值为测量结果。

4. 结果计算

运动黏度 ν 的计算公式为

$$\nu = Ct \tag{3-23}$$

式中　C——用标准黏度液标定的黏度计常数，单位为 mm^2/s^2；

　　t——流体的流动时间，单位为 s。

动力黏度的计算公式为

$$\eta = \nu\rho \tag{3-24}$$

式中　η——试样的动力黏度，单位为 mPa·s；

　　ρ——与测量运动黏度相同的温度下试样的密度，单位为 g/cm^3。

（二）落球法

本方法适用于实验室取样测量，量程较宽，特别适合高黏度试样在低剪切速率下的黏度测量。

1. 测量原理

（1）直落式　通过测量球在液体中匀速自由下落一定距离所需的时间求动力黏度，其计算公式为

$$\eta=\frac{100D_1^2(\rho_0-\rho)gt_1}{18l_1}f \tag{3-25}$$

式中　D_1——球的直径，单位为 cm；

ρ_0——球的密度，单位为 g/cm^3；

ρ——液体的密度，单位为 g/cm^3；

l_1——球的下落距离，单位为 cm；

t_1——球的下落 l_1 距离所需时间，单位为 s；

f——对于管壁影响的修正系数（$f=1-\frac{2.104D_1}{D}+2.09\left(\frac{D_1}{D}\right)^3-0.95\left(\frac{D_1}{D}\right)^5$，其中 D 为试验管的内径，单位为 cm）。

（2）滚落式　通过测量固体球在充满试样的倾斜管子中沿管壁滚动，下落一定距离所需的时间计算黏度。此方法只适用于作相对测量，其动力黏度的计算公式为

$$\eta=K(\rho_0-\rho)t_1 \tag{3-26}$$

式中　K——球的常数，单位为 mPa · s · cm^3/g；

ρ_0——球的密度，单位为 g/cm^3；

ρ——液体的密度，单位为 g/cm^3；

t_1——球下落一定距离所需时间，单位为 s。

2. 设备和材料

（1）测量球　直落式采用直径为 1mm～4mm 的若干种轴承钢球，滚落式采用直径为 11mm～15.8mm 的不锈钢、合金钢或玻璃球。

（2）试样管　试样管的计时标线间隔不应小于 50mm，直落式的试样管的直径必须是测量球直径的 5 倍～10 倍。

（3）恒温槽　直落式恒温槽如图 3-13 所示，槽体应由透明材料制成或有观察窗。滚落式恒温槽如图 3-14 所示。恒温槽温度波动度应不超过±0.1℃。

（4）温度计　分度值不大于 0.1℃的水银温度计或其他测温设备。

（5）计时器　分辨率不大于 0.01s，测量误差不大于 0.05%的秒表或其他计时设备。

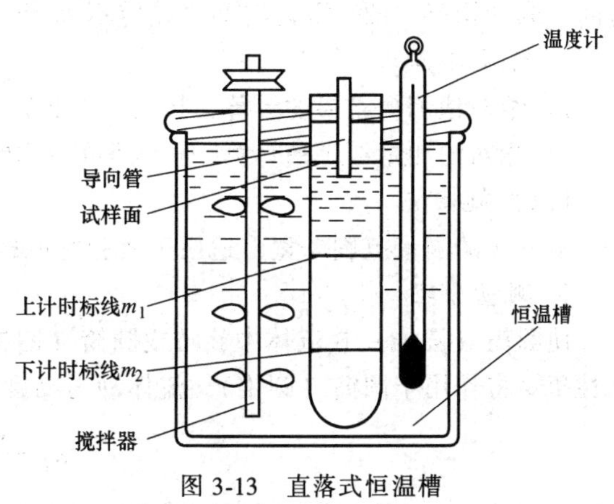

图 3-13　直落式恒温槽

3. 测量步骤

（1）球的选择　选择适当尺寸的球使其在试样中的下落速度不大于 1.67mm/s。

（2）球及试样管的清洗　球及试样管在使用前用适当的溶剂清洗数次；并用吹风机吹干。

（3）装液、安装及调节　直落式按

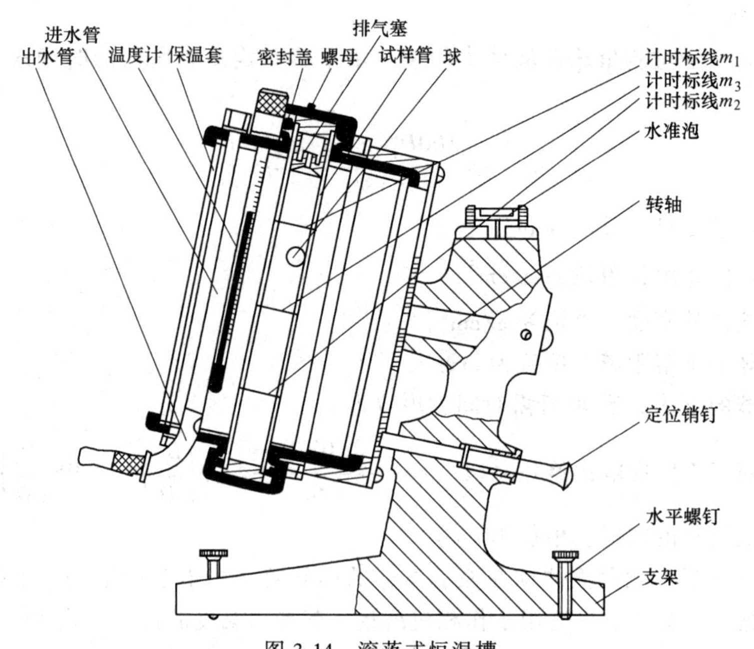

图 3-14 滚落式恒温槽

图 3-13 将试样装入试样管中，使液面处于上计时标线 $m_1$50mm 以上，塞上中心处带有垂直导向管的塞子。把试样管垂直安装在恒温槽中，并使液面处于恒温液面 20mm 以下。滚落式按图 3-14 盖上试样管底部的密封盖及螺帽，把试样装入试样管中，使液面低于管端约 15mm，放入球，盖上排气塞、密封盖及螺帽，调节仪器的水平位置（此时试样管与垂线成 10°）。

（4）恒温 测量之前，在测量温度下恒温至少 15min，对黏度较大的试样适当延长恒温时间。

（5）测量 直落式，待试样中的气泡消失后，把球从导向管放入试样中，测量球下落经过上计时标线 m_1 和下计时标线 m_2 所需的时间，投入第二个同样尺寸的球，测量其下落时间，取平均值。两球的下落时间之差应不大于平均值的 1%。滚落式，待试样中的气泡消失后，将试样管连同保温套旋转 180°，使球降至试样管的顶端（此时顶端朝下），再把试样管连同保温套倒转 180°，使其回到正常位置，并用定位销钉锁紧。球由顶端沿管壁滚动下落，测量球下落经过上计时标线 m_1 和下计时标线 m_2 所需的时间。重复以上操作测量球的下落时间，取平均值。两次下落时间之差应不大于平均值的 1%。

4. 结果计算

1）绝对法测量结果的计算，按式（3-25）计算试样的动力黏度 η。

2）相对法测量结果的计算，将测得的平均时间代入式（3-26），计算试样的动力黏度。

（三）旋转法

本方法的测量范围较宽，适用于实验室取样测量。

1. 测量原理

使圆筒（圆锥）在流体中旋转或圆筒（圆锥）静止而停周围的流体旋转流动，流体的黏性扭矩将作用于圆筒（圆锥），流体动力黏度与扭矩关系的计算公式为

$$\eta_1 = \frac{AM}{n_1} \tag{3-27}$$

式中　η_1——流体的动力黏度，单位为 Pa · s；

M——流体作用于圆筒（圆锥）的黏性扭矩，单位为 N · m；

n_1——圆筒（圆锥）的旋转速度，单位为 rad/s；

A——常数，单位为 m^{-3}。

在选定的转速下，流体的动力黏度仅与扭矩有关，其计算公式为

$$\eta_1 = K_1\alpha \tag{3-28}$$

式中　K_1——黏度计常数，单位为 Pa · s；

α——黏度计示值。

在选定的剪切速率下，流体的动力黏度仅与剪切应力有关。根据牛顿内摩擦定律，流体动力黏度与剪切速率的关系如下，其计算公式为

$$\eta_1 = \frac{Z\alpha}{\gamma} \tag{3-29}$$

式中　γ——流体的剪切速率，单位为 s^{-1}；

Z——黏度计测量系统常数，单位为 Pa。

2. 设备和材料

（1）黏度计　根据黏度范围、剪切应力、剪切速率、精确度和试样量选择黏度计形式。常用的三种旋转黏度计形式如图 3-15～图 3-17 所示。

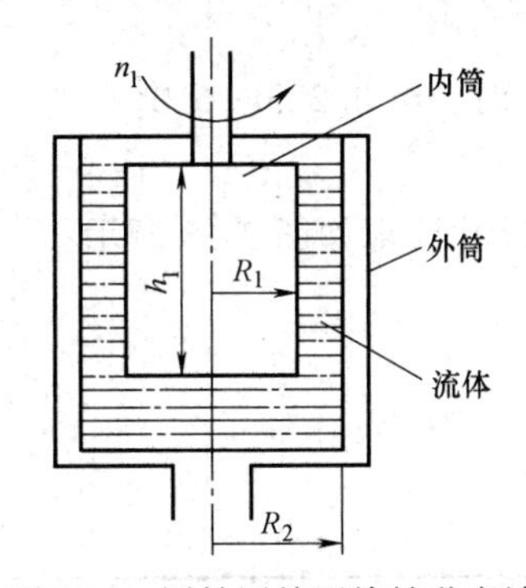

图 3-15　同轴圆筒型旋转黏度计

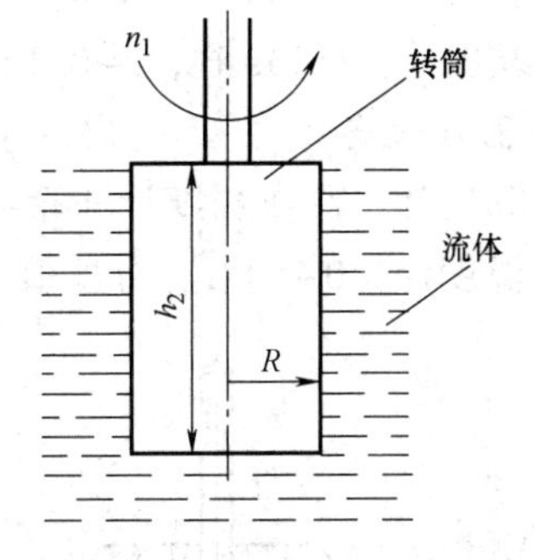

图 3-16　单圆筒型旋转黏度计

（2）恒温槽　在设定温度下，温度波动度不超过 ±0.1℃，可以对外输出循环恒温水。

（3）温度计　分度值不大于 0.1℃ 的水银温度计或其他测温设备。

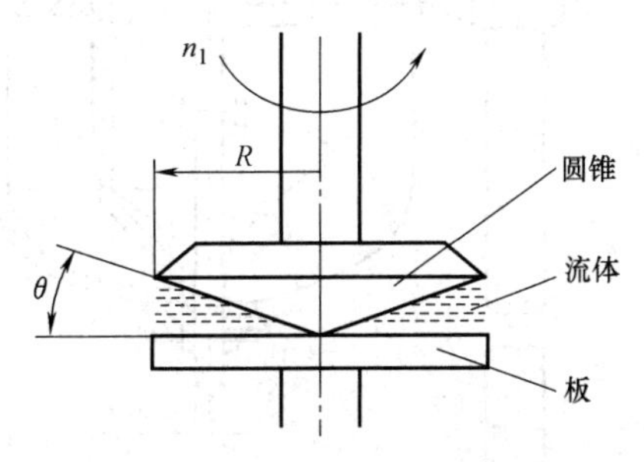

图 3-17　锥-板型旋转黏度计

3. 测量步骤

（1）装料　目测试样无杂质和气泡后，按规定准确取样。

（2）恒温　试样在测试温度下充分恒温，以保证示值稳定。参考恒温时间：锥-板、同轴圆筒、单圆筒系统依次为 0.5h、1h、2h。

（3）测量　起动黏度计，待示值稳定后读数，然后关断电源。如此重复测量三次示值，其与平均值的最大偏差应不超过平均值的±1.5%，否则，应重新测量。取三次示值的平均值

为该次测量结果。

4. 结果计算

1）按照式（3-28）、式（3-29）计算黏度。

2）示值受电网频率影响的黏度计（见黏度计说明书），若电网频率变化超过±1%，应对测量结果加以修正，计算公式为

$$\eta_S = \eta_C \frac{f_B}{f_S} \tag{3-30}$$

式中 η_S——实际黏度，单位为 Pa·s；

η_C——测量黏度，单位为 Pa·s；

f_B——电网标称频率，单位为 Hz；

f_S——电网实测频率，单位为 Hz。

（四）细管法

1. 测量原理

一定体积的液体试样，在一定温度下从规定直径的孔所流出的时间表示黏度。该方法所测结果为条件黏度值，单位为 s。也可以用下列公式将试样的流出时间换算成运动黏度。

涂-1 黏度计：$t=0.053\nu+1.0$；

涂-4 黏度计：$t<23$s 时，$t=0.154\nu+11$；23s$\leqslant t<150$s 时，$t=0.223\nu+6.0$。

2. 仪器和设备

（1）黏度计　涂-1 黏度计和涂-4 黏度计，其构造及尺寸要求如图 3-18 所示；

（2）温度计　0~50℃，分度值为 0.1℃、0.5℃；

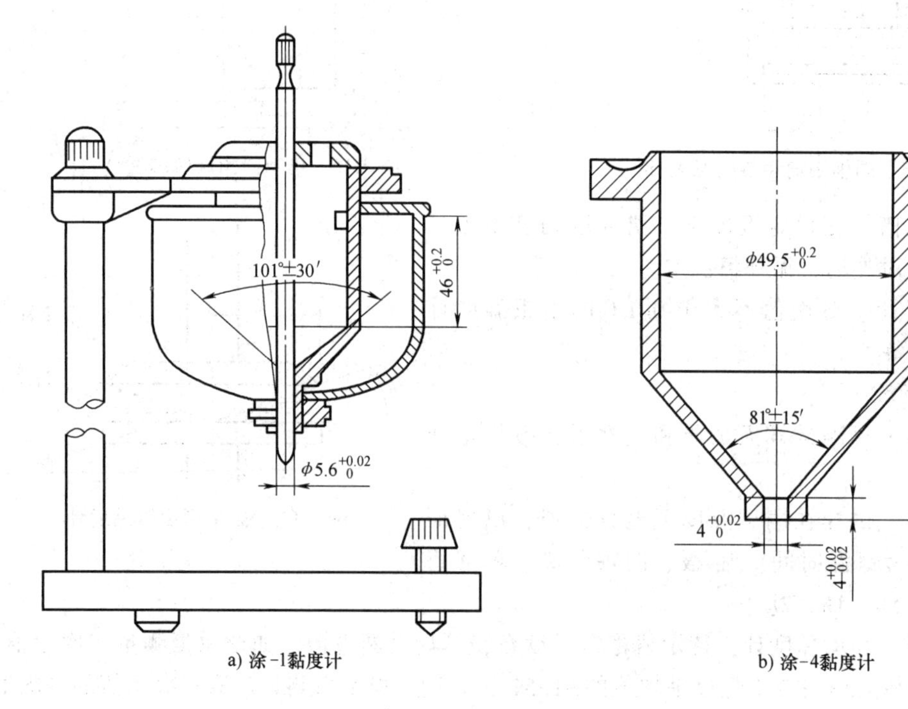

图 3-18　黏度计构造及尺寸要求

（3）秒表　分度值为 0.2s；

3. 试样

涂-1 黏度计要求试样为流出时间不低于 20s 的涂料产品；涂-4 黏度计要求试样为流出时间不大于 150s 的涂料。

4. 试验步骤

（1）涂-1 黏度计法

1）先用纱布蘸溶剂将黏度计擦拭干净，并干燥或吹干。仔细检查，黏度计漏嘴处保持光洁。

2）将试样搅拌均匀，必要时可用孔径为 246μm 的金属筛过滤。将试样温度调整至（23±1）℃。

3）将黏度计置于水浴套内，插入塞棒。将被测液体倒入黏度计内，调节水平，使液面与刻线刚好重合，盖上盖子并插入温度计，静置片刻。在黏度计漏嘴下放置一个 50mL 的量杯。

4）当试样温度达到要求温度时，迅速提起塞棒，同时启动秒表。当杯内试样量达到 50ml 刻度线时，立即停止秒表。此时间即为试样的流出时间，单位为 s。

5）按同样步骤平行测试两次，两次测量值之差不应大于平均值的 3%。

6）取两次测量值的平均值作为测试结果。

（2）涂-4 黏度计法

1）用纱布蘸溶剂将黏度计擦拭干净，并干燥或吹干。仔细检查黏度计漏嘴处保持光洁。

2）将试样搅拌均匀，试样温度调整至（23±1）℃。

3）黏度计调节水平，在黏度计漏嘴下放置一个 150mL 的搪瓷杯。

4）用手堵住漏嘴，将达到要求温度的被测液体倒入黏度计，用玻璃棒或玻璃板将气泡和多余试样刮入凹槽。迅速移开手指，同时启动秒表。待试样流束刚中断时立即停止秒表。秒表读数即为试样的流出时间，单位为 s。

5）按同样方法平行测试两次，两次测量值之差不应大于平均值的 3%。

6）取两次测量值的平均值作为测试结果。

三、推荐的试验标准

采用各种方式测量液体、流体产品黏度的试验方法还有：

1）GB/T 265—1988《石油产品运动黏度测定法和动力黏度计算法》。

2）GB/T 10247—2008《黏度测量方法》。

3）GB/T 266—1988《石油产品恩氏黏度测定法》。

4）HG/T 2758—1996《乙酸纤维素稀溶液黏数和黏度比的测定》。

5）GB/T 2794—2013《胶黏剂黏度的测定　单圆筒旋转黏度计法》。

6）GB/T 1632.5—2008《塑料　使用毛细管黏度计测定聚合物稀溶液黏度　第 5 部分：热塑性均聚和共聚型聚酯（TP）》。

7）GB/T 1632.1—2008《塑料　使用毛细管黏度计测定聚合物稀溶液黏度 第 1 部分：通则》。

8）GB/T 5547—2007《树脂整理剂　黏度的测定》。

9）GJB 1059.2—1990《烧蚀材料用酚醛树脂测试方法　黏度测试》。

10）GB/T 9269—2009《涂料黏度的测定　斯托默黏度计法》。

11）GB/T 15357—2014《表面活性剂和洗涤剂　旋转黏度计测定液体产品的黏度》。

12）GB/T 1632.3—2010《塑料　使用毛细管黏度计测定聚合物稀溶液黏度　第 3 部分：聚乙烯和聚丙烯》。

13）GB/T 12010.3—2010《塑料聚乙烯醇材料（PVAL）第 3 部分：规格》。

14）HG/T 3660—1999《热熔胶粘剂熔融黏度的测定》。

15）HG/T 2363—1992《硅油运动黏度试验方法》。

16）GB/T 1723—1993《涂料黏度测定法》。

17）HG/T 2712—1995《液态和溶液状酚醛树脂黏度的测定》。

第六节　熔体流动性试验

一、基础知识

热塑性塑料熔体的流动性能在其成型加工中非常重要。熔体流动速率是表征在一定条件下，塑料熔体流动的难易程度，通常作为热塑性树脂质量控制和热塑性塑料成型工艺条件的重要参数。

任何热塑性塑料，随着温度的升高，分子链的运动逐级地被活化，从分子链段开始运动，至各分子链之间的缠结被解开，到整个大分子可以彼此产生相对滑移运动，宏观上表现为黏流态，成为流动性熔体。然而不同类型和/或不同规格的热塑性塑料，其流动性能往往有很大差异。塑料熔体的流动特性与塑料的分子链结构、分子量大小、分子量分布及塑料所处的温度、压力等环境条件密切相关。

热塑性塑料的熔体流动速率分为熔体质量流动速率和熔体体积流动速率两种。

1. 熔体质量流动速率

在规定的温度、载荷和活塞位置条件下，熔融树脂通过规定长度和内径的口模的挤出速率。以规定时间挤出的质量作为熔体质量流动速率，单位为 g/10min。

2. 熔体体积流动速率

在规定的温度、载荷和活塞位置条件下，熔融树脂通过规定长度和内径的口模的挤出速率。以规定时间挤出的体积作为熔体体积流动速率，单位为 $cm^3/10min$。

其测量方法也有两种：质量测量方法和位移测量方法。

熔体质量流动速率或熔体体积流动速率数值越大，表明塑料的流动性越好。因此，熔体流动速率常用于区别不同品种或同一品种不同规格热塑性塑料在熔融状态时的流动性。对同一种树脂，还可用熔体质量流动速率来比较其分子量的大小，以作为生产质量的控制。聚乙烯的熔体流动速率简称熔融指数，用 MI 表示。

二、试验方法

（一）质量测量方法

1. 试验设备

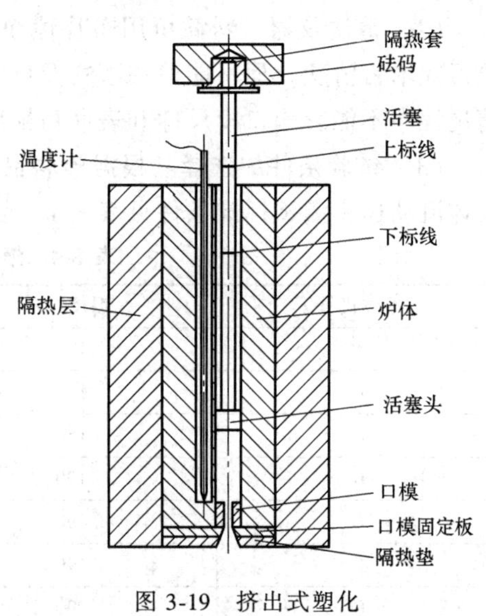

图 3-19 挤出式塑化仪的典型结构

（1）挤出式塑化仪 熔体流动速率仪的基础部分是一台可在设定温度下操作的挤出式塑化仪。挤出式塑化仪的典型结构如图 3-19 所示。主要由料筒、活塞杆、标准口模、载荷、温度控制和温度监测装置及附属器件等组成。

1）料筒：内径为（9.550±0.007）mm，长度在 150mm～180mm。

2）活塞：活塞的工作长度应至少与料筒长度相同。活塞头长度应为（6.35±0.10）mm，直径应为（9.474±0.007）mm。活塞头下边缘应有半径为 0.40mm 的圆角，上边缘应去除尖角。活塞头以上的活塞杆直径应小于或等于 9.0mm。

3）温度控制系统：能以 1℃或更小的间隔设置试验温度，控制要求见表 3-3。

表 3-3 温度随距离和时间变化的最大允差

试验温度/℃	最大温度允差/℃	
	在标准口模顶部以上 10mm	标准口模顶部 10mm～70mm
≥125，<250	±1.0	±2.0
≥250，<300	±1.0	±2.5
≥300	±1.0	±3.0

4）口模（出料模孔）：内径要求严格，通常用标准口模，直径为（2.095±0.005）mm，高度为（8.000±0.025）mm。如果测试材料的 MFR>75g/10min，可以使用长为（4.000±0.025）mm、孔径为（1.050±0.005）mm 的半口模。

5）载荷：载荷是砝码和活塞杆质量的总和，分别为 325g、1000g、1050g、1200g、2100g、3800g、5000g、10000g、12500g、21600g，精度为±5%。

6）温度测量装置：温度测量准确至±0.5℃。

（2）天平 最大允许误差为±1mg 或更小。

（3）计时器 应有足够精度（±0.01s），使挤出料条的切断时间最大允许误差为切断时间间隔的±1%。

（4）锋利刮刀 用于切割挤出熔融试条的工具。

2. 试样

试样为能装入料筒内膛的任何形状，如粒状、片状或粉状。

3. 试验步骤

（1）试验前的处理 试验前应按照材料规格标准，对材料进行状态调节。必要时，还应进行稳定化处理。

（2）清洗仪器　料筒可用布片擦净，活塞应趁热用布擦净，口模可以用紧配合的黄铜铰刀或木钉清理。但不能使用磨料及可能会损伤料筒、活塞和口模表面的类似材料。所用的清洗程序不能影响口模尺寸和表面粗糙度。

（3）试验条件的选择　根据塑料品种类型和测试要求选择试验温度和压力载荷条件。熔体流动速率测试标准条件见表3-4，常用塑料熔体流动速率测试条件见表3-5。

表3-4　熔体流动速率测试标准条件

条件代号	温度/℃	总载荷质量/g	近似压力/MPa
A	125	325	44.8
B	125	2160	298.2
C	150	2160	298.2
D	190	325	44.8
E	190	2160	298.2
F	190	21600	298.2
G	200	5000	689.5
H	230	1200	165.4
I	230	3800	524.0
J	265	12500	1723.7
K	275	325	44.8
L	230	2160	298.2
M	190	1050	144.7
N	190	10000	1379.0
O	300	1200	165.4
P	190	5000	689.5
Q	235	1000	137.9
R	235	2160	298.2
S	235	5000	689.5
T	250	2160	298.2
U	310	12500	1723.7
V	210	2160	298.2
W	285	2160	298.2
X	315	5000	689.5

表3-5　常用塑料熔体流动速率测试条件

材料名称	常用试验条件	材料名称	常用试验条件
聚乙烯	A,B,D,E,F,N,U	丙烯酸酯	H,I
聚丙烯	L	纤维素酯	D,E,F,V
聚苯乙烯	G,H,L,P	聚三氟氯乙烯	J
ABS	G,L	聚碳酸酯	O
尼龙	K,Q,R,S	聚对苯二甲酸酯	T,V,W
聚甲醛	E,M	聚乙烯醇缩醛	C

（4）仪器温度的校正　按照所选择的试验条件设定温度，给仪器预热半小时以上，用温度测量装置测试料筒内的温度，看显示的温度值与设定值的差是否满足要求，如不满足精度要求，则调整设定温度，达到满足要求为止，稳定半小时后开始实验。

（5）试样质量的选择　预估试样的熔体流动速率大小，加料量的选择与熔体流动速率关系见表 3-6。

表 3-6　加料量的选择与熔体流动速率关系

熔体流动速率/(g/10min)	加料量/g	口模直径/mm
0.15~1.0	2.5~3.0	2.095
1.0~3.5	3.0~5.0	2.095
3.5~10	5.0~8.0	2.095
10~25	4.0~8.0	2.095
>25	6.0~8.0	1.180

（6）装料　按所选的加料量称量试样，装入料筒。装料时，用手持装料杆压实样料。对于氧化降解敏感的材料，装料时应尽可能避免接触空气，并在 1min 内完成装料过程。

在装料完成后 5min，温度应恢复到所选定的温度，如果原来没有加载荷或载荷不足的，此时应把选定的载荷加到活塞上。让活塞在重力的作用下下降，直到挤出没有气泡的细条。这个操作时间不应超过 1min。

（7）切割时间间隔的选择　熔体流动速率与切割时间间隔的关系见表 3-7。

表 3-7　熔体流动速率与切割时间间隔的关系

熔体流动速率/(g/10min)	切割时间/s	熔体流动速率/(g/10min)	切割时间/s
0.10~0.5	120~240	3.5~10	10~30
0.5~1.0	60~120	10~25	5~10
1.0~3.5	30~60	>25	30

切割时间间隔的大小取决于试样的熔体流动速率。熔体流动速率大，切割时间间隔要短些，熔体流动速率小，切割时间间隔应长些；由切割时间间隔来控制切段的质量，使测试误差尽量减小。

（8）切割熔体段　用切断工具切断头部挤出物（建议设备具有自动切断装置），丢弃。然后让加载荷的活塞在重力作用下继续下降。当下标线到达料筒顶面时，开始按一定时间间隔切料并计时。逐一收集挤出物切段，以测定挤出速率。切段时间间隔取决于熔体流动速率，每条切段的长度应不短于 10mm，最好为 10mm~20mm。当活塞杆的上标线达到料筒顶面时停止切割，舍弃有肉眼可见气泡的切段。

切段冷却后，将保留下的切段（至少 3 个）逐一称量，准确到 1mg，计算平均质量。如果单个称量值中的最大值和最小值之差超过平均值的 15%，则舍弃该组数据，并用新的试样重新做试验。从装料到切断最后一个样条的时间不应超过 25min。

4. 结果计算与表示

1）标准口模，试样熔体质量流动速率（MFR）的计算公式为

$$\mathrm{MFR}(T,m_{\mathrm{nom}})=\frac{600m}{t} \tag{3-31}$$

式中 T——试验温度，单位为℃；

m_{nom}——标称载荷，单位为 kg；

m——切段的平均质量，单位为 g；

t——切断时间间隔，单位为 s。

试验结果保留 2 位有效数字。

2）标准口模，试样熔体体积流动速率（MVR）的计算公式为

$$\mathrm{MVR}(T,m_{nom})=\frac{\mathrm{MFR}(T,m_{nom})}{\rho} \tag{3-32}$$

式中 ρ——熔体密度，单位为 g/cm^3。

试验结果保留 2 位有效数字。

（二）位移测量方法

大部分内容与质量测量法相同，不同的部分如下。

1. 活塞最小位移（活塞最小移动距离）

为确保测试结果更加准确及其重复性更高，活塞最小位移见表 3-8。

表 3-8 活塞最小位移

MVR/(cm^3/10min)，MFR/(g/10min)	活塞最小位移/mm	MVR/(cm^3/10min)，MFR/(g/10min)	活塞最小位移/mm
>0.1，≤0.15	0.5	>1，≤20	5
>0.15，≤0.4	1	>20	10
>0.4，≤1	2	—	—

2. 测量

在预热后，即装料完成 5min 后，如果在预热时没有加载荷或载荷不足，此时应把选定的载荷加到活塞上。如果预热时，用到口模塞，并且未加载荷或加荷不足，应把选定的载荷加到活塞上，待试样稳定数秒，移走口模塞。如果同时使用载荷支架和口模塞，则先移除载荷支架。

让活塞在重力的作用下下降，直到挤出没有气泡的料条，根据试样的实际黏度，这一过程可能在加载荷前或加载荷后完成。在测试开始前，建议避免进行外力清除多余试样的操作，无论采用手动或施加额外载荷。如需外力清除多余试样，需在规定的时间内完成操作，即应保证外力清除操作完成至少 2min 后再开始正式试验，且外力清除过程应在 1min 之内完成。当活塞杆下标线到达料筒顶面时，用计时器计时，同时用切断工具切断挤出料条并丢弃。不要在活塞下标线到达料筒顶面之前开始试验。测量采用如下两条原则之一：

1）测量在规定时间内活塞移动的距离；

2）测量活塞移动规定距离所用的时间。

对于有些材料，测量结果可能由于活塞移动的距离而改变。为了提高重复性，关键是每次试验都应保持相同位移。当活塞杆的上标线达到料筒顶面时停止测量。

3. 结果计算与表示

1）标准口模，试样熔体体积流动速率（MVR）的计算公式为

$$\mathrm{MVR}(T,m_{nom})=\frac{600AL}{t} \tag{3-33}$$

式中 T——试验温度，单位为℃；

m_{nom}——标称载荷，单位为 kg；

A——料筒标准横截面积和活塞头的平均值，单位为 cm^2；

L——活塞移动预定测量距离或各个测量距离的平均值，单位为 cm；

t——预定测量时间或各个测量时间的平均值，单位为 s。

2）标准口模，试样熔体质量流动速率（MVR）的计算公式为

$$MFR(T,m_{nom})=\frac{600AL\rho}{t} \quad (3\text{-}34)$$

式中 ρ——熔体在试验温度下的密度，单位为 g/cm^3。

三、熔体质量流动速率试验结果与试验条件的关系

同一种高聚物，用不同的测试条件得出的测试结果，可在大量实验的基础上找出换算关系或经验公式。如对一系列聚乙烯材料进行了不同条件的测试，其结果见表 3-9。

表 3-9 不同条件测得的聚乙烯熔体流动速率 （单位：g/10min）

试样编号	测试条件		
	125℃/325g	190℃/325g	190℃/2160g
1	0.085	0.73	8.02
2	0.220	1.83	18.8
3	0.500	3.95	41.2
4	0.865	6.33	57.4
5	2.23	15.00	136
6	3.23	20.8	183
7	3.77	25.2	213
8	11.6	50.5	455

经验公式为

$$\lg MFR_{190/2160}=0.8301\lg MFR_{125/325}+1.825\ (\pm 0.082)$$

$$\lg MFR_{190/2160}=0.9211\lg MFR_{190/325}+1.039\ (\pm 0.038)$$

四、推荐的试验标准

熔体流动速率的试验方法有 GB/T 3682.1—2018《塑料 热塑性塑料熔体质量流动速率和熔体体积流动速率的测定 第 1 部分：标准方法》，ISO 1133—1：2011《塑料 热塑性塑料熔体质量流动速率（MFR）和熔体体积流动速率（MVR）的测定 第 1 部分：标准方法》（Plastics-determination of the melt mass-flow rate（MFR）and the melt volume-flow rate（MVR）of thermoplastics-Part 1 Standard method），GB/T 3682.2—2018《塑料 热塑性塑料熔体质量流动速率和熔体体积流动速率的测定 第 2 部分：对时间-温度历史和（或）湿度敏感的材料的试验方法》，ISO 1133—1：2011《塑料 热塑性塑料熔体质量流动速率（MFR）和熔体体积流动速率（MVR）的测定 第 2 部分：对时间-温度历程与/或湿气敏感的材料所用的方法》（Plastics-determination of the melt mass-flow rate（MFR）and the melt volume-flow rate

（MVR）of thermoplastics-Part 2：Method for materials sensitive to time-temperature history and/or moisture），ASTM D1238—13《用挤压式塑性计测定热塑塑料熔体流动速率的标准试验方法》（Standard test method for melt flow rates of thermoplastics by extrusion plastometer）等。

思 考 题

1. 简述密度的定义。
2. 简述浸渍法测量密度的原理。
3. 简述塑料吸水率定义和计算公式。
4. 简述高分子材料的热收缩的定义。
5. 简述热塑性塑料的熔体流动速率与分子量的关系。
6. 黏度的表示方法有哪几种？
7. 塑料的透光率与结晶度的关系是什么？

第四章

热学性能检测

第一节　基本概念

材料的热学性能是由于材料在一定的温度下使用，在使用过程中对不同温度做出反应，表现出不同的热物理性能，这些热物理性能称为材料的热学性能。热学性能主要包括热稳定性、热膨胀、热传导等。

由于高分子材料分子结构的有机程度较高，使其对温度的敏感程度远远高于无机非金属材料，耐热性普遍比金属材料差。因此，高分子材料的热学性能是材料研究者和使用者最为关心的问题之一，也是绝大多数高分子材料性能指标必测的项目。高分子材料的热学性能试验主要有：玻璃化转变、黏流转变、熔融转变以及热膨胀性能、耐高温性能、耐低温性能、导热和隔热性能试验等。

第二节　转变温度试验

一、基础知识

由于大分子链的运动规模随着外界温度的改变而改变，当温度由低到高时，典型高分子材料将表现出三种明显不同的力学状态：玻璃态、高弹态和黏流态，典型高分子材料力学状态如图 4-1 所示。低温下高分子材料表现为玻璃态，随着温度升高，高分子材料先由玻璃态向高弹态转变；再由高弹态向黏流态转变，每一种力学状态的完全转变都需要 20℃～30℃的转变温度区，对应地有两个特征性转变温度，即玻璃化转变温度和黏流温度。这些转变仅涉及材料物理状态的变化，而不涉及化学结构的变化。当温度进一步升高时，高分子材料的大分子链将断裂和分解，出现热降解现象。不同的高聚物材料，热稳定性不同，发生热分解的温度不同。玻璃化转变温度、熔融（黏流）温度和热分解温度统称为高分子材料的特征性转变温度。

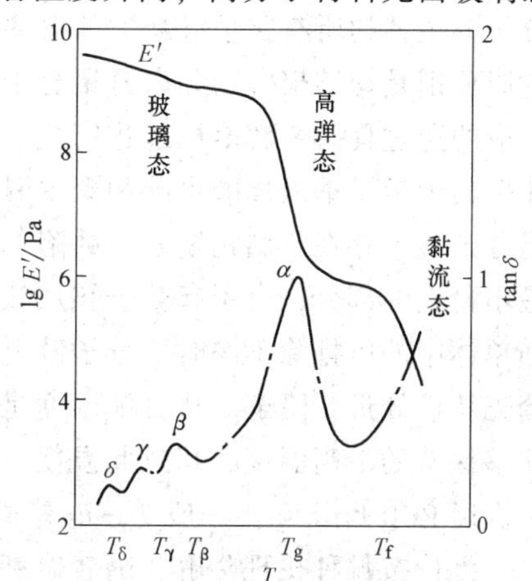

图 4-1　典型高分子材料力学状态

（一）玻璃化转变温度

玻璃化转变温度是结晶聚合物中的无定形相由玻璃态向高弹态转变的温度，或是无定形聚合物由玻璃态向高弹态转变的温度，一般表示符号为 T_g。一般而言，玻璃化转变温度是无定形塑料制品在理论上能够工作的温度上限。超过玻璃化转变温度，高聚物材料就基本丧失了力学性能，许多其他性能也会急剧下降。聚合物材料在连续受热时，一般会伴随着化学变化，导致材料的组成和结构发生变化，使材料无法正常工作。因此，聚合物材料实际上能够连续工作的最高温度要低于其玻璃化转变温度。

从分子运动的角度看，玻璃化转变温度是聚合物大分子链的链段由冻结状态能够开始自由运动的最低温度。大分子链运动状态的改变使高聚物材料在玻璃化转变前后，其比热容、动态储能模量、损耗模量、线膨胀系数等性能都发生突变或明显的变化。正是依据这一特征现象，人们设计了玻璃化转变温度的各种测试方法，如 DSC 法、TMA 法和 DMA 法等。

（二）熔融（黏流）温度

结晶聚合物中的结晶相（即大分子链结构的三维远程有序态）转变为无序黏流态的温度称为熔融温度，用符号 T_m 表示。无定形聚合物或结晶聚合物中的无定形相从固态转变为熔融态的温度称为黏流温度，用符号 T_f 表示。高聚物的大分子链结构决定了绝大多数结晶聚合物不可能完全结晶，只能是半结晶状态。因此聚合物的熔融温度并不是一个尖锐的转变点，而是对应一个温度范围。对于结晶塑料，熔融温度比玻璃化转变温度更有实际意义。许多结晶塑料，虽然玻璃化转变温度很低，但由于结晶程度较高，分子链的整齐排列和紧密堆砌使材料的强度和刚度大大提高，因而这些材料在远高于玻璃化转变温度下仍具有良好的力学性能，此类塑料的实际工作温度远高于玻璃化转变温度。从分子运动的观点，T_m 或 T_f 都是聚合物分子链整链能够相对运动，相互滑移的温度。当温度超过 T_m 或 T_f 时，塑料将成为流体。T_m 或 T_f 是塑料成型加工的温度下限。

聚合物的熔融温度可用 DSC 法或偏光显微镜法、毛细管法进行测定，也可用 DMA 法进行粗略测定。但黏流温度不能用 DSC 法或偏光显微镜法测试，只能采用毛细管法、显微镜法或 DMA 法进行测定。

（三）热分解温度

当高聚物材料被加热到一定温度时，其基体树脂都会产生分子链的断裂降解现象。材料分子链发生热降解时的温度为热分解温度，用符号 T_d 表示。不同高聚物材料，其基体树脂热降解机理一般不同。有的树脂分子链是按随机断裂历程进行降解，在热降解的任意阶段，分子链主链的所有化学键断裂的概率都相同，聚乙烯和聚对苯二甲酸乙二醇酯（PET）两种树脂分别是均链聚合物和杂链聚合物中按这种机理降解的例子。而有的塑料热降解是按聚合反应的逆过程——解聚机理进行的，即相继从链端开链产生单体，直至最终完全解离为单体。其中聚甲基丙烯酸甲酯和聚甲醛是按此机理降解的典型代表。还有一些聚合物是因为树脂分子链中存在着结构缺陷，缺陷部分的化学键比分子链其他部分的化学键弱，受热时成为最不稳定的部分，会引起分子链从该处首先断裂。例如按自由基历程聚合制备的聚苯乙烯，当单体中的氧排除不净时，分子链上就会产生不稳定的过氧化结构部分，聚合物在受热时就会先从该处进行降解。热分解温度是高聚物材料耐热性及热稳定性的重要指标，是材料状态能够保持的最高温度，超过此温度，则材料的结构将发生根本变化。因此，塑料的热成型加工温度必须低于 T_d。一般 T_d-T_f 差值较大的聚合物材料易于成型加工。

无论按哪种机理降解，随着温度的进一步提高，热降解都会加速。高温下大分子链降解为小分子后一般都以气体形式溢出材料表面，因此高聚物材料在热降解时，质量都减轻变小。当温度上升到使聚合物因热降解速率的加快而使质量损失速率突然增大时，对应的温度则定义为高聚物的热分解温度。热分解温度正是基于这一事实现象进行检测的，目前大多采用热重分析（TGA）法进行测试。当试样的热失重曲线在高温段的质量出现突然下降时的对应温度即为材料的热分解温度。

二、试验方法

（一）玻璃化转变温度试验

玻璃化转变温度与被试材料结构的热历史有极大关系。对无定形材料及半结晶材料，测定玻璃化转变温度可提供有关材料热历史、工艺条件、稳定性、化学反应过程以及力学和电气性能方面的重要信息。

例如，玻璃化转变温度可用来指明热固性材料的固化程度。热固性材料的玻璃化转变温度，通常随着固化程度的深入而提高。这种测定对于质量保证、规范贯彻及研究是有用的。

本节介绍三种测定玻璃化转变温度的方法。

1. 差示扫描量热法或差示热分析法

（1）设备

1）差示扫描量热计（DSC）或差示热分析仪（DTA），其加热（或冷却）速率至少要达到（20±1）K/min，能自动记录受试材料与参比物之间的热流差或温度差，并达到要求的灵敏度和精度。

2）用铝或其他金属制成的高热导器皿作为试样容器。

3）保护试样用的保护气选用纯度为99.9%氮气或其他惰性气体。

（2）试样

1）粉状或粒状试样：可用研磨或类似工艺减小试样尺寸，达到试验要求。

2）模塑或压制试样：用切片机、剃刀片、皮下注射器大钢针、纸板打孔器或木塞打孔器把试样切成合适的尺寸，使试样的厚度、直径或长度正好适合试样容器。

3）薄膜或片状材料：对厚度大于0.04mm的薄膜，把薄膜切成能满足试样容器碎片或冲成圆片。

（3）程序

1）从被试材料中取出适当质量的试样。多数情况下10mg～20mg即能满足要求。可应用其热容量与试样热容量非常接近的材料作为参比物。

2）开通符合要求的净化气流。开始试验并记录起始热循环直至某一足够高的温度以消除试样先前的热历史。试验在（20±1）K/min的速率下进行。

3）以至少（20±1）K/min的速率急剧降温，使温度降到远远低于所欲得到的转变温度，通常要低于转变温度50K以下。

4）保持此温度不变，直至趋于稳定状态（通常为5min～10min）。

5）以（20±1）K/min的升温速率重新加热并记录曲线，直至所有预期转变完成为止。

6）确定中点温度 T_m。

差示扫描量热法曲线如图4-2所示。

（4）结果表示　通常测试三个试样的中点温度，以测得值的平均值作为玻璃化转变温度 T_g。

2. 热机械分析法

(1) 试验设备　热机械分析仪(TMA)，要求包含一个试样容器，试样可放置在里面，通过探头移动，检测试样长度或压缩模量的变化。探头能把这些位移转换成适合于输入至记录仪或数据处理系统的信号。

(2) 试样　试样表面光滑且平行，推荐的试样厚度为1mm~3mm。

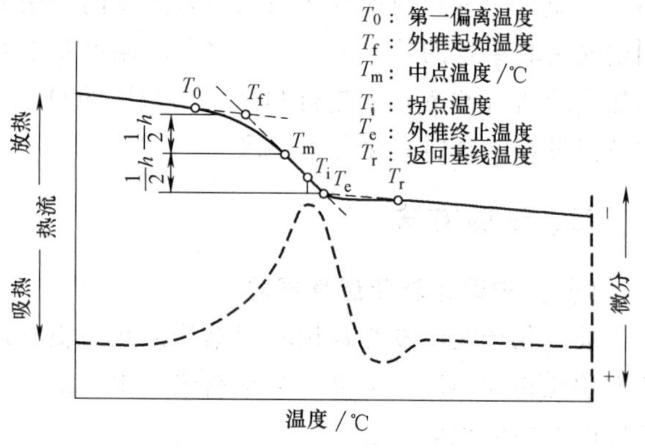

图4-2　差示扫描量热法曲线

(3) 程序

1) 将厚度为1mm~3mm的试样装入探头下的试样容器内。试样温度传感器的放置应使之与试样接触或尽可能地接近试样。选择合适的探头并把试样容器装入加热炉内。冷却或加热试样前，开通干燥的惰性纯净气体。如果试验是在接近环境温度或低于环境温度下进行，则至少应使试样及炉子冷却到比试验的最低温度低30K。供冷却用的冷却剂不应直接与试样接触。

2) 施加5mN~10mN的力于传感探头上。启动记录仪，选取相应的灵敏度。以(10±1)K/min的恒定加热速率对试样加热。记录位移-温度曲线，位移曲线上斜率的急剧变化，表明材料从一种状态转变成另一种状态。

3) 如果有明显的残余应力存在(在玻璃化转变附近的一种突然的不可逆的畸变)，那么到高于该温度约20K时就停止加热。然后降温返回到起始状态并重新加热试验。

4) 得到的位移-温度曲线如图4-3所示，玻璃化转变温度确定如下：

a) 沿膨胀曲线的低于转变温度部分作切线。

b) 沿膨胀曲线的高于转变温度部分作切线。

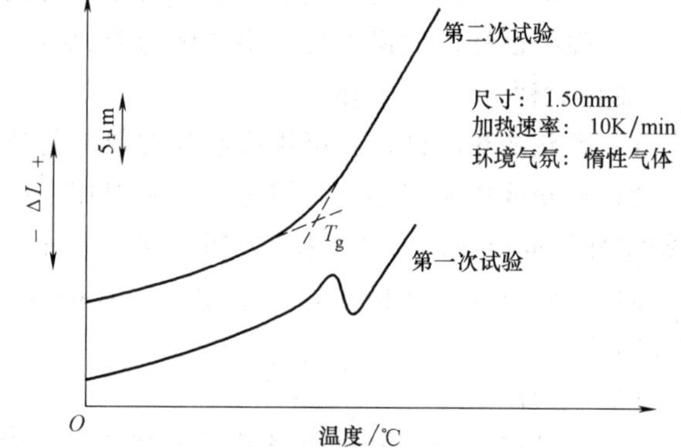

图4-3　热机械分析(膨胀法)玻璃化转变温度曲线

c) 把两切线交点对应的温度记为玻璃化转变温度。

(4) 结果表示　通常测试三个试样的玻璃化转变温度，以测得值的平均值作为玻璃化转变温度T_g。

3. 动态机械分析法

(1) 测量原理　是应用动态力学分析仪测定材料的玻璃化转变温度，将已知几何形状的试样置于机械振动中，振动频率既可以是固定频率也可以是固有共振频率。测量试样的力学损耗因数与温度的关系。力学损耗因数曲线表征试样的黏弹特性。通常把在某一特殊温度范围下，黏弹性产生急剧变化的区间称之为转变区。

(2) 设备　动态力学分析仪(DMA)，要求夹持装置能夹紧试样而不滑动；振动变形

(应变) 能连续地施加这种变形 (应变)。

(3) 试样　试样尺寸的选择要与受试材料的模量及测量设备能力相一致。例如，厚的试样适用于低模量材料；尺寸为 0.75mm×10mm×50mm 的试样较为适用且方便。

(4) 程序

1) 测量试样的长度、宽度及厚度，精确至 1%。

2) 选择合适的应变，最大的应变振幅应在材料的线性黏弹范围内。推荐应变小于 1%。

3) 选取试验频率使其尽可能地接近 1Hz。

4) 选择合适的升温速率，推荐 1K/min~2K/min。

5) 根据材料的性能设定试验温度区间 (最低温度和最高温度)。

6) 开始试验，测量试样的弹性及阻尼性能随温度的变化情况。

7) 绘制力学损耗因数与试样温度关系曲线，力学损耗因数曲线如图 4-4 所示。

8) 取力学损耗因数曲线最大处的温度作为玻璃化转变温度。

(5) 结果表示　玻璃化转变是发生在一个温度范围内，并受到加热速率及振动频率等与时间相关的因素的影响。由于这些原因，只有在相同的温度程序、振动频率下得到的数据才能作为本试验用，取 1Hz 作为参照频率。

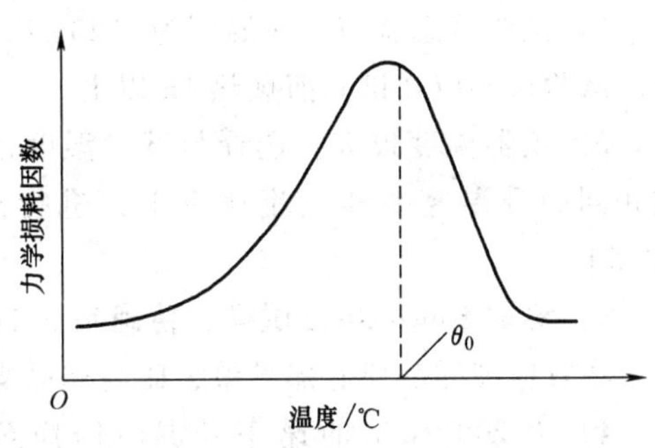

图 4-4　力学损耗因数曲线

可以利用时温等效原理预先确定频率变换因子 k，可将已测得频率下的玻璃化转变温度转换为其他频率下的玻璃化转变温度值，其计算公式为

$$T_1 = T_0 - k\lg\left(\frac{f_0}{f_1}\right) \tag{4-1}$$

式中　T_0——已测得频率下的玻璃化转变温度，单位为℃；

f_0——试验过的频率，单位为 Hz；

f_1——需要的频率，单位为 Hz；

T_1——频率 f_1 下的玻璃化转变温度，单位为℃；

k——频率变换因子。

(二) 熔融 (黏流) 和结晶温度试验

GB/T 19466.3—2004《塑料　差示扫描量热法 (DSC)　第 3 部分：熔融和结晶温度及热焓的测定》。

1. 试验设备

1) 差示扫描量热仪由炉体、样品支持器、程序温度控制系统、温度和热量测量系统、数据采集及打印等部分构成。要求满足以下性能：

① 能以 0.5℃/min~20℃/min 的速率等速升温或降温。

② 能保持试验温度恒定在±0.5℃以内至少 60min。

③ 能进行分段程序升温。

④ 气流速率可控制在（10~50）mL/min±10%的范围内。

⑤ 温度信号分辨率在0.1℃以内，噪音低于0.5℃。

2）样品皿：尺寸约为ϕ6.5mm×4mm；具有良好的导热性；在测量条件下，不与试样和环境发生物理或化学反应。

3）天平：称量精确度为±0.01mg。

4）有证标准物质用于校准或检定仪器的温度和热量。

5）氮气：纯度不低于99.9%。

2. 试样

能够装入样品皿的任何固体试样，如片、粉末、颗粒等。

3. 试验步骤

1）试验状态调节：在温度为（23±2）℃、相对湿度为（50±5）%的环境中进行状态调节。试验仪器应在试验前预热1h以上。

2）仪器温度校准：选择与试验温度范围相符的两个温度标准样品，在与标准样品测试相同的升温速率和气流速率下，进行温度校准。所测温度与标准温度之差应不大于±0.5℃。

3）称取5mg~20mg试样，精确到0.1mg，封装于样品皿中，放入DSC炉内的样品支架上。注意应使样品皿底部平整，皿与样品支架之间接触良好。

4）以20℃/min的速率升温，扫描至足以消除试样热历史的温度，并在此温度保持5min。

5）将温度骤降至试样预期的温度以下50℃，并保持5min。

6）以20℃/min的速率进行第二次升温，并超过转变温度以上约30℃，得到与图4-5（典型塑料熔融和结晶温度曲线）相似的DSC曲线。将仪器降至室温，取出试样。若发现试样有溢出等异常现象，则需调整温度范围，重新测试。

7）将温度升至试样预期的温度以上50℃，并保持5min.

8）以20℃/min的速率进行降温，并超过转变温度以下约30℃，得到与图4-5相似的DSC曲线。

4. 结果表示

（1）熔融温度　包括外推熔融起始温度T_{eim}；熔融峰温T_{pm}；外推熔融终止温度T_{efm}。

（2）结晶温度　包括外推结晶起始温度T_{eic}；结晶峰温T_{pc}；外推结晶终止温度T_{efc}。

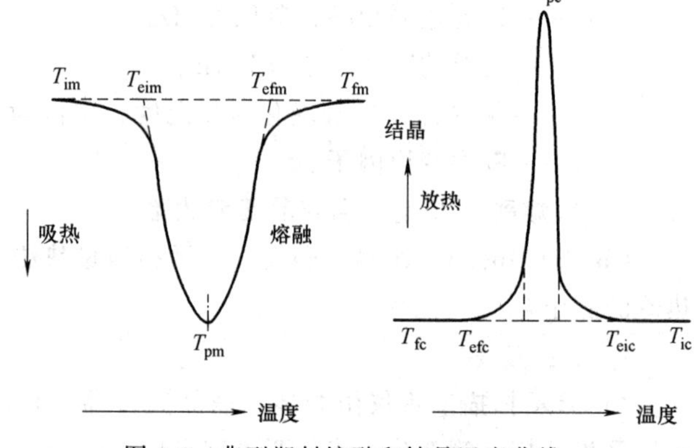

图4-5　典型塑料熔融和结晶温度曲线

（三）热分解温度试验

1. 试验原理

在程序控温下，以恒定速率加热试样，测量试样质量变化与温度的关系。通常造成试样质量变化的反应有分解反应、氧化反应或组分挥发。质量的变化记录为热重曲线。

材料质量的变化是温度的函数，变化的程度反映了材料的热稳定性。因此，在相同的试验条件下，热重数据可以用于评价同类非金属材料的相对热稳定性。

2. 仪器设备

（1）热天平　为零位式或偏转式。试样的质量小于50mg时，精度为±0.020mg。

（2）温度传感器　测量试样温度。它位于尽可能地靠近试样的位置。

（3）升温程序控制器　可在预定温度范围内进行线性速率扫描。

（4）记录设备　显示质量损失和温度或时间的关系，并记录试样质量和温度和/或时间的变化。

（5）试样皿　具有足以承载至少5mg试样的形状和尺寸，并由可承受最高使用温度的材质制成。

（6）天平　测量试样的初始质量，精度为0.01mg。

3. 试样

1）试样应制成碎末状。

2）试样的质量应大于10mg。

3）试样应在温度为（23±5）℃的环境中，放置在干燥器内24h以上。

4. 试验步骤

1）称量试样，将试样置入试样皿中。

2）热天平调零。

3）将盛有试样的试样器皿置于热天平上。选择气体流速，通入气流并记录初始质量。对于在严格惰性环境下进行的试验，则需用真空泵抽空热天平然后充入惰性气体。或在记录质量前用较高流速的惰性气体长时间注入保护气体。测定过程中可以更换气体，但应使用相同的气体流速。

4）设定温度程序，程序应包括初始温度和终止温度以及程序温度间的升温速率。

5）开始执行温度程序并记录热重曲线。

5. 结果表述

（1）单一物质分解温度确定　单一物质热失重（TG）曲线如图4-6所示。

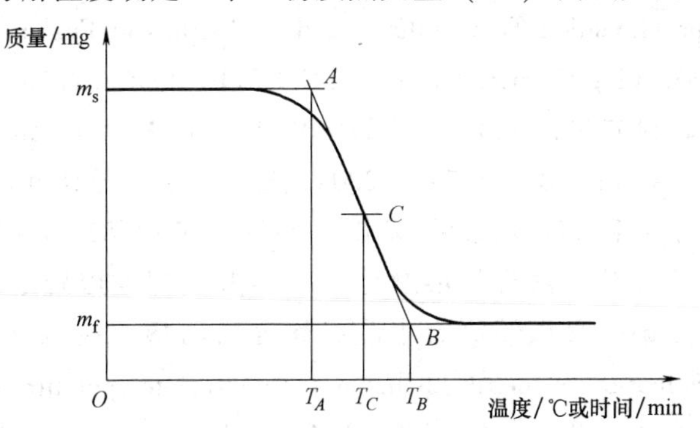

图4-6　单一物质热失重（TG）曲线

A为起始点——起始质量线与通过TG曲线上斜率最大点的切线的交点；

B为终点——最终质量线与通过TG曲线上斜率最大点的切线的交点；

C为中点——TG曲线与通过A和B间中点且与x轴平行的直线的交点。

A、B和C点对应的温度T_A、T_B和T_C为热分解温度的起始点、终止点和中点。

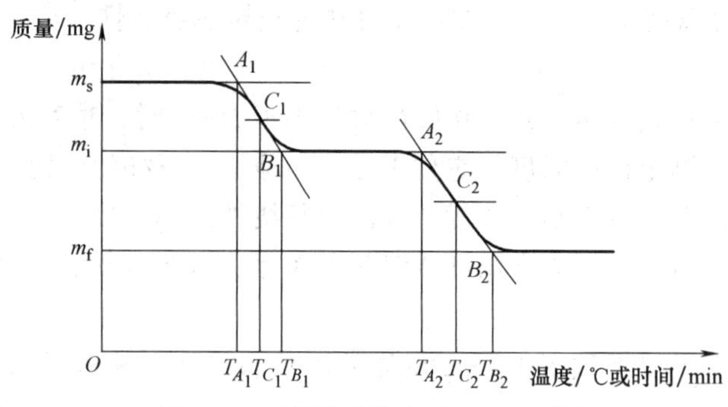

图 4-7 两种物质热失重（TG）曲线

（2）混合物分解温度确定 两种物质热失重（TG）曲线如图 4-7 所示。T_{C_1}、T_{C_2} 分别为两种物质的热分解温度中点。

三、推荐的试验标准

常用的试验方法有 GB/T 19466.1—2004《塑料 差示扫描量热仪法（DSC） 第 1 部分：通则》；GB/T 19466.2—2004《塑料 差示扫描量热仪法（DSC） 第 2 部分：玻璃化转变温度的测定》；GB/T 19466.3—2004《塑料 差示扫描量热仪法（DSC） 第 3 部分：熔融和结晶温度及热焓的测定》；ISO 11358—1：2014《塑料 聚合物的热重测定 第 1 部分：一般原理》（Plastics—Thermogravimetry（TG）of polymers Part 1：General principles）；ISO 11357—2：2013《塑料 差示扫描量热法（DSC） 第 2 部分：玻璃转变温度和台阶高度的测定》（Plastics—Differential scanning calorimetry（DSC）Part 2：Determination of glass transition temperature and glass transition step height）；ISO 11357—3：2018《塑料 差示扫描量热法（DSC） 第 3 部分：熔化和结晶焓和温度的测定》（Plastics—Differential scanning calorimetry（DSC）Part 3：Determination of temperature and enthalpy of melting and crystallization）；ASTM D3418—15《用差示扫描量热法测定聚合物熔融和结晶转变温度及热焓的试验方法》（Standard Test Method for Transition Temperatures and Enthalpies of Fusion and Crystallization of Polymers by Differential Scanning Calorimetry）；ASTM E794—2006（2018）《用热分析法测定熔化和结晶温度的标准试验方法》（Standard Test Method for Melting And Crystallization Temperatures By Thermal Analysis）；GB/T 21783—2008《塑料 毛细管法和偏光显微镜法测定部分结晶聚合物的熔融行为（熔融温度或熔融范围）》；GB/T 16582—2008《塑料 用毛细管法和偏光显微镜法测定部分结晶聚合物熔融行为（熔融温度或熔融范围）》；ISO 3146—2000《塑料 用毛细管和偏振显微镜测定半晶状聚合物的熔化性能（熔化温度或熔化区域）》（Plastics—Determination of melting behaviour（melting temperature or melting range）of semi-crystalline polymers by capillary tube and polarizing-microscope methods）；GB/T 11998—1989《塑料玻璃化温度测定方法（热机械分析法）》；ASTM E1131—08（2014）《用热解重量分析法进行成分分析的标准试验方法》（Standard Test Method for Compositional Analysis by Thermogravimetry；ASTM E2550—17《热重分析法测定热稳定性的标准试验方法》（Standard Test Method for Thermal Stability by Thermogravimetry））；GB/T 22567—2008《电气绝缘材料测定玻璃化转变温度的试验方法》等。

第三节 热膨胀性能试验

一、基础知识

当温度发生变化时，任何固体材料都有热胀冷缩的现象。但不同材料的热胀冷缩可有相当大的差异。大多数情况下，高聚物材料的热胀冷缩现象要比金属和其他无机材料明显得多。

线膨胀系数是表征材料热胀冷缩性能最常用的一个参数。塑料的线膨胀系数比金属大数倍至一个数量级，比其他无机材料大几十倍至两个数量级。增强后的塑料线膨胀系数有所减小。因线膨胀系数大，致使塑料制品尺寸随温度有明显变化，给使用带来许多不利，所以选材和设计时应充分考虑到这一点。

线膨胀系数定义为温度每升高1℃时，材料长度的变化量与其在某一参考温度或室温下的原始长度之比。

不同物质的线膨胀系数亦不相同。线膨胀系数的数值还与被测量的温度区间和测定初始长度时所选定的参考温度有关。

二、试验方法

塑料线膨胀系数试验

本节对GB/T 1036—2008《塑料 -30℃~30℃线膨胀系数的测定 石英膨胀计法》作详细介绍。

1. 试验设备

线膨胀系数测定仪由石英膨胀计、千分表、卡尺、控温系统、温度测量系统组成。

1）石英膨胀计：如图4-8所示，内管和外管之间的距离大约在1mm内。

2）测量试样长度变化的装置：由千分表和石英杆组成，测量精度不低于0.001mm。

3）卡尺：测量试样的初始长度，精度为±5%。

4）控温系统：能对试样均匀加热，加热区温度波动不大于0.2℃，能获得恒定的升温速率，升温速率为（1±0.2）℃/min。

5）温度测量装置：能对液体浴的温度进行测量，测量精度不低于0.1℃。

6）内石英管的重量加上测量仪的重量，总共在试样上施加的压力不超过70kPa。

2. 试样

1）试样的制备要求其应力及各向异性最小。

2）试样应无弯曲、裂纹等缺陷，两端平整且平行。

3）试样长度应在50mm~125mm之间。

4）试样截面应为圆形、正方形或矩形，应能够很容易地放入膨胀计内，而不应有过多的摩擦，截面积应该足够大能够保证试样不弯曲扭转。试样的截面一般为12.5mm×6.30mm，12.5mm×3mm，直径为12.5mm或6.3mm。

5）试样数量：每组试样3个。

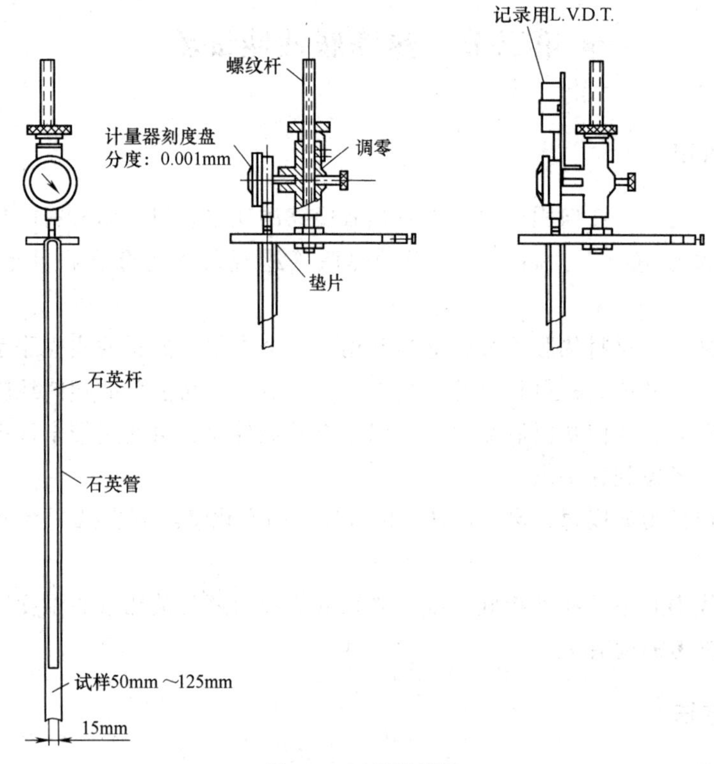

图 4-8　石英膨胀计

3. 试验步骤

1）将试样在温度为（23±2）℃、相对湿度为（50±5）%的环境条件下进行状态调节。

2）用游标卡尺测量 3 个试样在室温下的长度，精确至 0.02mm。

3）将试样与石英膨胀计小心放入-30℃的环境中。如果使用液体浴，应确保试样高度在液面以下至少 50mm。保持液体浴温度在（-32℃～-28℃）±0.2℃之间，待试样的温度与恒温浴温度达到平衡，测量仪读数稳定 5min～10min 后，记录实测温度和测量仪读数。

4）在不引起振动的情况下，小心地将石英膨胀计放入+30℃的环境中。如果使用液体浴，须确保试样高度至少在液面以下 50mm。保持液体浴温度在（28℃～32℃）±0.2℃之间，待试样的温度与恒温浴温度平衡，测量仪读数稳定 5min～10min 后，记录实测温度和测量仪读数。

5）在不引起振动的情况下，再次小心将石英膨胀计放入-30℃的环境中。重复第 3 步操作；待试样的温度与恒温浴温度达到平衡，测量仪读数稳定 5min～10min 后，再次记录实测温度和测量仪读数（此值用于计算试样的收缩量）。

6）计算试样的膨胀值与收缩值。如果试样单位摄氏度的膨胀值与收缩值的绝对值之差超过其平均值的 10%，则应查明原因，重新试验，直到符合要求为止。

4. 结果计算

试样平均线膨胀系数的计算公式为

$$\alpha=\frac{\Delta L}{L_0\Delta T} \tag{4-2}$$

式中　α——平均每摄氏度的线膨胀系数，单位为℃$^{-1}$；

ΔL——加热或冷却时试样的膨胀或收缩值，单位为 m；

L_0——试样的原始长度，单位为 m；

ΔT——试样的两个恒温浴的温度差，单位为℃。

线膨胀系数测试结果以一组试样的算术平均值表示，取 2 位有效数字。

三、推荐的试验标准

高分子材料线膨胀系数的试验方法有 GB/T 1036—2008《塑料-30℃～30℃线膨胀系数的测定 石英膨胀计法》，GB/T 2572—2005《纤维增强塑料平均线膨胀系数试验方法》，GB/T 20673—2006《硬质泡沫塑料　低于环境温度的线膨胀系数的测定》，GJB 332A—2004（K）《固体材料线膨胀系数测试方法》，ANSI/ASTM D3386—2005《电绝缘材料线性热膨胀系数的试验方法标准》（Test Method for Coefficient of Linear Thermal Expansion of Electrical Insulating Materials），ASTM D6341—16《测定-30 ℉至 140 ℉（-34.4℃至 60℃）之间塑料制材和型材线热膨胀系数的标准试验方法》（Standard Test Method for Determination of the Linear Coefficient of Thermal Expansion of Plastic Lumber and Plastic Lumber Shapes Between -30 and 140 ℉（-34.4 and 60℃）），ASTM E228—17《用推杆膨胀计对固体材料线性热膨胀性的标准试验方法》（Standard Test Method for Linear Thermal Expansion of Solid Materials With a Push-Rod Dilatometer），ISO 11359—2—1999《塑料　热力学分析（TMA）第 2 部分：线性热膨胀系数和玻璃化转变温度的测定》（Plastics—Thermomechanical analysis（TMA）- Part 2：Determination of coefficient of linear thermal expansion and glass transition temperature），ISO 4897—1985《泡沫塑料　低温下的硬质材料线性热膨胀系数的测定》（Cellular plastics；Determination of the coefficient of linear thermal expansion of rigid materials at sub-ambient temperatures）等。

第四节　热收缩性试验

一、基础知识

材料在加工成型和使用过程中受温度环境因素的影响，其形状和尺寸会发生变化，导致产品的设计尺寸与实际产品尺寸产生差异，这个过程就是热收缩。塑料的热收缩性有两个突出特点：一是收缩率的绝对量值较大，二是制品不同位置的热收缩率不同，是一个较宽的变化范围。这是由塑料本身的组成和结构特点所决定的。由于热收缩率绝对量值大，使塑料制品冷却收缩后容易产生内部缩孔或表面凹陷，特别是当制品较厚时。热收缩率的变化范围宽，使得设计模具时难以准确确定模具的成型尺寸，成型过程中制品的尺寸控制也比较困难。一个塑料制件的收缩率值及其变化范围，与其成型工艺参数的控制密切相关。为得到较小的热收缩变化范围，应严格控制成型工艺参数。注塑成型中由于塑料熔体在高剪切速率下进入模腔，引起大分子链取向，使流动方向与垂直于流动方向的收缩率有明显差别，而常常引起制品的内应力和翘曲变形。结晶塑料由于收缩时分子链的整齐排列和紧密堆砌，收缩率的绝对数值及其变化范围一般都大于无定形塑料。

塑料的热收缩分两种情况，一种是在热成型过程中发生的收缩，另一种是当塑料制品持续处于较高温度下时发生的收缩。虽然都是热收缩，但两种热收缩的机理是不同的。在注塑成型过程中，塑料熔体在高剪切速率作用下进入模腔，使大分子链沿流动方向取向，流动方向上的内应力远大于垂直方向上的内应力，引起塑料制品尺寸缩小。当塑料制品持续处于较高温度下时，塑料制品中的内应力将会释放，而使塑料制品尺寸缩小。我们将塑料在成型（注塑、压缩模塑、传递模塑）时，塑料制品从模腔中脱出后尺寸缩小的现象称为前收缩；而塑料制品在较高温度条件下，由于内应力释放而引起的在某一方向上的尺寸缩小称为后收缩。

（1）前收缩率　试验室温度下测量的干燥的试样和模塑它的模具型腔之间的尺寸差异。

（2）后收缩率　试验室温度下测量的经过一定温度和时间处理后的试样或制品的尺寸差异。

二、试验方法

（一）前收缩率试验（模塑收缩率）

1. 试验设备

（1）标准模具　有足够的硬度，保证长度和宽度方向不变形。

（2）尺寸测量设备　测量范围满足试样长度、宽度、厚度要求，分度值为 0.02mm。

2. 试样

（1）试样制备　选择合适的型腔压力和保压时间。

（2）试样处理　为减小试样的变形，脱模后立即将试样与型腔分离开。在温度为（23±2）℃的环境下放置 16h～24h，

3. 试验步骤

1）将试样放在一个平面上或靠在一条直边上，检查试样是否有变形，变形超过 2mm 试样作废。

2）在温度为（23±2）℃的环境下，测量试样和相对应的型腔的尺寸，精确到 0.02mm。

3）前收缩率的计算公式为

$$S=\frac{L_M-L}{L_M}\times 100\% \tag{4-3}$$

式中　S——收缩率，数值以%表示；

L_M——模具成型尺寸，单位为 mm；

L——试样尺寸，单位为 mm。

（二）后收缩率试验（塑料管材纵向回缩率试验）

1. 试验设备

（1）烘箱　温度范围为 100℃～200℃，控温精度为±2℃；应保证当试样置入后，烘箱内温度应在 15min 内重新回到设定的试验温度范围。

（2）划线器　保证两标线间的距离为 100mm。

（3）温度计　温度范围为 100℃～200℃，精度为 0.5℃。

2. 试样

从一根管子上截取 3 个试样，每个试样长度取（200±20）mm。使用划线器，在试样上

划两道相距100mm的圆周标线。试样需在温度为（23±2.0）℃的环境条件下放置至少2h再开始试验。

3. 试验步骤

1）在温度为（23±2.0）℃的环境下，测量标线间的距离 L_0，精确到0.25mm。

2）选择试验温度和试验时间，烘箱法塑料管材纵向回缩率试验的温度与时间见表4-1。

表4-1　烘箱法塑料管材纵向回缩率试验的温度与时间

材料名称	烘箱温度/℃	材料厚度 d/mm	烘箱中放置时间/min	试样长度/mm
硬质聚氯乙烯（PVC-U）	150±2	$d\leq 8$	60	
		$8<d\leq 16$	120	
		$d>16$	240	
氯化聚氯乙烯（PVC-C）	150±2	$d\leq 8$	60	
		$8<d\leq 16$	60	
		$d>16$	120	
聚乙烯（PE32/40）	100±2	$d\leq 8$	60	
		$8<d\leq 16$	120	
聚乙烯（PE50/63）	110±2	$d\leq 8$	60	
		$8<d\leq 16$	120	
聚乙烯（PE80/100）	110±2	$d\leq 8$	60	200±20
		$8<d\leq 16$	120	
交联聚乙烯（PE-X）	120±2	$d\leq 8$	60	
		$8<d\leq 16$	120	
		$d>16$	240	
聚丁烯（PB）	110±2	$d\leq 8$	60	
		$8<d\leq 16$	120	
		$d>16$	240	
ABS	150±2	$d\leq 8$	60	
		$8<d\leq 16$	120	
		$d>16$	240	

3）将烘箱温度调节到按表选定的温度。

4）把试样放入烘箱内，使试样不接触箱底和壁。关闭烘箱门，使烘箱温度回升到规定的温度，保持表中规定的时间。

5）从烘箱中取出试样，平放于光滑的平面上，待完全冷却至（23±2）℃时，在试样表面沿母线测量标线间最大或最小距离 L_1，精确到0.25mm。

4. 结果计算

管材纵向回缩率的计算公式为

$$R=\frac{L_0-L_1}{L_0}\times 100\% \tag{4-4}$$

式中　R——纵向回缩率，数值以%表示；

L_0——放入烘箱前试样两标线间的距离，单位为 mm；

L_1——试验后沿母线测量的两标线间的距离，单位为 mm。

L_1 可能有多个值，应取 $|L_0-L_1|$ 最大的值。

每组试样至少进行 3 次测定，取算术平均值作为试验结果，结果保留 2 位有效数字。

三、推荐的试验标准

收缩率试验常用的试验标准有 GB/T 6671—2001《热塑性塑料管材　纵向回缩率的测定》，HG/T 2625—1994《环氧浇铸树脂线性收缩率的测定》，GB/T 6505—2017《化学纤维　长丝热收缩率试验方法（处理后）》，GB/T 34848—2017《热收缩薄膜收缩性能试验方法》，GB/T 24148.9—2014《塑料　不饱和聚酯树脂（UP-R）第 9 部分：总体积收缩率测定》等。

第五节　耐高温性能试验

一、基础知识

高聚物材料因自身化学结构的原因，当环境温度升高时，会产生变形、软化和尺寸改变，同时导致材料强度下降，功能降低或工作寿命减少，直至无法使用。因此聚合物材料在热环境中抵抗尺寸热变形的能力对其应用至关重要。热变形温度即是表征塑料等聚合物材料在高温下抵抗热变形能力的重要指标。

目前最常用的热变形温度测试方法有三种，即“马丁耐热试验方法温度”、“弯曲负载热变形温度试验方法”和“维卡软化点试验方法”。三种测试方法的基本原理相同，都是将规定尺寸的试样在一定应力的作用下，置于某一温度环境中，以固定速率加热升温，然后测量试样到达规定变形量时所对应的温度。尽管原理一样，但三种方法所采用的试样尺寸、预置应力、升温速率、温度环境与介质及终点变形量的规定均不相同，不同试验方法的试验结果不能互相比较。表 4-2 列出了三种热变形温度的定义及主要试验条件和适用范围。

表 4-2　三种热变形温度测试方法的定义及主要试验条件和适用范围

方法名称	马丁耐热温度试验	弯曲负载热变形温度试验	维卡软化点试验
方法定义	在马丁耐热箱中对垂直夹持的规定尺寸试样施以 4.0MPa 应力，以(50±3)℃/h 的速率均匀加热升温，当距试样轴线水平距离 240mm 处的试验仪横杆上的标度下移(6±0.01)mm 时，对应的温度定为材料的马丁耐热温度，以℃表示	于试验仪上将规定尺寸试样以平放或侧立方式承受三点弯曲恒定载荷，并置于液体加热浴中；以(120±10)℃/h 的速率均匀升温。在 1.82MPa 或 0.45MPa 或 8MPa 的垂直弯曲应力作用下，当试样挠度达到与规定弯曲应变增量相对应的标准挠度值时，所对应的温度定义为材料的热变形温度，以℃表示	将规定形状与尺寸的试样水平支承，并置于液体加热浴中以(5±0.5)℃/6min 或(12±1)℃/6min 的速率均匀升温，用横截面积 1mm^2 的圆形平头压针垂直施加 10N 或 50N 的压力，当针头压入试样深度达 1mm 时对应的温度，定义为材料的维卡软化温度，也称维卡软化点，单位为℃

（续）

方法名称	马丁耐热温度试验	弯曲负载热变形温度试验	维卡软化点试验
试样尺寸要求	长条形试样 120mm×15mm×10mm	优选试样 80mm×10mm×4mm	厚度大于3mm，边长大于10mm的方块试样
预置应力施加方式及大小	施加悬臂梁弯曲载荷，试样的弯曲应力为4.0MPa	施加简支梁弯曲载荷(三点弯曲)，试样的弯曲正应力为1.82MPa或0.45MPa	用横截面积1mm^{2}的圆形平头压针垂直施加10N或50N的压力
加热介质	空气	油浴	油浴
升温速率	(50±3)℃/h	(120±10)℃/h	(5±0.5)℃/6min 或 (12±1)℃/6min
适用范围	该试验不适用于耐热性低于60℃的塑料	耐热性低的塑料用0.45MPa的载荷，耐热性高的塑料用1.82MPa的载荷，8MPa的加载应力应用较少	适用于软化温度低于300℃的热塑性塑料

二、试验方法

（一）马丁耐热温度试验

国内现行有效的马丁耐热温度试验方法只有HG/T 3847—2008《硬质橡胶　马丁耐热温度的测定》。本节将对该方法作介绍。

1. 试验设备

（1）加热烘箱　具有鼓风装置，能保证箱内温度分布均匀，各点温度差不大于1℃；具有均速升温装置，能以(50±5)℃/h的速率均速升温。

（2）加载装置　马丁耐热加载装置如图4-9所示，能给试样提供（4.0±0.5）MPa的弯曲应力。

（3）温度测量装置　测量精确度为1℃。

2. 试样

试样尺寸：(120±1)mm×(15.0±0.2)mm×(10.0±0.2)mm，厚度大于10mm的试样双面加工至10mm。试样应无弯曲、膨胀突起、裂纹等缺陷。

试样数量：每组试样3个。

3. 试验步骤

1）状态调节：将试样置于温度为(23±2)℃、相对湿度为(50±5)%的环境中进行状态调节。

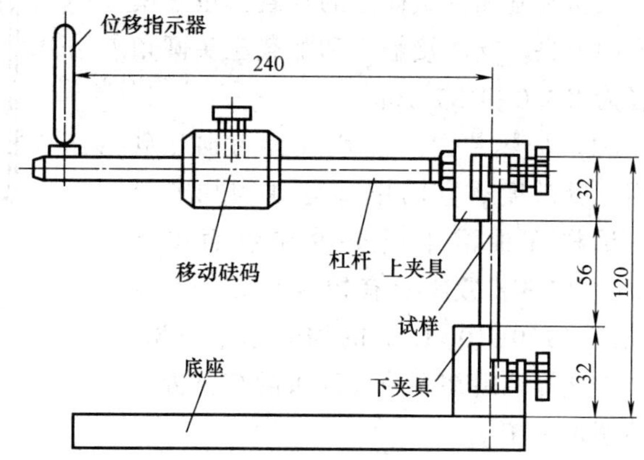

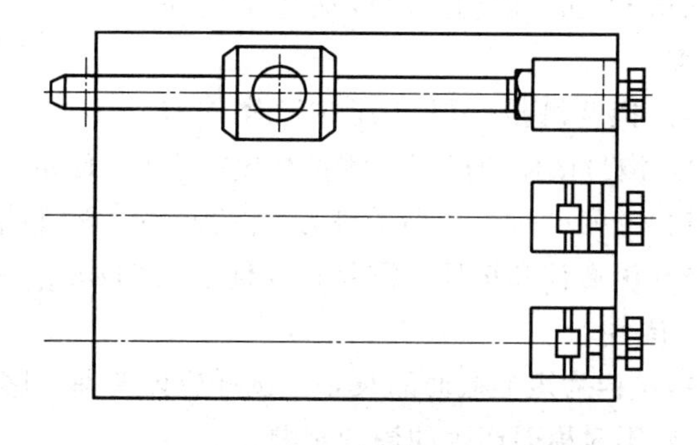

图4-9　马丁耐热加载装置

2）测量试样的宽度和厚度至少 3 点，精度至 0.02mm，取中位数。

3）于试验箱中以垂直方向安装试样，使加载杆处于水平位置，并使试样在垂直方向上的弯曲有效长度为（56±1）mm。

4）试样安装好后，以（50±5）℃/h 的速率均速升温。当试样的变形达到规定的值，即下降 6 mm 时，记录此时测温装置的温度读数。

5）平行测试 3 个试样。试验结果以 3 个平行试样测试结果的算术平均值表示，精确至 1℃。允许偏差为±2℃。

（二）弯曲载荷热变形温度试验

本节仅对 GB/T 1634.2—2019《塑料　载荷变形温度的测定　第 2 部分：塑料和硬橡胶》进行介绍。

1. 试验设备

弯曲载荷热变形温度测定仪由弯曲应力产生部分、加热升温部分、温度测量部分和挠度测量等部分构成，弯曲载荷热变形温度测定仪结构如图 4-10 所示。

（1）产生弯曲应力装置　结构同三点弯曲试验装置，试样支座与试样的接触面为圆柱面，与试样的两条接触线位于同一水平面上。支座安装在框架底板上时，使加载压头施加到试样上的垂直力位于两支座的中央。支座接触头和加载压头圆角半径为（3.0±0.2）mm。

（2）加热装置　加热装置为加热硅油浴，以黏度适宜的甲基硅油为加热介质。试样在油浴中应至少在液面以下 50mm。加热装置应装有控温单元，使温度能以（120±10）℃/h 的均匀速率升温。油浴中试样两端部和中心区域的液体温度差不超过±1℃。

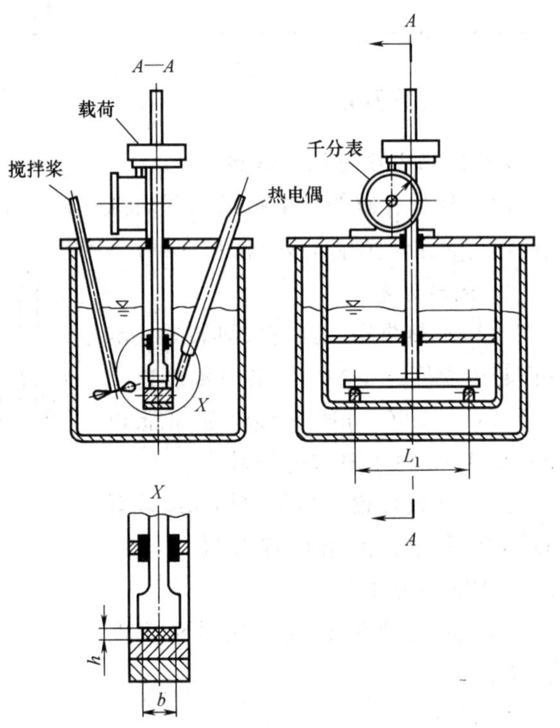

图 4-10　弯曲载荷热变形温度测定仪结构

（3）温度测量装置　置于离试样中心（2±0.5）mm 以内，温度测量精度高于 0.5℃。

（4）挠度测量装置　能在试样支座跨度中点测量试样的挠度，测量精度高于 0.01mm。

（5）砝码　一组最小增量为 1g 的砝码，能对试样施加指定弯曲应力所需要的载荷。

（6）测微计和量规　测量精度优于 0.01mm，用于测量试样的宽度和厚度。

2. 试样

1）试样为矩形截面的长条；试样应无弯曲、膨胀突起、裂纹等缺陷；所有试样都不能有因厚度不对称而产生的翘曲现象。

2）每个试样中间部分（占长度的 1/3）的宽度和厚度都不能偏离平均值的 2%。

试样数量：每组试样至少2个。

3）试样尺寸要求

优选平放时，长度 L 为（80±2.0）mm、宽度 b 为（10±0.2）mm、厚度 d 为（4±0.2）mm。

侧立放置时，长度 L 为（120±10）mm、宽度 b 为9.8mm～15mm、厚度 d 为3.8mm～4.2mm。

3. 试验步骤

（1）测量试样尺寸　测量试样的宽度 b 和厚度 d，分别精确至0.1mm和0.5mm。

（2）确定试样的放置方式　平放或侧放。

（3）选择施加的弯曲应力　弯曲在0.45 MPa、1.80 MPa和8.00 MPa三种弯曲应力中，选择欲施加的弯曲应力 σ_f。

（4）计算达到指定弯曲应力所需要的载荷

若采取平放方式，所需载荷的计算公式为

$$F=\frac{2\sigma_f bd^2}{3L_1} \tag{4-5}$$

式中　F——需要加载的载荷，单位为N；

σ_f——试样表面承受的弯曲应力，单位为MPa；

b——试样宽度，单位为mm；

d——试样厚度，单位为mm；

L_1——试样与支座接触线的距离（跨度），单位为mm。

若采取侧放方式，所需载荷的计算公式为

$$F=\frac{2\sigma_f db^2}{3L_1} \tag{4-6}$$

注意：加载砝码载荷时应除去加载杆等已有的载荷质量。

（5）计算标准挠度

1）试样平放时，标准挠度的计算公式为

$$\Delta s=\frac{L_1^2\Delta\varepsilon_f}{600d} \tag{4-7}$$

式中　Δs——标准挠度，单位为mm；

L_1——试样与支座接触线的距离（跨度），单位为mm；

$\Delta\varepsilon_f$——弯曲应力增量，数值以%表示；

d——试样厚度，单位为mm。

2）试样侧放时，标准挠度的计算公式为

$$\Delta s=\frac{L_1^2\Delta\varepsilon_f}{600b} \tag{4-8}$$

式中　Δs——标准挠度，单位为mm；

L_1——试样与支座接触线的距离（跨度），单位为mm；

$\Delta\varepsilon_f$——弯曲应力增量，数值以%表示；

b——试样宽度，单位为mm。

在实际试验操作时，为避免计算的烦琐，可根据试样宽度或厚度，从表 4-3、表 4-4 中直接查出对应的标准挠度值。

表 4-3　试样平放时不同试样高度（厚度）所对应的标准挠度值

试样高度(试样厚度 *d*)/mm	标准挠度/mm	试样高度(试样厚度 *d*)/mm	标准挠度/mm
3.8	0.36	4.1	0.33
3.9	0.35	4.2	0.32
4.0	0.34	—	—

表 4-4　试样侧放时不同试样高度（宽度）所对应的标准挠度值

试样高度(试样宽度 *b*)/mm	标准挠度/mm	试样高度(试样宽度 *b*)/mm	标准挠度/mm
9.8~9.9	0.33	12.4~12.7	0.26
10.0~10.3	0.32	12.8~13.2	0.25
10.4~10.6	0.31	13.3~13.7	0.24
10.7~10.9	0.30	13.8~14.1	0.23
11.0~11.4	0.29	14.2~14.6	0.22
11.5~11.9	0.28	14.7~14.0	0.21
12.0~12.3	0.27	—	—

（6）测量

1）对试样支座间的跨度进行检查并调整到适当位置，测量并记录改值，精确至 0.5mm。

2）将试样放在支座上，使试样长轴垂直于支座，将加载装置放入油浴中，按计算好的载荷加放砝码，使试样表面产生预定的弯曲应力。让力作用 5min 后，记录挠曲测量装置的读数，或将读数调整为零。

3）以（120±10）℃/h 的速率均匀升温，当挠度增量达到表 4-3 或表 4-4 的标准挠度时，记录此时的温度。

4）至少应进行 2 次平行试验，每个试样应只试验 1 次。

4. 结果表示

试验结果取各平行测试结果的算术平均值，保留至整数。

（三）维卡软化温度试验

本节将对方法 GB/T 1633—2000《热塑性塑料维卡软化温度（VST）的测定》作介绍。

1. 试验设备

维卡软化温度试验仪由负载杆、压针头、压入深度测量装置、载荷板、加热装置、温度测量装置等部分构成，如图 4-11 所示。

（1）负载杆组件　装有负荷板，固定在刚性金属架上，能在垂直方向上自由移动。金属架底座用于支撑负载杆末端压针头下的试样，

（2）压针头　为长 3mm，横截面积 1mm^2 的硬质钢圆柱体，固定于负载杆底部。

（3）千分表　经检定合格。

（4）载荷板　装在载荷杆上，可加砝码，对试样施以（10±0.2）N 或（50±1）N

的力。

（5）加热设备　由温度控制器件、加热油浴、高效搅拌器、自动报警切断装置等组成。能以（50±5）℃/h 或（120±10）℃/h 的速率均匀升温。

（6）测温仪器　浸入型玻璃水银温度计，测量精度优于 0.5℃。

2. 试样

试样为片状或块状，尺寸：厚度为 3mm～6.5mm，正方形截面或圆形截面，边长为 10mm 或直径为 10mm。当材料原始厚度超过 6.5mm 时，可直接加工至 3mm～6.5mm 的厚度；当材料原始厚度不足 3mm 时，可将至多 3 块叠加在一起。

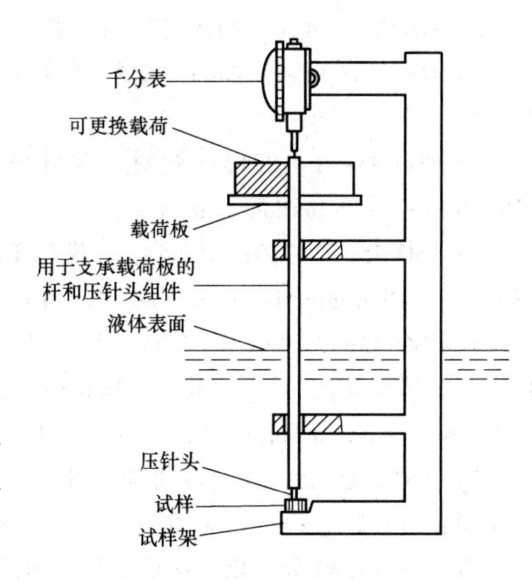

图 4-11　维卡软化温度试验仪

试样表面应平整、平行、无飞边。

试样数量：每组试样不少于 2 个，一般为 3 个。

3. 试验步骤

1）将试样水平放在未加载荷的压针头下，压针头离试样边缘不得少于 3mm，与仪器底座接触的试样表面应平整。

2）根据被测材料的特点，在以下 4 种实验条件中选择合适的加载力和升温速率条件。

条件 1：使用 10N 的力，升温速率为 50℃/h（A_{50} 法）；

条件 2：使用 50N 的力，升温速率为 50℃/h（B_{50} 法）；

条件 3：使用 10N 的力，升温速率为 120℃/h（A_{120} 法）；

条件 4：使用 50N 的力，升温速率为 120℃/h（B_{120} 法）。

3）将组合件放入加热装置中，启动搅拌器。加热装置的初始温度应为 20℃～23℃。油浴中温度计的水银球与试样应在同一水平面，并尽可能靠近试样。

4）5min 后，压针头处于静止位置，将足量砝码加到载荷板上，使加在试样上的总推力能满足所选定的加载力要求：对 A_{50} 法和 A_{120} 法，加载力为（10±0.2）N；对于 B_{50} 和 B_{120} 法，加载力为（50±1）N。记录此时千分表的读数，或将其读数调整为零。

5）以（50±5）℃/h 或（120±10）℃/h 的速率均匀升温。试验过程中应充分搅拌加热油浴。对于仲裁试验应使用（50±5）℃/h 的升温速率。

6）当压针头压入试样的深度达到规定的起始位置（1±0.01）mm 时，记录此时油浴的温度，即为试样的维卡软化温度。

4. 结果表示

测量结果以 3 个或 2 个试样平行测试结果的算术平均值表示，单位为℃，保留至整数。

三、推荐的试验标准

目前有效的热变形温度试验方法有：

1）GB/T 1634.1—2019《塑料　载荷变形温度的测定　第 1 部分：通用试验方法》。

2）GB/T 1634.2—2019《塑料　载荷变形温度的测定　第2部分：塑料和硬橡胶》。

3）GB/T 1634.3—2004《塑料　载荷变形温度的测定　第3部分：高强度热固性层压材料》。

4）ISO 75—1：2013《塑料　欠载条件下挠曲温度测定　第1部分：通用试验方法》（Plastics—Determination of temperature of deflection under load—Part 1：General test method）。

5）ISO 75—2：2013《塑料　载荷下挠曲温度的测定　第2部分：塑料和硬橡胶》（Plastics—Determination of temperature of deflection under load—Part 2：Plastics and ebonite）。

6）ISO 75—3：2004《塑料　载荷下挠曲温度的测定　第3部分：高强度热固性叠层板和长纤维增强塑料》（Plastics—Determination of temperature of deflection under load—Part 3：High-strength thermosetting laminates and long-fibre-reinforced plastics）。

7）ASTM D648—18《在挠曲载荷下塑料的挠曲温度的试验方法》（Standard Test Method for Deflection Temperature of Plastics Under Flexural Load in the Edgewise Position）。

国内外现行维卡软化温度的试验标准方法有：

1）GB/T 1633—2000（等同采用ISO 306：1994）《热塑性塑料维卡软化温度（VST）的测定》。

2）ISO 306：2013《塑料　热塑性材料　维卡软化温度（VST）的测定》（Plastics—Thermoplastic materials—Determination of Vicat softening temperature（VST））。

3）GB/T 8802—2001（等同采用ISO 2507—1995）《热塑性塑料管材、管件　维卡软化温度的测定》。

4）ISO 2507—1：1995《热塑性塑料管材和管件　维卡软化温度　第1部分：一般试验方法》（Thermoplastics pipes and fittings—Vicat softening temperature—Part 1：General test method）。

5）ISO 2507—2：1995《热塑性塑料管材和管件　维卡软化温度　第2部分：硬聚氯乙烯（PVC-V）或氯化聚氯乙烯（PVC-C）管材及管件和高抗冲聚氯乙烯（PVC-HI）管材的试验条件》（Thermoplastics pipes and fittings—Vicat softening temperature—Part 2：Test conditions for unplasticized poly（vinyl chloride）（PVC-U）or chlorinated poly（vinyl chloride）（PVC-C）pipes and fittings and for high impact resistance poly（vinyl chloride）（PVC-HI）pipes）。

6）ISO 2507—3：1995《热塑性塑料管材和管件　维卡软化温度　第3部分：丙烯腈-丁二烯-苯乙烯共聚物和丙烯腈-丁二烯-丙烯酸酯共聚物管材和管件的试验条件》（Thermoplastics pipes and fittings—Vicat softening temperature—Part 3：Test conditions for acrylonitrile/butadiene/styrene（ABS）and acrylonitrile/styrene/acrylic ester（ASA）pipes and fittings）。

第六节　耐低温性能试验

一、基础知识

当周围环境从高温向低温变化时，所有高聚物材料的力学性能都会随之变化，如柔性减小，刚性增加，变形能力逐渐减小，会变得越来越硬，并且越来越脆。这是由于分子链段的活动性变得越来越小，直至冻结的缘故。当温度降到足够低时，聚合物材料变形能力将消失，此时若对材料施加应力时，很小的变形就会使其破裂，材料表现为脆性。表征高聚物材料耐低温性能的参数是脆化温度。

聚合物材料在规定条件下的试样受冲击出现破坏时的最高温度定义为脆化温度或脆性温度。通过该参数可以对非硬质塑料及其他弹性材料在低温条件下的使用性能进行鉴定；还可对不同配方聚合物材料的耐低温性能的优劣进行比较和筛选。因此，聚合物材料脆化温度的测试在科学研究及其制品的质量检验和生产过程的控制等方面均是不可缺少的。

脆化温度试验用于测量聚合物失去韧性而呈“玻璃状”的温度，试验通过统计方法得出材料的脆化温度。一般是把在规定冲击条件下有50%试样产生脆性破坏的温度定为脆化温度，用符号 T_b 表示。脆化温度是塑料材料能够正常使用的温度下限。低于脆化温度，塑料失去了柔韧性，变脆易折，无法正常使用。

当应用的变形条件与试验方法中规定的条件相似时，脆化温度可用于预测塑料的低温行为。

二、试验方法

（一）塑料脆化温度试验

参照GB/T 5470—2008《塑料　冲击法脆化温度的测定》方法，本标准规定了标准环境温度下，测定非硬质塑料在特定冲击条件下出现脆化破损时温度的方法。按照试验机和试验类型的不同分为两种方法，即

1）使用A型试验机和A型试样的A法。

2）使用B型试验机和B型试样的B法。

1. 试验设备

塑料脆化温度测定仪由试样夹持装置、冲锤、液体或气体导热介质、搅拌器、温度测量装置等组成。

1）试验机：有A、B两种型号，均由试样夹具和冲头以及机械连接部件组成，只是尺寸上有所差别。

A型试验机冲头和夹具组件的尺寸关系如图4-12所示。

B型试验机冲头和夹具组件的尺寸关系如图4-13所示。

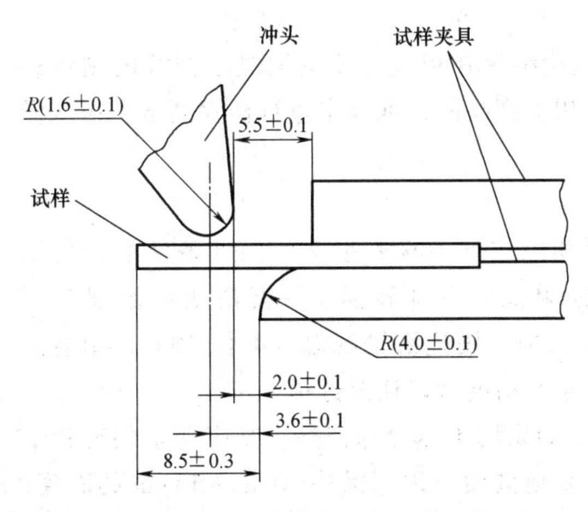

图4-12　A型试验机冲头和夹具组件的尺寸关系

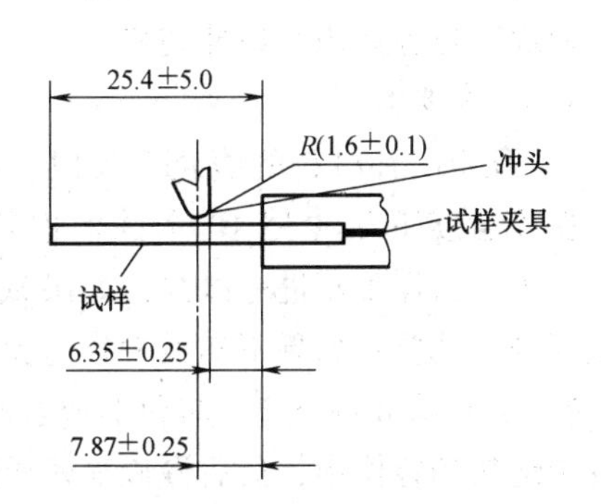

图4-13　B型试验机冲头和夹具组件的尺寸关系

试验机由试样夹具和冲头以及机械连接部件组成，正确地安装这些部件以确保冲头能在相对恒定的速度下冲击试样。

2）温度测试系统：测量精度不低于±0.5℃，并且应尽可能地靠近试样。

3）液体或气体导热介质：能够保证流动性，且对试样无任何影响，温度可控制在试验温度的±0.5℃以内。

4）具有绝热性能的箱体。

5）量具：测量精度为0.1mm，用于测量试样的宽度和厚度。

2. 试样

（1）试样的形状与尺寸　试样分A、B两种，A型、B型试样的形状与尺寸如图4-14所示。

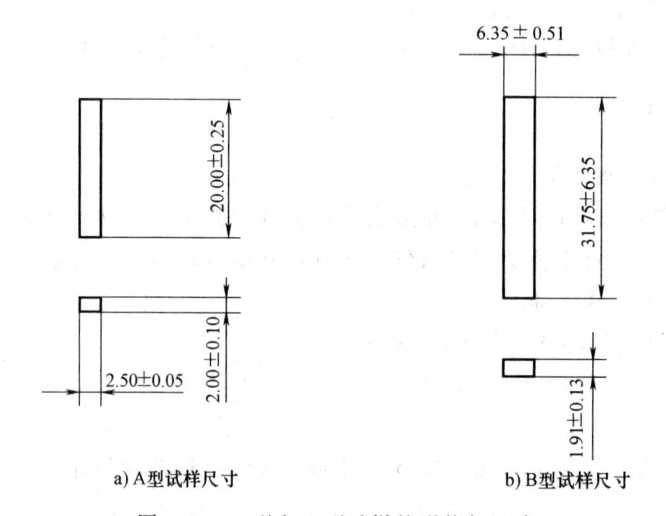

a) A型试样尺寸　　b) B型试样尺寸

图4-14　A型和B型试样的形状与尺寸

A型试样：试样长度L为（20.00±0.25）mm、宽度b为（2.5±0.05）mm、厚度d为（2.0±0.10）mm。试样可从宽20mm和要求厚度的长条上切取规定的尺寸。

B型试样：试样长度L为（31.75±6.35）mm、宽度b为（6.35±0.51）mm、厚度d为（1.91±0.13）mm。

（2）试样制备　对许多高聚物，脆化温度试验结果在很大程度上取决于样片的制备和试样的制备条件和方法。除另有规定外，应按照相关产品的标准规定进行样片制备，再从样片上裁取，推荐使用自动冲切机。

3. 试验步骤

1）预定一种材料的脆化温度时，推荐在预期能达到50%破损率的温度条件下进行试验。在该温度下至少用10个试样进行试验。如果试样全部破损，则把浴槽的温度升高10℃，用新试样重新进行试验；如果试样全部不破损，则把浴槽的温度降低10℃，用新试样重新进行试验；如果不知道大致的脆化温度，起始温度可以任意选择。

2）试验前准备浴槽，将仪器调至起始温度。如果用干冰冷却浴槽，则把适量的粉状干冰置于绝热的箱体中，然后慢慢加入导热介质，直至液面与顶部保持30mm~50mm的高度。如果仪器配备了液氮或干冰冷却系统和自动控温装置，应遵循仪器制造商提供的说明书操作。

3）将试样紧固在夹具内，并将夹具固定在试验机上。用扭矩扳手可控制试样的夹持力，并且应对每一试样施加相同的最小夹持力。

4）将夹具降至传热介质中。如果使用干冰做冷却剂，则可以通过适时添加少量干冰来保持恒温。如果仪器配备的是液氮或干冰冷却系统和自动控温装置，应遵循仪器制造商提供的设置和控温方法操作。

5）使用液体介质时，每（3±0.5）min 记录温度并对试样做一次冲击；用气体介质时，每（20±0.5）min 记录温度并对试样做一次冲击。

6）将夹具从试验仪器中移开，并把每个试样都从夹具中取出，逐个检查试样，确定是否已破损。所谓破损即试样彻底被分成两段或更多部分，或者目测可见试样上带有裂痕。如果试样没有完全分离，可以沿着冲击所造成的弯曲方向把试样弯至 90℃，然后检查弯曲部分的裂缝。记录试样破损数目和试验温度。

7）在 10%～90%破损范围内进行 4 个或更多个温度点的试验

4. 结果表示

脆化温度试验结果表示为一个最靠近的摄氏温度整数值。脆化温度 T_{50} 可用下列两种方法任一方法来表示。

（1）图解法　在概率图纸上标出任一温度下试验温度与对应破损百分数的点，并通过这些点画出一条最理想的直线。线上与 50%概率相交的点所指示的温度即为脆化温度。图解法测定脆化温度 T_{50} 示例如图 4-15 所示。

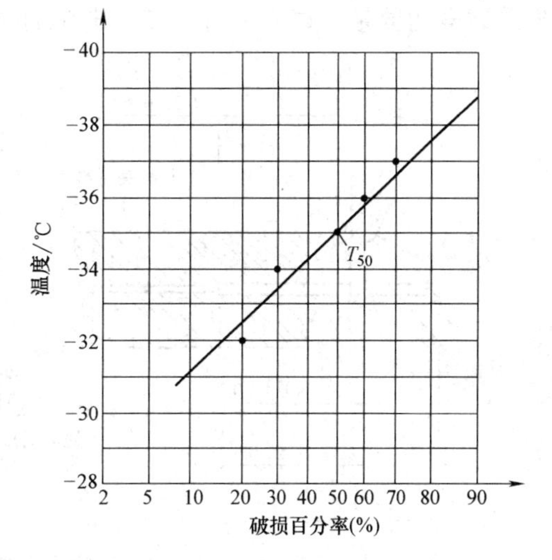

图 4-15　图解法测定脆化温度 T_{50} 示例

（2）计算法　用每个试验温度下的试样破坏数目计算试样破坏百分率，求取脆化温度，其计算公式为

$$T_{b}=T_{h}+\Delta T\left(\frac{S}{100}-\frac{1}{2}\right) \tag{4-9}$$

式中　T_b——脆化温度，单位为℃；

T_h——全部试样破坏的最高温度，单位为℃；

ΔT——温度增量，单位为℃；

S——每个试验温度点试样破坏百分数的总和（包括从没有试样断裂现象的温度开始下降直到包括 T_h）。

（二）硫化橡胶脆性温度试验

参照 GB/T 15256—2014《硫化橡胶和热塑性橡胶　低温脆性的测定（多试样法）》。

1. 装置和材料

（1）试样的夹持器和冲击头　试样夹持器应是坚固的，并且应设计成悬臂梁。每个试样应被牢固和稳定地夹持，且不产生变形。试样的夹持器如图 4-16 所示。

冲击头沿着垂直于试样上表面的轨道运动，以（2.0±0.2）m/s 的速度冲击试样。冲击

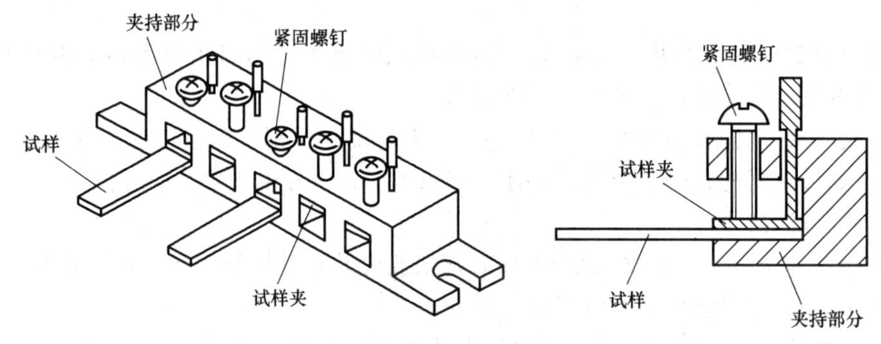

图 4-16 试样的夹持器

后冲击头速度应至少维持在 6mm 的行程范围内。为了获得在冲击期间和冲击后达到规定的速度范围，应确保有足够的冲击能。每个试样应至少需要 3.0J 的冲击能。因此需要限定每次冲击试样的数量。试样夹持器和冲击头的主要尺寸如图 4-17 所示。

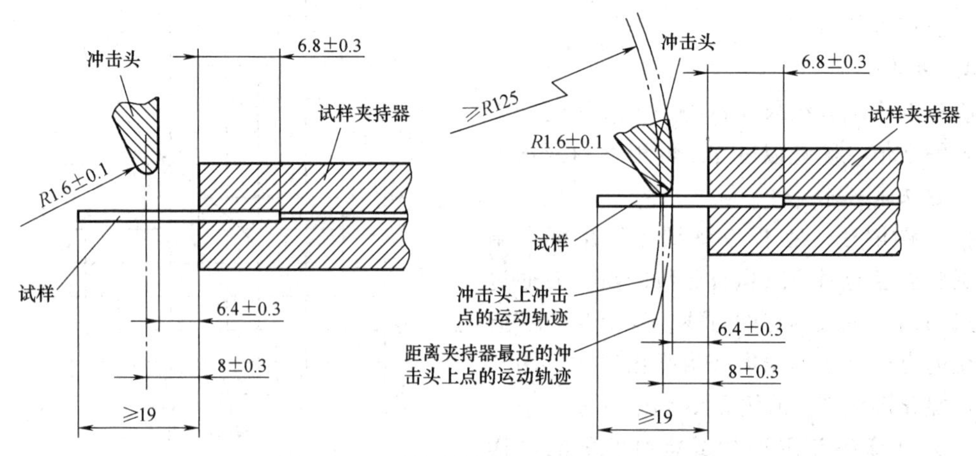

图 4-17 试样夹持器和冲击头的主要尺寸

(2) 传热介质　传热介质可采用在试验温度下对试验材料无影响并能保持为流动的液体或气体。

1) 温度下降到-60℃，可用在室温下具有 $5m^2/s$ 运动黏度的硅油，其化学性质接近橡胶，不易燃并且无毒。

2) 温度下降到-70℃，用乙醇。

3) 温度下降到-120℃，用液氮制冷的甲基环己烷（使用合适的装置是可以满足要求的)。

(3) 温度测量装置　应在整个使用范围内精度控制在 0.5℃之内的温度测量装置。温度传感器应放置在试样附近。

(4) 温度控制　能够使传热介质的温度维持在±1℃范围内。

(5) 传热介质容器　无论液体介质或气体介质测试室，都是通过传热介质加热。

(6) 传热介质的搅拌　液体的搅拌或气体的风扇、风机都能够确保传热介质的彻底循环。重要的是搅拌器应使液体垂直运动以确保液体具有均匀的温度。

(7) 计时装置　秒表或其他计时装置，精确到秒。

2. 试样

试样有下列两种类型。

A 型：条状试样，长度为 26mm~40mm，宽度为（6±1）mm，厚度为（2.0±0.2）mm；

B 型：试样厚度为（2.0±0.2）mm，B 类型试样形状尺寸如图 4-18 所示。

试样通常使用锋利的裁刀从薄片上裁切而成。此外，A 型试样也可以使用刃口平行的双层刀片通过一次冲切成为条状，然后将条状试样切到适当的长度。

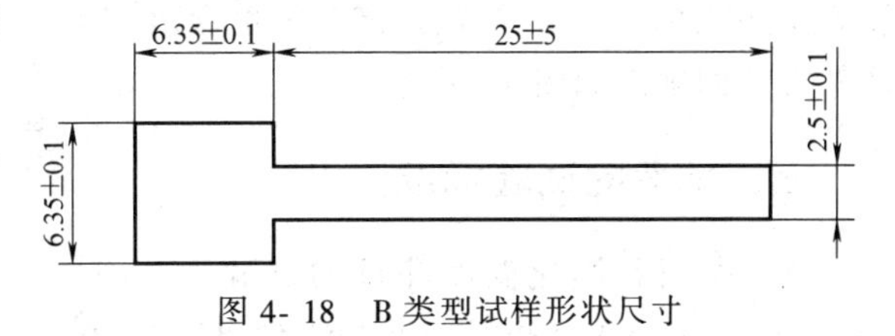

图 4-18　B 类型试样形状尺寸

3. 程序

（1）程序 A（脆性温度的测定）

1）将浴槽或测试室的温度降至预期试样不破坏的最低温度之下。试样夹持器应浸没在冷浴槽或测试室中。在液体为热传递介质的情况下，浴槽应确保有足够的液体，以确保试样至少浸没到液面 25mm 以下。

2）快速将试样固定在试样夹持器上，当使用液体介质时，在测试温度下将试样夹持器浸入液体中 5min，当使用气体介质时则浸入气体中 10min。

3）在试验温度下，经规定的时间浸泡后，记录温度并对试样进行一次冲击。

4）从试验夹持器上移走试样到标准试验室温度下，检查每个试样确定是否破坏。将试验时出现的任何一个肉眼可见的裂缝或小孔，或完全断成两片以至更多碎片定义为破坏。当试样没有完全断裂时，将试样沿着冲击时所形成的弯曲方向弯曲成 90°。然后在弯曲处检查试样的破坏情况。

5）若试样破坏，温度升高 10℃重新做一组试验，每个温度下使用新的试样直至试样无破坏为止。若试样无破坏，然后将温度降低到已观察到的破坏最高温度。再以 2℃的温度间隔控制升温或降温，直至测出一组试样无破坏的最低温度。记录此温度为脆性温度。

（2）程序 B（50%脆性温度的测定）

1）除了初始温度是期望 50%破坏的温度，其余执行过程 A 的描述。

2）如果在初始温度下所有的试样破坏，升高温度 10℃并重新试验。如果在初始温度下所有的试样无破坏，降低温度 10℃并重复试验。温度以 2℃的量增加或减少并重新试验，直到确定没有一个试样破坏的最低温度和所有试样破坏的最高温度。记录在每个温度下破坏的试样数量。每个温度下使用一组新的试样。然后通过计算法或图解法来确定 50%脆性温度。

3）计算　从每个温度下试样的破坏数量计算破坏的百分比来确定 50%的脆性温度，其计算公式为

$$T_b = T_h + \Delta T\left(\frac{S}{100} - \frac{1}{2}\right) \tag{4-10}$$

式中　T_b——50%脆性温度，单位为℃；

T_h——所有试样都破坏的最高温度，单位为℃；

ΔT——测试温度之间的间隔温度，单位为℃；

S——从没有试样破坏到试样全部破坏的温度范围内，每个温度下试样破坏的百分比之和，数值以%表示。

4）图解方法：从各自的温度下破坏的试样数量，计算出在每个温度下破坏的百分比。

接下来使用正态概率纸，将每一百分比对温度作图，温度以线性模式和破坏百分比以概率模式获得，并且通过这些点绘制最佳合适的直线。这个直线与50%概率线交叉点的温度就是50%的脆性温度 T_b。50%脆性温度 T_b 图解方法的确定如图4-19所示。

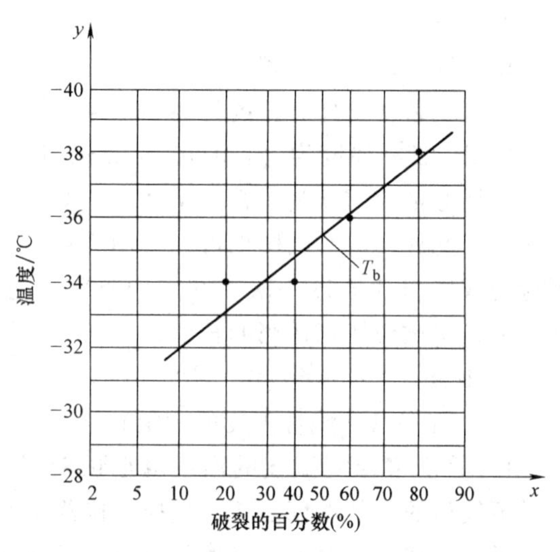

图4-19 50%脆性温度 T_b 图解方法的确定

三、推荐的试验标准

高聚物材料脆化温度测试的试验方法有GB/T 5470—2008《塑料　冲击法脆化温度的测定》，GB/T 15256—2014《硫化橡胶或热塑性橡胶　低温脆性的测定（多试样法）》，ASTM D746—14《采用冲击法的塑料及弹性体的脆化温度的标准试验方法》（Standard Test Method for Brittleness Temperature of Plastics and Elastomers by Impact），ASTM D1790—14《用冲击法测定塑料薄板的脆化温度的标准试验方法》（Standard Test Method for Brittleness Temperature of Plastic Sheeting by Impact），GB/T 1682—2014《硫化橡胶　低温脆性的测定　单试样法》，ISO 974：2000《塑料　冲击脆化温度的测定》（Plastics—Determination of the brittleness temperature by impact）等。

第七节　导热性能试验

一、基础知识

当材料在某方向存在温度差或温度梯度时，热量就会从材料的高温部分流向（传导）低温部分，产生热的流动，这一现象称为热传导。导热系数测试原理如图4-20所示，T_1 温度高于 T_2，热量就会从材料的 A 面流向 F 面，热量为 Q。不同材料的导热性能不同，表征材料热传导性质的物理量是热导率，也称导热系数，常用 λ 表示。λ 越大，表明该材料导热越快。

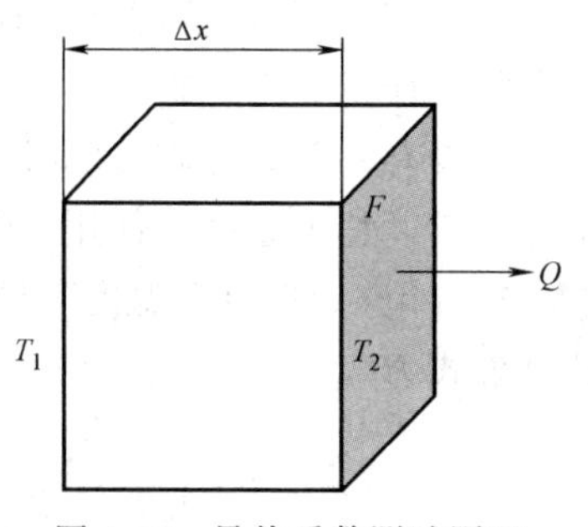

图4-20　导热系数测试原理

非金属材料常用导热系数表征材料导热能力的大小，它定义为在稳定传热条件下，单位厚度的材料，单位时间内，在垂直于温度梯度方向上，单位面积上所传递的热量，单位为W/(m·K)，用符号 λ 表示。其计算公式（即傅立叶定律）为

$$\lambda = -Q\bigg/\left(A\frac{\mathrm{d}T}{\mathrm{d}x}\right) \tag{4-11}$$

式中　λ——材料的导热系数，单位为W/(m·K)；

Q——单位时间内传递通过的热量，即热流量，单位为J/s；

A——试样在垂直于热流方向上的面积，单位为 m^2；

$\frac{dT}{dx}$——温度梯度，单位为 K/m。

材料的导热系数是反映材料导热性能的物理量，导热机理在很大程度上取决于它的微观结构，热量的传递依靠原子、分子围绕平衡位置的振动以及自由电子的迁移。导热系数不仅与构成材料的物质种类密切相关，而且与它的微观结构、温度、压力及杂质含量相联系。测量导热系数的方法比较多，但可以归并为两类基本方法：一类是稳态法，另一类是动态法。用稳态法时，先用热源对试样进行加热，并在试样内部形成稳定的温度分布，然后进行测量。而在动态法中，待测试样中的温度分布是随时间变化的，如按周期性变化等。常用的导热系数测试方法有热流计法、防护热板法、圆管法、热线法、闪光法等。

（一）热流计法

热流计法是一种间接或相对的方法。它是测试试样的热阻与标准试样热阻的比值。当热板和冷板在恒定温度和温差的稳定状态下，热流计装置在热流计中心区域和试样中心区域建立起一个单向稳定的热流密度，该热流穿过一个（或两个）热流计的测量区域及一个（或两个接近相同）试样的中间区域。

（二）防护热板法

防护热板法的工作原理和热流法相似，其测试方法是公认的准确度最高的，可用于标准试样的标定和其他仪器的校准，其实验装置多采用双试样结构。其原理是在稳态条件下，在具有平行表面的均匀板状试样内，建立类似于两个平行的温度均匀的平面为界的无限大平板中存在的一维的均匀热流密度。双试样装置中，由两个几乎相同的试样组成，然后其中夹一个加热单元，加热单元由一个圆或方形的中间加热器和两块金属板组成。热流量由加热单元分别经两侧试样传给两侧冷却单元。

（三）圆管法

圆管法是根据圆筒壁一维稳态导热原理，测定单层或多层圆管绝热结构导热系数的一种方法。如果绝热材料在管道上使用，则必须根据使用状况用圆管法进行测定。因为圆管法能将绝热材料在管道上的实际使用状况，如绝热材料间的缝隙及材料的弯曲等因素都反映在测试结果中。

（四）热线法

热线法是应用比较多的方法，是在试样（通常为较大的块状试样）中插入一根热线。测试时，在热线上施加一个恒定的加热功率，使其温度上升。这种方法的优点是产品价格便宜、测量速度快，对试样尺寸要求不太严格。缺点是分析误差比较大，一般为 5%～10%。这种方法不仅适用于干燥材料，而且还适用于含湿材料。该方法适用于导热系数小于 2W/(m·K) 的各向同性均质材料导热系数的测定。

（五）闪光法

闪光法可看作一种绝对的试验方法，适用测量温度为 75K～2800K，热扩散系数在 $10^{-7}m^2/s \sim 10^{-3}m^2/s$ 时的均匀各向同性固体材料。

测试原理：小的圆薄片试样受高强度短时能量脉冲辐射，试样正面吸收脉冲能量使背面温度升高，记录试样背面温度的变化。

在现有各类材料中，高聚物材料具有较低的导热系数，广泛用作绝热材料，特别是泡沫塑料，是现有各类材料中导热系数最小的，是最优异的绝热保温材料。

二、试验方法

纤维增强塑料导热系数试验

参照 GB/T 3139—2005《纤维增强塑料导热系数试验方法》。该法采用防护热板法测试材料的导热系数，即在稳定状态下，使单向热流垂直流过试样，通过测量在规定传热面积的一维恒定热流量，及试样冷热两表面的温度差，计算出试样的导热系数。

1. 试验设备

试验设备主要由加热板、冷却板、温度和功率测量装置构成，导热系数测量装置的结构如图 4-21 所示。

(1) 加热板　由主加热板和包围主加热板并有一定间隙的护加热板以及底加热板组成，各加热板有独立的加热器和表面板。主加热板的边长或直径一般为 100mm，护加热板的宽度是主加热板边长或直径的 1/4，并有适当的保温措施。主加热板表面各点的温度差不大于稳定状态下试样两面温差的 2%，且最大不得超过 0.5℃，护加热板表面各点的温度差不大于稳定状态下试样两面温差的 5%，且最大不得超过 1℃。加热板表面不平整度应不大于 0.25mm/m。

(2) 冷却板　应具有螺纹式双向液体回路；冷却板的尺寸及接触试样的表面状态同加热板。

(3) 温度和功率测量装置　温度测量应精度到稳定状态下试样两面温度差的 1%，但最大不大于 0.5℃。主加热板功率的测量精度应优于 1%。

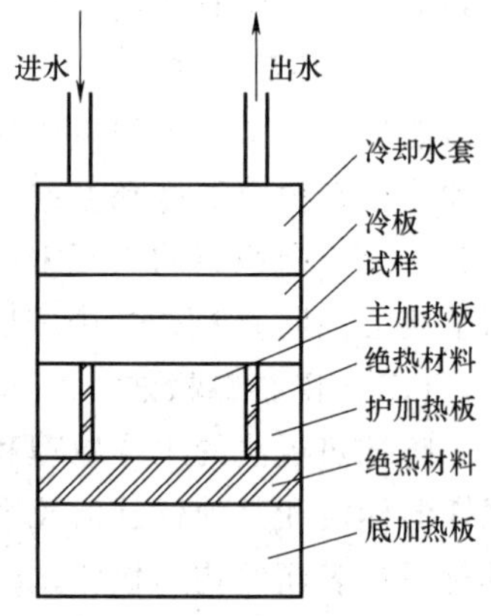

图 4-21　导热系数测量装置的结构

2. 试样

1) 试样边长或直径应加热板相等，为 100mm；试样厚度不小于 5mm，不大于 10mm。

2) 试样表面应平整，表面不平整度不大于 0.50mm/m；试样两面应平行。

3) 每组试样不少于 3 块。

3. 试验条件

1) 试验应在温度为 (23±2)℃和相对湿度为 (50±10)%的标准环境下进行。

2) 热板温度一般不超过 260℃，冷板温度从室温升至所需温度；试样两面温度差不小于 10℃。

4. 试验步骤

1) 试样厚度测量，测量试样厚度至少选 4 点，精确至 0.01mm，取算术平均值。

2) 试样安装，安装试样时注意消除空气夹层，并对试样施加一定的压力。

3) 调节平衡，使各加热板间的温差达到平衡状态。

4) 达到平衡状态后，测量主加热板功率和试样两面的温差。

5) 试验结果计算和表示

每个试样的导热系数的计算公式为

$$\lambda = \frac{\Phi d}{A(t_1 - t_2)} \tag{4-12}$$

式中 λ——被测是试样的导热系数，单位为 W/(m·K)；

Φ——主加热板稳定时的功率，单位为 W；

A——主加热板的计算面积，单位为 m^2；

d——试样厚度，单位为 m；

t_1——试样高温面温度，单位为℃；

t_2——试样低温面温度，单位为℃。

试验结果取各平行试验的算术平均值，保留 2 位有效数字。

三、推荐的试验标准

与高聚物材料有关的导热系数现行试验方法有 GB/T 10294—2008《绝热材料稳态热阻及有关特性的测定 防护热板法》，GB/T 3399—1982《塑料导热系数试验方法 护热平板法》，GB/T 3139—2005《纤维增强塑料导热系数试验方法》，GB/T 10801. 1—2002《绝热用模塑聚苯乙烯泡沫塑料》中规定的对聚氨酯硬泡材料导热系数的测量，GB/T 10801. 2—2018《绝热用挤塑聚苯乙烯泡沫塑料（XPS）》中规定的对挤塑聚苯乙烯泡沫塑料导热系数的测量，GB/T 17794—2008《柔性泡沫橡塑绝热制品》，GB/T 10297—2015《非金属固体材料导热系数的测定 热线法》，GB/T 20671. 10—2006《非金属垫片材料分类体系及试验方法 第 10 部分：垫片材料导热系数测定方法》，ASTM F433—2002（2014）《衬垫材料的导热性评定的标准实施规程》（Standard Practice for Evaluating Thermal Conductivity of Gasket Materials），GB/T 22588—2008《闪光法测量热扩散系数或导热系数》；ASTM E1461—13《用闪光法测定热扩散率的标准试验方法》（Standard Test Method for Thermal Diffusivity by the Flash Method），GB/T 36133—2018《耐火材料 导热系数试验方法（铂电阻温度计法）》，GB/T 32064—2015《建筑用材料导热系数和热扩散系数瞬态平面热源测试法》等。

思 考 题

1. 简述高分子材料随温度变化所表现出的不同力学状态。
2. 简述线膨胀系数的定义。
3. 常用的热变形温度试验有几种方法？
4. 简述聚合物材料脆化温度的定义。
5. 简述热导率的定义。
6. 简述高分子材料的分子运动与特征转变温度关系。

第五章

光学性能检测

第一节 基本概念

光是一种电磁波，具有波动和微粒的双重性。与其他所有的波一样，光波也具有波长，波长用 λ 表示。光波波长最常用的单位是纳米（nm）。把光波波长按照从短到长的顺序进行排列就得到了光谱。光谱中随着波长由短到长依次出现紫外线、可见光、红外线等。可见光就是不需借助任何仪器设备，用肉眼就可以观察到的光，波长范围在 380nm～760nm 之间，我们现在所说的透光率也是针对可见光而言，透光率就是可见光的通过率。当所有可见光一起入射到眼睛时，我们就感知为白色，可见光中波长较长的光进入眼睛就会被感知为红色，波长较短的光进入眼睛就会被感知为紫色，当光波长从 760nm 到 380nm 逐步减短时，依次就是红橙黄绿青蓝紫 7 种颜色，我们就能看到五颜六色的世界。紫外线的波长范围在 1nm～380nm 之间，红外线的波长范围在 780nm～1mm 之间，紫外线和红外线又分别称为紫外辐射和红外辐射，它们都不能被人眼感觉到。波长小于 320nm 的紫外辐射对生物组织有害。光在同一媒介中沿直线传播，在不同媒介中，光的传播速度是不同的，在真空中的传播速度为 30 万千米每秒。光在真空中的传播速度与光在媒介中的传播速度的比值称为该媒介的折射率。光的传播速度等于光的波长乘以频率，光的频率是光每秒钟波动的次数。不同波长的光，其频率是不同的，而同一波长的光在不同的媒介中其频率是固定的。但同一种光在不同的媒介中其波长是不同的。

光在绝对真空中，能量不会被吸收，但在其他媒介中，光有可能转化为热能，也有可能转化为化学能或其他能量形式，这种现象称为媒介对光的吸收。光的色散，媒介的折射率同光波的频率有关，其效应称为色散。光的色散在光学仪器上得到应用，如光谱仪等。光的漫反射与漫透射，当光线遇到某一媒介表面，该媒介表面的粗糙度与光的波长接近或略大于光的波长时，光线便会向四面八方散开，散开的光线有的回到原媒介，称为漫反射，有的进入该媒介，称为漫透射。材料对可见光的不同吸收和反射性能使我们周围的世界呈现五光十色，玻璃、石英、金刚石是我们熟识的可见光透明材料，陶瓷、橡胶和塑料在一般情况下对可见光是不透明的，但也可以通过内部分子结构设计使其对可见光透明的。且大多数无机非金属材料和有机高分子材料对红外线是透明的。当光通过材料时，会发生透射、折射、反射、吸收、散射等现象。这些现象可以用透光率、折射率、反射率、颜色等表征。

第二节　透光率试验

一、基础知识

塑料在某些应用场合，也会有一定的透光性要求。工程塑料品种繁多，既有透明、半透明塑料，也有不透明塑料。常用透光率和雾度两个参数表征塑料透光性能。高度透明的塑料，在置于试样一侧的被观察物体与另一侧的观察者的眼睛之间的连线上，光线的折射率是恒定的。当塑料内部含有细小的填料颗粒，或存在细小的气泡，或试样各处密度不均等，就会出现不同折射率的界面，此时光就会散射，宏观上表现出雾状模糊现象。因此，透明性良好的塑料应兼备透光率高和雾度小的特点。

塑料的透光率和雾度受其分子结构、结晶度大小、添加剂及填料、密度等多种因素的影响。一般无定形塑料的透光性要好于结晶塑料；不含任何助剂的无定形塑料大都是无色透明的。这是由于无定形塑料一般都不含吸光基团，材料内部仅有无定形相、密度均匀，各处折射率相同，因此透光率高，雾度也小。而结晶塑料，材料内部既含有无定形区域，也含有结晶区域；两相的密度显然不同，折射率不同，在两相界面光的方向改变，从而使材料的透明性变差。结晶塑料结晶度越高，晶粒尺寸越大，其透明性就越差。不同品种的结晶塑料，晶相和无定形相的密度差别不同，折射率差别也不同，因此表现出不同的透明性。

二、术语和定义

材料的透光率定义为透过试样的光通量与入射光的光通量之比，用百分数表示，计算公式为

$$T_t = \frac{T_2}{T_1} \times 100\% \tag{5-1}$$

式中　T_t——透光率，数值以%表示；

T_2——通过试样的总透射光通量；

T_1——入射光通量。

材料的雾度定义为透过试样而偏离入射光方向的散射光通量与透射光通量之比，用百分数表示，计算公式为（一般是把偏离角大于2.5°的散射光作为计算雾度的散射光。）

$$H = \left(\frac{T_4}{T_2} - \frac{T_3}{T_1}\right) \times 100\% \tag{5-2}$$

式中　H——雾度，数值以%表示；

T_4——仪器和试样的散射光通量；

T_2——通过试样的总透射光通量；

T_3——仪器的散射光通量；

T_1——入射光通量。

三、试验方法

测定透光率和雾度的试验方法有雾度计法和分光光度计法两种。

（一）雾度计法

1. 试验设备

雾度计试验原理如图 5-1 所示。

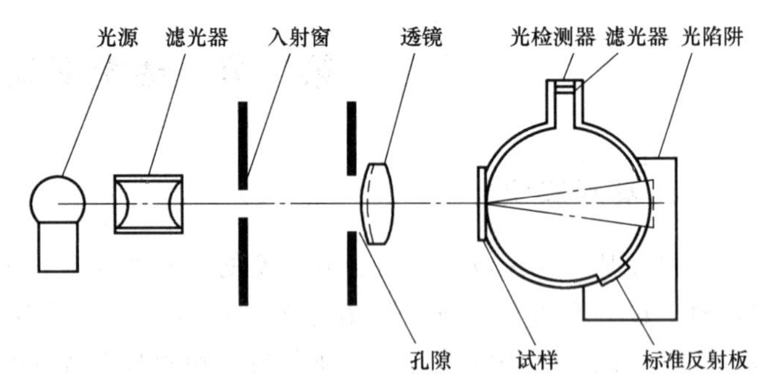

图 5-1　雾度计试验原理

（1）光源　其输出信号在所用光通量范围内与入射光通量成比例，并具有 1%以内的精度。在每个试样的测试过程中，光源和检流计的光学性能应保持恒定。

（2）聚光透镜　照射在试样上的光束应基本为单向平行光，任何光线不能偏离光轴 3°以上。光束在球的任意窗口处不能产生光晕。当试样放置在积分球的入口窗内，试样的垂直线与入口窗和出口窗的中心连线之间的角度不应大于 8°。当光束不受试样阻挡时，光束在出口窗的截面近似圆形，边界分明，光束的中心与出口窗的中心一致。对应入口窗中心构成的角度与出口窗对入口窗中心构成（1.3±0.1)°的环带。检查未受阻挡的光束的直径以及出口窗中心位置是否保持恒定，尤其是在光源的孔径和焦距发生变化以后。

（3）积分球　用积分球收集透过的光通量，只要窗口的总面积不超过积分球内反射表面积的 4%，任何直径的球均适用。出口窗和入口窗的中心在球的同一最大圆周上，两者的中心与球的中心构成的角度应不小于 170°。出口窗的直径与入口窗的中心构成角度在 8°以内。当光陷阱在工作位置上，而没有试样时，入射光柱的轴线应通过入口窗和出口窗的中心。光检测器应置于与入口窗呈 90°的球面上，以使光不直接投入到入口窗。在靠近出口窗的内壁的关键性调整是用于反射意义的。球体旋转角为（8.0±0.5)°。

（4）反射面　积分球的内表面、挡板和标准反射板应具有基本相同的反射率并且表面不光滑。在整个可见光波长区具有高反射率。

（5）光陷阱　当试样不在时应可以全部吸收光，否则仪器无须设计光陷阱。

一束平行光束入射试样时，由于物质光学性质的不均匀性、表面缺陷、内部组织的不均匀、气泡和杂质存在等，光束就会改变方向（扩散和偏折），产生的部分杂乱无章光线。透过试样而偏离入射光方向的散射光通量与透射光通量之比是雾度，用百分数表示。通常仅将偏离入射光方向 2.5 度以上的散射光通量用于计算雾度。

通过检测器检测入射光通量（T_1），透射光通量（T_2）、设备的散射光通量（T_3），设备和试样的散射光通量（T_4）。计算试样的雾度和透光率。

2. 试样

试样尺寸应大到可以遮盖住积分球的入口窗，建议试样为直径 50mm 的圆片，或 50mm×50mm 的方片，厚度为制品的原厚。试样两侧表面应平整光滑且平行，无灰尘、无油污、无异物、无气泡、划痕等，无可见的内部缺陷和颗粒。

试样数量：每组至少 3 个试样。

3. 试验步骤

1）将试样在温度为（23±2)℃、相对湿度为（50±10)%的环境中预处理 4h 以上。

2）测量试样的厚度。当试样厚度小于 0.1mm 时，精确至 0.001mm；当试样厚度大于

0.1mm 时，精确至 0.01mm。

3）接通电源后，稳定 10min 以上。调节雾度计零点旋钮，使积分球在暗色时检流计的指示为零。

4）放入标准白板，当光线无阻挡时，调节仪器检流计的指示为 100。然后按照表 5-1 透光率测试的读数步骤的操作，读取 T_1、T_2、T_3、T_4。

表 5-1　透光率测试的读数步骤

序号	试样是否在位置上	光陷阱是否在位置上	标准反射板是否在位置上	得到的参数量
1	不在	不在	在	入射光通量 T_1
2	在	不在	在	通过试样的总透射光通量 T_2
3	不在	在	不在	仪器的散射光通量 T_3
4	在	在	不在	仪器和试样的散射光通量 T_4

注：反复读取 T_1、T_2、T_3、T_4 的值，直至数据均匀。

4. 结果计算与表示

分别按式（5-1）、式（5-2）计算被测试样的透光率和雾度。

以每组试样（3 个）的平均值表示结果，精确至 0.1%。

（二）分光光度计法

1. 试验设备

非垂直照明漫射接收的仪器原理如图 5-2 所示。

（1）聚光透镜　沿着单向光束的轴线观察试样，任何光线不能偏离光轴 3°以上。光束在球的任意窗口处不能产生光晕。当试样在位置上时，试样法线与试样、光陷阱窗中心连线的角度不超过 8°。当试样不在位置上时，在出口窗处，光束区域应为近似圆形且边界分明，光束的中心与光陷阱窗的中心一致。对应样品窗中心构成的角度与光陷阱窗对样品窗中心构成（1.3±0.1）°的环带。

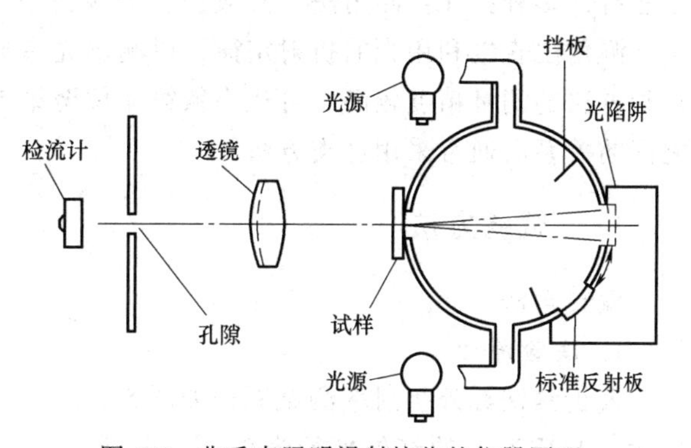

图 5-2　非垂直照明漫射接收的仪器原理

（2）积分球　用积分球去照射散射试样。只要窗口的总面积不超过积分球内反射表面积的 4%，任何直径的球均适用。试样和球体的光陷阱窗中心应在球的同一最大圆周上，两者的中心与球的中心构成的角度应不小于 170°。光陷阱窗与沿着光束方向试样窗口的中心构成的角度在 8°以内。当光陷阱在工作位置上，而没有试样时，入射光柱的轴线应通过试样和光陷阱窗的中心。

（3）光陷阱　当试样不在时应可以全部吸收光，否则仪器无须设计光陷阱。

2. 试样

1）试样尺寸应大于积分球入光口直径 10mm，一般可取 40mm×40mm 或 ϕ40mm。

2）试样数量每组不少于 3 个。

3. 试验步骤

1）将试样固定在试样架上，放入光路并使试样紧贴积分球的入光孔壁，读取仪表的指示值，即为试样的透光率。

2）每个试样测试不少于 3 次。

4. 试验结果

计算 3 次结果的平均值。

四、推荐的试验标准

测量高分子材料透光性能的试验方法除 GB/T 2410—2008《透明塑料透光率和雾度的测定》，还有 JC/T 782—2010《玻璃纤维增强塑料透光率试验方法》，ASTM D1003—13《透明塑料透光率和雾度试验方法》等。

第三节　折射率试验

一、基础知识

在无机非金属材料和有机高分子材料中，有许多材料是透明或半透明的，折射率是这些物质光学性质中最基本的性质。当把这些固体材料作为光学材料使用时，固体的折射率是进行光学系统计算时的基本量，因此固体物质的折射率是使用上最重要的性质。折射率的测试方法有许多种，如：测角法、浸液法、干涉法等。

测角法直接利用光的折射定律，以测出光束通过待测试样后的偏转角度来确定折射率。这种方法的测量精度较高，可达小数第 4 位至第 5 位，在研究玻璃的光学常数与其化学成分之间的关系时通常采用这类方法。

二、试验方法

偏转角法

1. 试验原理

偏折角法红外折射率测试原理如图 5-3 所示，波长为 λ 的红外平行光束，入射到顶角为 α 的被测试样 AB 面，光线将发生偏折，从 AC 面射出，通过测出入射角 i、折射角 ϕ，计算出材料在该波长 λ 的折射率 $n_{入}$。

其中，α 为试样的顶角，i 为光线的入射角，ϕ 为折射角，O、D 为零位，N_1 为入射面法线，N_2 为折射面法线，S_{q1} 为反射方向与零位之间的夹角，S_{q2} 为折射方向与零位之间的夹角，S_{q3} 为入射方向与零位之间的夹角。

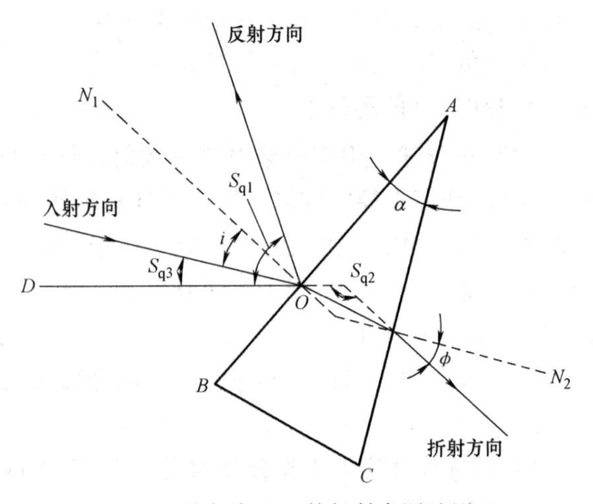

图 5-3　偏折角法红外折射率测试原理

2. 试验仪器

红外折射率测试仪主要由光源、单色仪、红外准直光学系统、红外瞄准接收系统、精密测角系统、计算机处理系统等组成。红外折射率测试仪结构如图5-4所示。

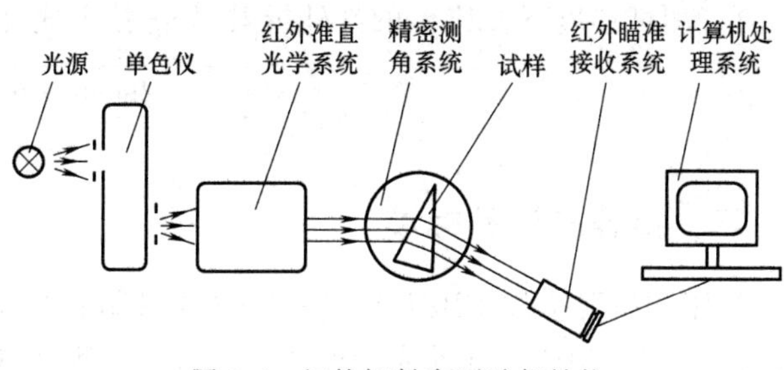

图5-4　红外折射率测试仪结构

（1）光源　采用光谱范围满足测试波段、辐射强度稳定的非相干红外光源。

（2）单色仪　能分辨出从可见光到红外光波段的连续单色光，其分辨力不应大于1nm。

（3）红外准直光学系统　由平面镜和离轴抛物镜组成。平面镜和离轴抛物镜的面形精度应达到$\lambda/10$（$\lambda=632.8$nm）。离轴抛物镜的通光口径不小于50mm。

（4）精密测角系统　由360°旋转工作台和旋转测角仪组成。测角仪的测角范围应为0°~360°，最小读数值应不低于0.1″，仪器的最大测角误差为±0.3″。

（5）红外瞄准接收系统　由反射镜、离轴抛物镜、振动狭缝、红外探测器及控制系统组成，用于测量入射、折射和反射光束与零位之间的角度。

（6）计算机处理系统　具有对试样顶角、折射角、入射角及反射角的数据进行采集与处理的功能。

3. 试样

（1）试样外观　红外折射率测试试样外观要求如图5-5所示。

（2）试样尺寸　试样高度$h=30$mm；试样宽度$b=40$mm；试样顶角α的计算公式为

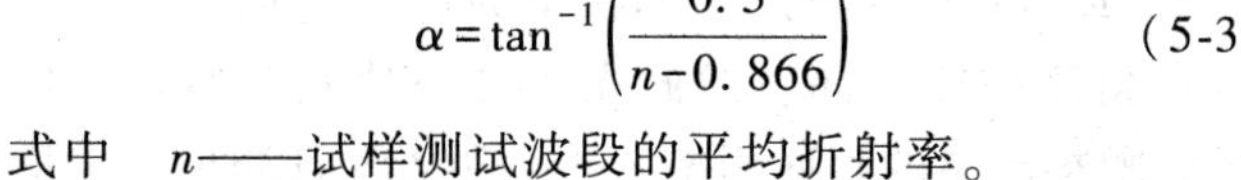

$$\alpha=\tan^{-1}\left(\frac{0.5}{n-0.866}\right) \tag{5-3}$$

式中　n——试样测试波段的平均折射率。

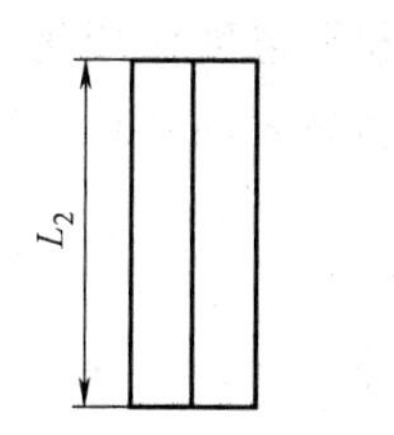

图5-5　红外折射率测试试样外观要求

4. 试验步骤

1）试样应在标准环境下放置24h以上。

2）将单色仪波长设置为550nm，测定零位。

3）不放置试样，测入射方向与零位之间的夹角S_{q3}。

4）将被测试样放置于试样工作台上，测量试样顶角的角度值α。

5）将单色仪波长设置到所需测量的波长。

6）转动工作台，测试S_{q1}和S_{q2}。

5. 试验结果

1）入射角i的计算公式为

$$i=0.5\left|S_{q1}-S_{q3}\right| \tag{5-4}$$

2）折射角ϕ的计算公式为

$$\phi = 180+\alpha-\left(S_{q2}+\frac{S_{q1}+S_{q3}}{2}\right) \tag{5-5}$$

3）测试环境下波长 λ 的红外折射率 n_0 按下式计算。

$$n_0=\frac{\sqrt{\sin^2\phi+2\sin\phi\cos\alpha\sin i+\sin^2 i}}{\sin\alpha} \tag{5-6}$$

三、推荐的试验标准

树脂的折射率按 GB/T 6691—2007《树脂整理剂　折射率的测定》，玻璃的折射率按 GB/T 34184—2017《红外光学玻璃红外折射率测试方法　偏折角法》等进行测定。

第四节　反射率试验

一、基础知识

对于某些无机非金属材料和有机高分子材料的表面，如薄膜、涂料、涂层等，经常有光亮度的要求。镜面光泽是镜面方向上试样的相对反射率，用来衡量塑料薄膜和固体塑料的光泽外观。光泽值则是用数字来表征材料或物质表面接近镜面程度的参数。材料表面光泽度的常用测试仪器或工具有光泽计、镜向光泽度仪、光泽度仪等。其测试原理是将一定亮度的光源在一定的入射角度下照射到材料表面上，再由检测器检测其反射光的反射率，以试样镜面反射率与同一条件下基准面的镜面反射率之比的百分数表示镜面光泽；当省略百分号时，称为光泽单位，它定量表征塑料制品或材料表面接近镜面的程度。镜面反射率则定义为镜面反射光通量与入射光通量之比。

镜面光泽测量在涂料、油漆、油墨、石材、纸张、塑料、搪瓷、金属、电镀等行业中广为应用。光泽仪通常测量的是 20°、45°、60°或 85°角度下照明和检出的信号（报告结果时需注明测量角度）。不同的行业采用的测量角度往往不同。镜面光泽是一种复杂的表面性能，它随表面光滑度和平整度而变化。因此塑料制品的表面粗糙度也可用光泽计测出并定量表示出来，同时这些制品表面若经一定磨损后，还可用其磨损前后的光泽度变化来表示。

二、试验方法

塑料镜面光泽试验

参照 GB/T 8807—1988《塑料镜面光泽试验方法》，该标准规定了用 20°角、45°角和 60°角测量塑料镜面光泽的三种方法。其中 20°角用于高光泽塑料，45°角主要用于低光泽塑料，60°角主要用于中光泽塑料。对于镜面光泽的比较，仅适用于采用同一种方法的同一类型的塑料。

1. 试验设备

镜面光泽仪的构件主要包括：光源、光源光阑、聚光透镜、接收器、接收器光阑、滤光片、接收器透镜、入射透镜、试样固定装置和工作标准板等。镜面光泽仪及其构件必须满足以下各项要求和技术指标：

（1）测量的几何条件要求

1）入射光束光轴和镜面反射光束光轴位于法线两侧的同一平面内，且与法线构成相等的角度。并且在规定的立体角内的光束不应有光晕。

2）光接受应在镜面反射方向上。

3）当一块基准板放在试样位置时，光源图像应在接收器光阑的中心形成。

4）光源光阑与接收器光阑的几何角度及公差应符合表 5-2 的规定。

表 5-2　光泽仪光源光阑与接收器光阑的几何角度及公差范围　　（单位：°）

入射角	光源光阑		接收器光阑	
	在测量面内	在垂直测量面内	在测量面内	在垂直测量面内
20. 0±0. 1	0. 75±0. 25	不大于 3. 0	1. 80±0. 05	3. 6±0. 1
45. 0±0. 1	1. 4±0. 4	3. 0±1. 0	8. 0±0. 1	10. 0±0. 2
60. 0±0. 1	0. 75±0. 25	不大于 3. 0	4. 4±0. 1	11. 7±0. 2

（2）测量精度　1 光泽单位。

（3）测量重复性　不大于 1 光泽单位。

（4）再现性　不大于 3 光泽单位。

（5）光源　应符合 GB/T 3978—2008《标准照明体和几何条件》中 CIE 标准照明体 C 或 D_{65} 的光谱条件；接收器的光谱响应应再现标准光效率函数 $V_{(\lambda)}$。

（6）薄膜试样的固定装置

1）任何薄膜都能平展、没有伸长的固定在此装置上。

2）真空板通过橡胶管和真空泵或真空导管相连，可利用阀门限制其真空度（真空度由真空表测得）。

3）备有双面压敏胶带的平板。

（7）透明试样用的背衬　应选用乌黑的黑腔底板。

（8）标准板

1）1 级工作标准板：应选用高度抛光的平整黑玻璃板。对于 20°角和 60°角，采用折射率为 1. 567 的黑玻璃板，光泽值规定为 100；对于 45°角，采用折射率为 1. 540 的黑玻璃板，光泽值规定为 55. 9。

2）2 级工作标准板：选用坚硬、平整、表面均匀的陶瓷等，但必须经过符合几何条件要求的镜面光泽仪的校正。

2. 试样

试样表面应光滑平整，无脏物、划伤等缺陷。试样应在不同部位截取；试样尺寸为 100mm×100mm。每组试样应不少于 3 个。

试样应在 GB/T 2918—2018《塑料　试样状态调节和试验的标准环境》规定的环境中进行状态调节和进行试验。

3. 试验步骤

仪器校正：首先对 1 级工作标准板定标，然后检验 2 级工作标准板的镜面光泽。如果 2 级工作标准板的测量读数超过其标称值 1 个光泽单位，则该镜面光泽仪应由制造厂调整后，才能使用。

4. 结果计算和表示

1）测量结果以一组试样的算术平均值表示，精确到 0.1 光泽单位。

2）标准偏差 S 的计算公式为

$$S=\sqrt{\frac{\sum(X-\overline{X})^2}{n-1}} \tag{5-7}$$

式中 X——每个试样的测定值；

$\overline{X}$——每组试样测定结果的平均值；

n——测定的试样个数。

三、推荐的试验标准

与薄膜、涂料、涂层等各种物质表面光泽度相关的试验方法有 GB/T 8807—1988《塑料镜面光泽试验方法》，GB/T 9754—2007《色漆和清漆　不含金属颜料的色漆漆膜的 20°、60°和 85°镜面光泽的测定》，ASTM D3928—2000a（2018）《表面光泽度均匀性评价的标准试验方法》（Standard Test Method for Evaluation of Gloss or Sheen Uniformity），ISO 13803—2004《色漆和清漆·20 漆膜反射光泽度的测定》（Paints and varnishes—Determination of reflection haze on paint films at 20°），GB/T 8941—2013《纸和纸板　镜面光泽度测定》中（20°、45°、75°）角测定法，GB/T 3295—1996《陶瓷制品 45°镜像光泽度试验方法》，GB/T 13891—2008《建筑饰面材料镜向光泽度测定方法》，ASTM D2457—2013《塑料薄膜和固态塑料镜面光泽的标准试验方法》（Standard Test Method for Specular Gloss of Plastic Films and Solid Plastics）等。

第五节　颜色试验

一、基础知识

在没有光线的暗室中，或在漆黑的夜里，谁也无法辨认出物体的颜色，只有在光照射下，物体的颜色才能为人眼所见。所以，物体的颜色是光和眼睛相互作用产生的，是大脑对投射在视网膜上不同波长光线进行辨认的结果。我们日常所说物体的颜色，是指在日常环境里太阳光照射时物体所呈现的颜色，称之为物体的本色；在特殊环境里物体呈现的颜色，称之为衍生色。如在阳光照射下树叶呈绿色，这是其本色，而在红光照射下，这一“绿色”的树叶呈现黑色，改用紫外线照射时，它又呈火红色，这后两种颜色是衍生色。一个物体的本色只有一个，而衍生色可以有几个，故我们说物体的颜色时，若不作特殊说明即指物体的本色。物体的颜色决定于它对光线的吸收和反射，实质上决定于物质的结构，不同的物质结构对不同波长的光吸收能力不同。我们知道：光是由光子组成的。不同波长的光由不同能量的光子组成。波长 λ 和能量 E 间的关系为 $E=hc/\lambda$，式中 h 为普朗克常数，c 为光速。当光子射到物体上时，某波长的光子能量与物质内原子的振动能，或电子发生跃迁时所需能量相同时，就易被物质吸收，其他波长的光就不易被吸收。物质对光的选择吸收，就造成了各自的颜色。

人的眼睛是根据所看见的光的波长来识别颜色的。可见光的波长范围是 380nm~780nm，可见光光谱中的大部分颜色可以由三种基本色光按不同的比例混合而成，这三种基本色光的颜色就是红（Red）、绿（Green）、蓝（Blue）三原色光。这三种光以相同的比例混合且达到一定的强度，就呈现白色（白光）；若三种光的强度均为零，就是黑色（黑暗）。这就是加色法原理，这三种光以不同的比例混合可以呈现不同的颜色。三色系统中，与待测光达到颜色匹配所需的三种原色刺激的量用 X（红原色刺激量）、Y（绿原色刺激量）和 Z（蓝原色刺激量）表示，三刺激值是引起人体视网膜对某种颜色感觉的三种原色的刺激程度之量的表示，根据三原色理论，色的感觉是由于三种原色光刺激的综合结果，在红、绿、蓝三原色系统中，红、绿、蓝的刺激量分别以 R、G、B 表示，由于从实际光谱中选定的红、绿、蓝三原色光不可能调配出存在于自然界的所有色彩，所以，国际照明委员会（CIE）于 1931 年从理论上假设了并不存在于自然界的三种原色，即理论三原色，以 X，Y，Z 表示，以期从理论上来调配一切色彩，就形成了 XYZ 测色系统。X 原色相当于饱和度比 690nm 的光谱红还要高的红紫，Y 原色相当于饱和度比 520nm 的光谱绿还要高的绿，Z 原色相当于饱和度比 477nm 的光谱蓝还要高的蓝，这三种理论原色的刺激量以 X，Y，Z 表示，即所谓的三刺激值。

国际照明委员会（CIE）规定红、绿、蓝三原色光的波长分别为 700nm、546.1nm、435.8nm，在颜色匹配实验中，当这三原色光的相对亮度比例为 1.0000：4.5907：0.0601 时就能匹配出等能白光，所以 CIE 选取这一比例作为红、绿、蓝三原色的单位量，即 (R)：(G)：(B)=1：1：1。尽管这时三原色光的亮度值并不相等，但 CIE 却把每一原色的亮度值作为一单位看待，所以色光加色法中红、绿、蓝三原色光等比例混合的结果为白光。

二、术语和定义

（一）三刺激值

在三色系统中，与待测色刺激达到色匹配所需的三种参照色刺激的量。在 CIE 1931 标准色度系统中，用 X、Y、Z 表示三刺激值。

（二）色品坐标

各个三刺激值与它们之和的比。在 CIE 1931 标准色度系统中，由三刺激值 X、Y、Z 可计算出色品坐标 x、y、z。

（三）色匹配函数

匹配等能光谱各波长所需要的参考色刺激值［X］、［Y］、［Z］的一组归一化单色辐射三刺激值。CIE 1931 标准色度系统中的色匹配函数用 $\bar{x}(\lambda)$、$\bar{y}(\lambda)$、$\bar{z}(\lambda)$ 表示。

（四）颜色的表示方法

在 CIE 1931 标准色度系统中，采用刺激值 Y 和色品坐标 x、z 表示颜色；或采用三刺激值 X、Y、Z 表示颜色。

（五）三刺激值的计算方法

将各波长上的色刺激函数 $\phi(\lambda)$ 与每个 CIE 色匹配函数相乘，并在整个可见光谱范围内分别对这些乘积进行积分。在实际计算时，用求和代替积分。

（六）三刺激值 X、Y、Z 的计算公式

CIE 1931 标准色度系统三刺激值 X、Y、Z 的计算公式为

$$X=k\sum_{380}^{780}\phi(\lambda)\bar{x}(\lambda)\Delta\lambda \quad (5\text{-}8)$$

$$Y=k\sum_{380}^{780}\phi(\lambda)\bar{y}(\lambda)\Delta\lambda \quad (5\text{-}9)$$

$$Z=k\sum_{380}^{780}\phi(\lambda)\bar{z}(\lambda)\Delta\lambda \quad (5\text{-}10)$$

式中　X、Y、Z——CIE 1931 标准色度系统三刺激值；

$\phi(\lambda)$——色刺激函数的光谱分布；

$\bar{x}(\lambda)$、$\bar{y}(\lambda)$、$\bar{z}(\lambda)$——CIE 1931 标准色度观察者色匹配函数；

$\Delta\lambda$——波长间隔，取 5nm 或 10nm；

k——归一化系数。

（七）色品坐标的计算

CIE 1931 标准色度系统的色品坐标 x、y、z 的计算公式为

$$x=\frac{X}{X+Y+Z} \quad (5\text{-}11)$$

$$y=\frac{Y}{X+Y+Z} \quad (5\text{-}12)$$

$$z=\frac{Z}{X+Y+Z}=1-x-y \quad (5\text{-}13)$$

三、试验方法

物体色的测量方法分为光谱光度测色法、光电积分测色法和目视比较测量法等。

（一）光谱光度测色法

1. 光谱反射比的测量

使用单光路光谱光度计，校准基线，测量工作标准白板光谱响应值 $r_0(\lambda)$；由试样取代工作标准白板，测量样品光谱响应值 $r(\lambda)$；样品的光谱反射比 $R(\lambda)$ 的计算公式为

$$R(\lambda)=\frac{r(\lambda)}{r_0(\lambda)}R_0(\lambda) \quad (5\text{-}14)$$

式中　$R(\lambda)$——被测样品的光谱反射比；

$R_0(\lambda)$——工作标准白板的光谱反射比；

$r(\lambda)$——被测样品的光谱响应值；

$r_0(\lambda)$——工作标准白板的光谱响应值。

2. 相对色刺激函数的测量

对于反射物体相对色刺激函数测量的计算公式为

$$\phi(\lambda)=R(\lambda)S(\lambda) \quad (5\text{-}15)$$

式中　$\phi(\lambda)$——相对色刺激函数；

$R(\lambda)$——物体色的光谱反射因数，或为光谱反射比或光谱辐亮度因数；

$S(\lambda)$——CIE 标准照明体或照明体的相对光谱功率分布。

3. 三刺激值和色品坐标的计算

CIE 三刺激值的计算为相对色刺激函数 $\phi(\lambda)$ 乘以 CIE 色匹配函数 $\bar{x}(\lambda)$、$\bar{y}(\lambda)$、$\bar{z}(\lambda)$，在可见光谱 380nm～780nm 波长范围对其乘积进行积分，得到 X、Y、Z 三刺激值。

实际计算三刺激值采用求和方式代替积分完成，见式（5-8）~式（5-10）。

CIE 1931 标准色度系统的色品坐标 x，y，z 的计算见式（5-11）~式（5-13）：

4. 结果表示

光谱光度测色法的测量结果应记录光谱反射因数（或光谱透射比）、三刺激值及色品坐标。

（二）光电积分测色法

1）测量反射色时，使用黑板和工作标准白板对仪器进行校准。在需要高精度测量时，可采用与样品光谱反射比相近的工作标准色板对仪器进行校准。

2）测量透射色时，以空气层作为标准。在需要高精度测量时，可采用与样品光谱透射比相近的透射工作标准色板（或参比液），对仪器进行校准。

3）仪器校准后，光电积分测色仪可直接测量出反射或透射物体色的三刺激值和色品坐标。

4）用于仪器校准的反射工作标准白板或透射色板的三刺激值由光谱光度测色法测定。

5）结果表示：光电积分测色法的测量结果应记录三刺激值及色品坐标；

（三）目视比较测量法

1）正常色觉者使用目视色度计测量；

2）测量时将被测样品放在样品视场，标准滤色片放在参比视场。人眼目视观察比较两个视场，调节参比视场的标准滤色片，使样品视场和参比视场的颜色和亮度达到匹配。

3）结果的表示：目视比较测量法的测量结果应记录与被测样品相匹配的标准滤色片的色号；当被测样品与标准滤色片不完全匹配时，记录二者之间的颜色差异。

四、推荐的试验标准

材料颜色试验标准有涂层标准有 GB/T 11186.1—1989《漆膜颜色的测量方法　第一部分：原理》，GB/T 11186.2—1989《漆膜颜色的测量方法　第二部分：颜色测量》，GB/T 11186.3—1989《漆膜颜色的测量方法　第三部分：色差计算》，GB/T 36142—2018《建筑玻璃颜色及色差的测量方法》等。

思　考　题

1. 简述光学性能的主要表征参数。
2. 简述透光率的定义。
3. 折射率试验方法有哪些？
4. 简述反射率（光泽）的定义。
5. 简述产生颜色的原理。
6. 简述光的波长与颜色的关系。

第六章

电学性能检测

第一节　基 本 概 念

材料的电性能是在外电压和电场作用下的行为以及所表现出来的各种电学现象。包括在弱电场作用下的导电性能，在交变电场作用下的介电性质，在强电场作用下的破坏性质等。本章主要介绍绝缘材料体积电阻率、表面电阻率、相对电容率、介质损耗因数、介电强度、耐电弧性等参数。

高分子材料的电学性能往往非常灵敏地反映材料内部结构的变化和分子运动状态，且大多数电学性能的测试为非破坏性的测试，因而对高分子材料老化性能的评价以及使用性能的鉴定都极为重要。

本章所涉及的仅仅作为固体绝缘材料用的高分子材料的表面电阻率和体积电阻率测试方法；在高频下的电容率和介质损耗因数测试方法；在工频下的介电强度测试方法等。

第二节　电阻率试验

一、基础知识

材料的导电性是用电阻（或电阻率）来表示的。当试样加上直流电压 U 时，材料中就会产生一定量的电流 I，根据欧姆定律，试样的电阻 R 为

$$R=\frac{U}{I} \tag{6-1}$$

电阻 R 的大小与试样的几何尺寸有关，它不是材料导电性的特征物理量。试样的电阻与它的厚度 d 成正比，与其面积 A 成反比。公式为

$$R=\rho\frac{d}{A} \tag{6-2}$$

公式中比例常数 ρ 作为电阻率，单位是欧姆米（Ω · m）。这里所涉及的电阻包括了材料的表面电阻和体积电阻，两者并未加以区分，因而不能得到材料十分确切的常数，但可以利用数据来比较不同绝缘材料的性能。为了区别材料表面和体积内不同的导电性，引入了绝缘电阻、体积电阻（电阻率）和表面电阻（电阻率）的概念。

1）绝缘电阻：在规定条件下，由绝缘材料隔开的两导体之间存在的电阻。

2）体积电阻：施加在与绝缘介质表面接触的两个电极间的直流电压与给定时间流过介

质的电流之比。

3）体积电阻率：直流电场强度与在给定时间电压下绝缘介质内电流密度之比。

4）面电阻：试样表面上的直流电压与流过试样表面上的电流之比。

5）表面电阻率：单位面积内的表面电阻，若在试样表面上取任意大小的正方形，电流从这个正方形的相对两边通过，该正方形的电阻值就是表面电阻率。

具体到板状试样的体积电阻率和表面电阻率可用更清晰的定义描述：

1）体积电阻率：沿试样体积电流方向的直流电场强度与电流密度之比，称为材料的体积电阻率，以符号 ρ_V 表示。板状试样的体积电阻率的计算公式为

$$\rho_V = R_V \frac{A_e}{d} \tag{6-3}$$

式中　R_V——试样体积电阻，即施加在试样上的直流电压与电极间的体积传导电流之比，单位为 Ω；

A_e——平板测量电极的有效面积，单位为 m^2；

d——试样厚度，单位为 m。

2）表面电阻率：沿试样表面电流方向的直流电场强度与单位长度的表面传导电流之比，称为材料的表面电阻率，以符号 ρ_S 表示。板状试样的表面电阻率的计算公式为

$$\rho_S = R_S \frac{2\pi}{\ln(D_2/D_1)} \tag{6-4}$$

式中　R_S——试样表面电阻，即施加在试样上的直流电压与电极间表面传导电流之比，单位为 Ω；

D_1——平板测量电极直径，单位为 m；

D_2——平板保护电极内径，单位为 m。

体积电阻率、表面电阻率可以反映材料的本质特性。

二、试验方法

（一）体积电阻和体积电阻率

1. 试验原理

当直流电压施加到两电极之间的试样上时，通过试样的电流会逐渐减小到一个稳定值。电流随时间的减小可能是由于介质的极化和载流子迁移到电极所致。对于体积电阻率小于 $10^{10}\Omega \cdot m$ 的材料，电流通常在 1min 内即可达到稳定状态。对于具有更高体积电阻率的材料，电流减小并趋于稳定的过程可能会持续几分钟、几小时、几天甚至几周。因此，对于这样的材料，可采用较长的施加电压时间。

2. 设备

电阻测量装置，测量精确度要求如下：

1）电阻低于 $10^{10}\Omega$ 时，测量误差不大于±10%。

2）电阻介于 $10^{10}\Omega \sim 10^{14}\Omega$ 之间时，测量误差不大于±20%。

3）电阻高于 $10^{14}\Omega$ 时，测量误差不大于±50%。

3. 电极

试验用的电极材料是一类易于施加到试样上，能与试样表面紧密接触，且不至于因自身

电阻或对试样表面的污染而引入很大误差的导电材料。在试验条件下，电极材料宜耐腐蚀。电极应与给定的形状和尺寸合适的衬垫电极一同使用。简单的做法是用两种不同的电极材料或两种不同的使用方法来判断电极材料是否会引入很大误差。下面给出了可使用的典型的电极材料。

1）导电银漆：某些高导电率的工业用银漆，无论是气干的还是室温烘干的，是足够疏松的、能透过湿气，从而可在加上电极后对试样进行条件处理。这种特点特别适合研究电阻-湿气效应，以及电阻随温度的变化。在导电漆被用作一种电极材料以前，宜证实漆中的溶剂不影响试样的电性能。用细毛刷涂刷电极可以使保护电极的边缘相当光滑。但对于圆电极，可先用圆规画出电极的轮廓，然后用刷子来涂满内部，以此来获得精细的边缘。在使用喷枪喷涂电极漆时，可采用夹装的模板。

2）导电橡胶：导电橡胶可被用作电极材料。它的优点是能方便快捷地置于试样上或者从试样上移除。由于只是在测量时才将电极放到试样上，因此它不妨碍试样的条件处理。导电橡胶的绝缘电阻应小于 1000Ω。导电橡胶应足够柔软，以确保其加上适当的压力，能与试样紧密接触。

3）金属箔：金属箔可粘贴在试样表面作为测量体积电阻的电极，但不适用于测量表面电阻。铝和锡箔被普遍作为金属箔电极。通常用少量的凡士林、硅脂、硅油或其他合适的材料作为黏结剂，将它们粘贴到试样上。

4. 试样

1）试样尺寸：试样的厚度应尽量与实际应用中的产品厚度相同。如无其他规定，推荐使用长和宽大于或等于 100mm、厚度为（1.0±0.5）mm 的平板试样。

2）试样数量：测量试样的数量应由相关产品标准决定。若没有可参考的标准，试样数量应至少为 3 个。

3）试样的条件处理和预处理：应在 23℃ 的室温下和相对湿度为 50% 的环境条件下至少处理 4 天。

5. 试验步骤

1）应按照相关产品测量试样厚度：至少在 5 个不同的点上测量材料的厚度。试样厚度和电极尺寸的精确度要求应为±1%。

2）体积电阻的测量：在测量之前，应使试样处于介电稳定状态。为此，通过测量装置将试样和电极连接，逐步增加电流测量装置的灵敏度，同时观察短路电流的变化，应直到短路电流达到恒定值。如没有其他规定，应在施加电压 1min 后进行体积电阻读数。若对比直流加压时间对测量结果的影响，应在施加指定的直流电压的同时开始计时，除非另有规定，否则在施加电压后，在如下的测量时间点：1min、2min、5min、10min、50min 和 100min 进行读数，如果两次测量得出同样的结果，应结束试验。

6. 体积电阻率的计算

板状试样体积电阻率的计算公式为

$$\rho_V = R_V \frac{A_e}{d} \tag{6-5}$$

式中 ρ_V——体积电阻率，单位为 Ω · m；

R_V——试样体积电阻，即施加在试样上的直流电压与电极间的体积传导电流之比，

单位为 Ω；

A_e——平板测量电极的有效面积，单位为 m^2；

d——试样厚度，单位为 m。

体积电阻、体积电阻率的个别值和中值。

（二）表面电阻和表面电阻率

1. 电极

（1）弹簧电极　由两个长度为 100mm、间距为 10mm 的柔性金属的边缘锋利的刀刃电极组成，如图 6-1 所示。金属刀刃电极应包括两个相邻间隔为 0.3mm、厚度为 0.3mm、长度不超过 5mm 的弹簧装置。接触力应足够大以保证刀刃紧贴在试样表面，但不破坏试样表面。所施加的金属刀刃电极的连接线宜具有足够的绝缘。

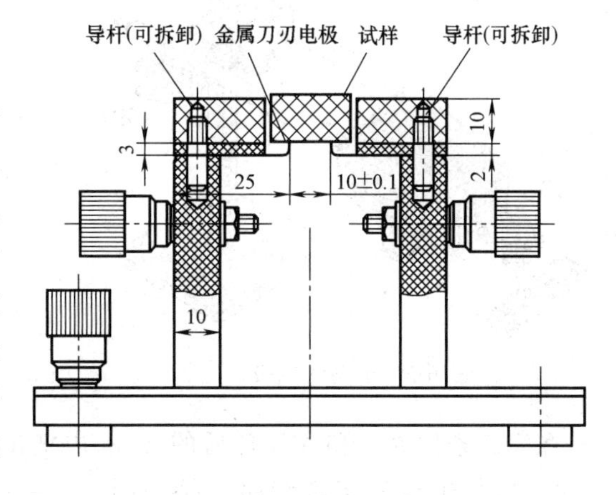

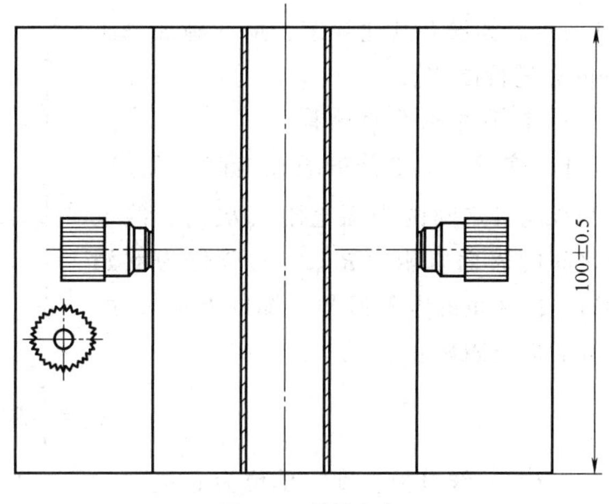

图 6-1　弹簧电极

（2）小型线电极　由两个线电极黏附而成，没有保护电极，因此，应使用两个平行的宽度为 1.5mm、长度为 25mm、电极间距为 2mm 的线电极。应在试样条件处理前安装电极装置。应按照两电极系统连接测量电路，如图 6-2 所示。

（3）环形电极　为三电极系统，如图 6-3 所示。在试样的一面放置环形电极，在对面放置不小于相应的测量电极尺寸的保护电极。可在试样条件处理前黏合电极。

（4）线电极装置　包含两个黏合的线电极，没有保护电极。由两个平行的宽度为 1.5mm、长度为（100±1）mm、间距为（10±0.5）mm 的线电极组成。可在试样条件处理前，安装电极。应按照两电极系统连接测量电路，如图 6-2 所示。

2. 试样

（1）试样尺寸　试样的厚度应尽量与实际应用中的产品厚度相同。推荐使用长和宽大于或等于 60mm 的平板试样。

（2）试样数量　试样数量应至少为 3 个。

（3）试样的条件处理和预处理　应在 23℃的室温下和相对湿度为 50%的环境条件下至少处理 4 天。

3. 试验步骤

1）试验在室温为 23℃、相对湿度 50%的环境下进行测量。

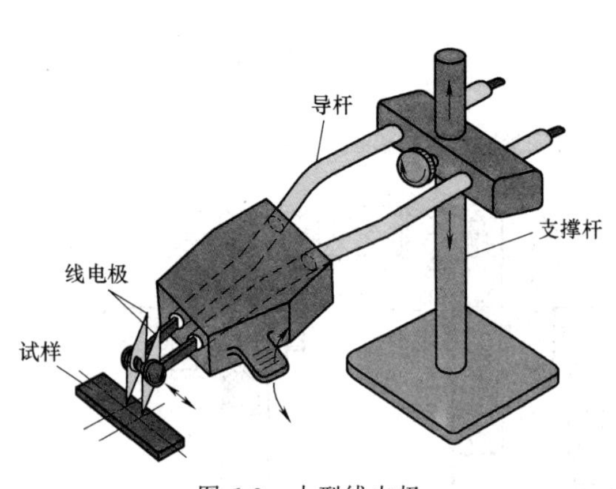

图 6-2 小型线电极

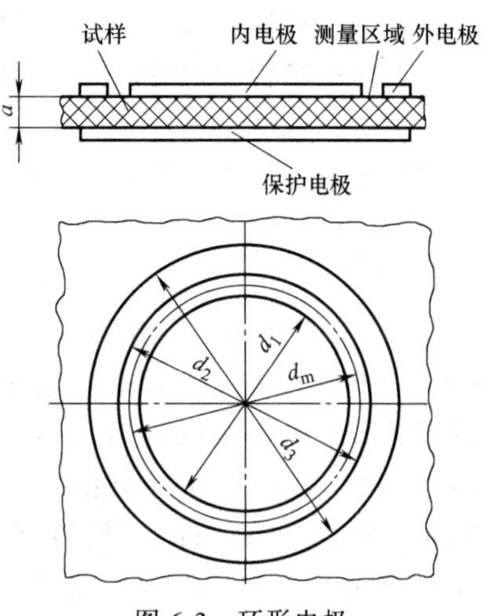

图 6-3 环形电极

2）在完成条件处理和预处理后的 2min 内把试样立即接电极与测量设备进行表面电阻测量，含有保护电极的基本线路连接如图 6-4 所示。如没有其他规定，应在施加电压 1min 后进行读数。

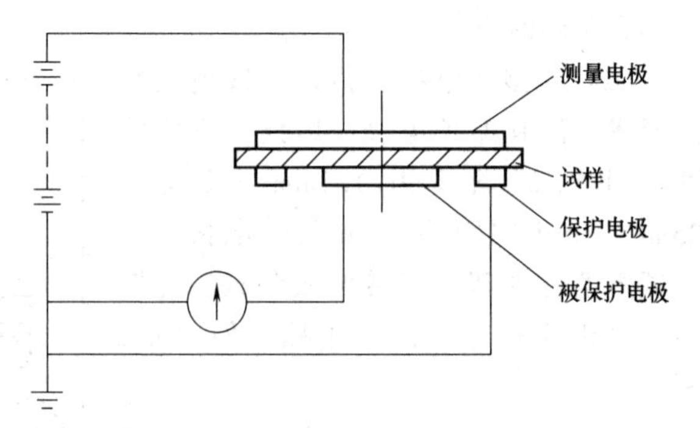

图 6-4 含有保护电极的基本线路连接

4. 表面电阻率的计算

1）弹簧电极之间的表面电阻（R_{SA}），小型线电极之间的表面电阻（R_{SB}），线电极之间的表面电阻（R_{SD}）的单位为欧姆（Ω）。由测量的电阻值和已知的电极尺寸，计算表面电阻率 ρ_S，见式（6-6）。

$$\rho_S = \frac{L}{r} R_S \tag{6-6}$$

式中 L——线电极长度，单位为 mm；

r——线之间的距离（间距），单位为 mm；

R_S——电极装置测量的表面电阻读数，单位为 Ω。

2）环形电极之间的表面电阻（R_{SC}）的单位为欧姆（Ω）。其表面电阻率 ρ_S 的计算公式为

$$\rho_S = \frac{2\pi}{\ln(D_2/D_1)} R_{SC} \tag{6-7}$$

式中 R_{SC}——测量的表面电阻读数，单位为 Ω；

D_1——内电极外直径，单位为 mm；

D_2——外电极内直径，单位为 mm。

（三）硫化橡胶绝缘电阻率试验

1. 试验原理

对试样施加直流电压，测定通过垂直于试样或沿试样表面的泄漏电流，计算出试样的体积电阻率或表面电阻率。

2. 试验设备

试验设备包括辅助电极和高阻计。

(1) 电极尺寸　板状试样的电极配置如图 6-5 所示。板状试样电极尺寸见表 6-1。

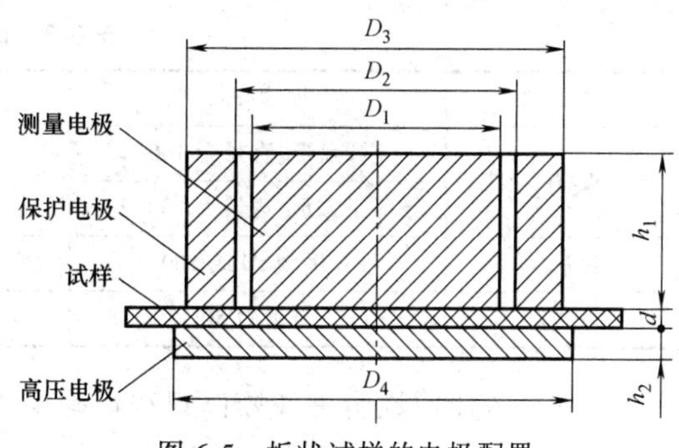

图 6-5　板状试样的电极配置

管状试样的电极配置如图 6-6 所示。棒状试样的电极配置如图 6-7 所示。试样电极尺寸见表 6-2。

(2) 高电阻测试仪　测量表示误差小于 20%，高电阻测试仪测试电路如图 6-8 所示。

表 6-1　板状试样电极尺寸　(单位：mm)

D_1	D_2	D_3	D_4	h_1	h_2
50±0.1	54±0.1	74	100	30	10

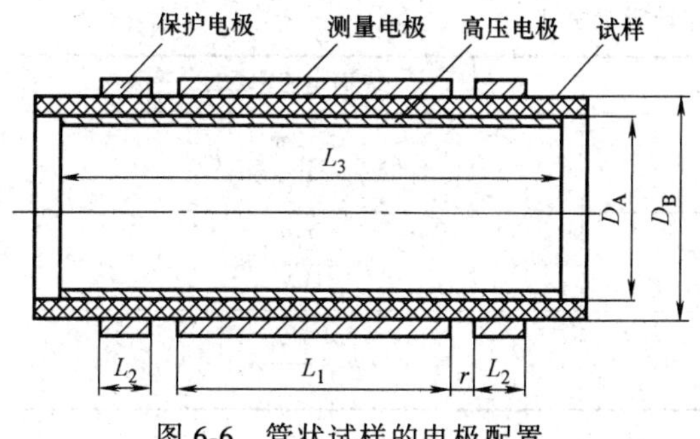

图 6-6　管状试样的电极配置

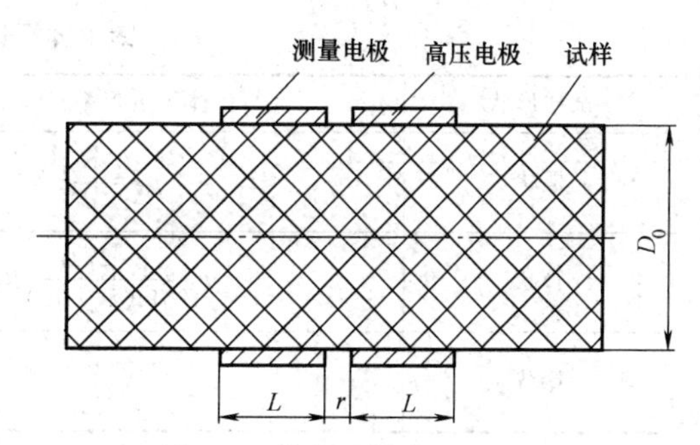

图 6-7　棒状试样的电极配置

表 6-2　试样电极尺寸　(单位：mm)

L	L_1	L_2	L_3	r
10	25	5	>40	2±0.1
	50	10	>74	

其中，U 为测试电压；R_0 为输入电阻，其端电压为 U_0；R_x 为被测试样绝缘电阻。

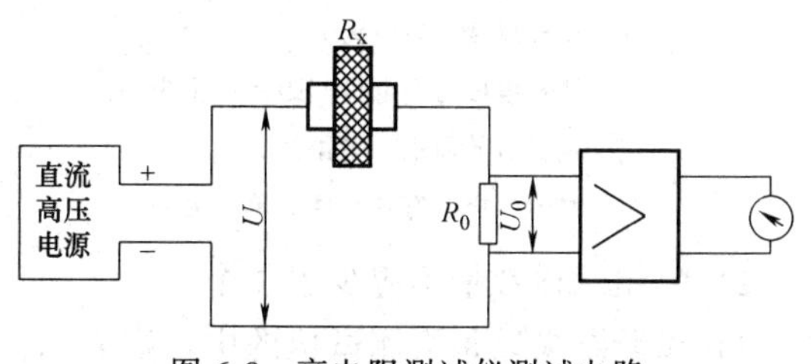

图 6-8　高电阻测试仪测试电路

3. 试样及其调节

1) 试样尺寸如表 6-3 所示。

2) 试样的调节：将擦净的试样放在温度为 (23±2)℃ 的带有干燥剂的器皿下调节 24h。

4. 试验条件

1) 试验电压为 1000V 或 500V，电压波动偏差不大于 5%。

2) 实验室温度为 (23±2)℃，相对湿度为 (50±5)%。

5. 试验步骤

1) 连接好试验仪器，将被测试样按试验要求接入仪器测试端，如图 6-8 所示。

表 6-3 试样尺寸

试样	尺寸/mm	厚度/mm	数量
板状	圆盘形:直径为 100	软质胶料为 1±0.1 硬质胶料为 2±0.2	不少于 3 个
	正方形:边长为 100		
管状	长度为 50 或 100	—	
棒状	长度为 50	—	

2）按设备使用说明书和操作规程正确操作。当测试表阻值在 $10^{14}\Omega$ 及其以下时，读取 1min 时的示值，阻值在 $10^{14}\Omega$ 以上时，读取 2min 时的示值。并记录示值。

3）每一个试样测试完毕，将“放电—测试”开关拨至“放电”位置，输入短路开关拨至“短路”位置，取出试样。若继续测试，则更换试样继续测试。

6. 试验结果表示

1）电阻率的计算公式见表 6-4。

表 6-4 电阻率的计算公式

试样形状	体积电阻率/Ω·m	表面电阻率/Ω
板状	$\rho_V=\frac{S}{d}R_V$	$\rho_S=\frac{2\pi}{\ln(D_2/D_1)}R_S$
管状	$\rho_V=\frac{2\pi L}{\ln(D_B/D_A)}R_V$	$\rho_S=\frac{2\pi D_B}{h}R_S$
棒状		$\rho_S=\frac{\pi D_0}{h}R_S$

注：式中 R_V—体积电阻，单位为 Ω；
R_S—表面电阻，单位为 Ω；
D_1—测量电极直径，单位为 m；
D_2—环状电极内径，单位为 m；
D_A—管状试样内径，单位为 m；
D_B—管状试样外径，单位为 m；
D_0—棒状试样直径，单位为 m；
d—试样厚度，单位为 m；
h—测量电极与环电极间距，单位为 m；
S—电极有效面积，单位为 m^2；
L—测量电极的有效长度，单位为 m。

2）每组试样数量不应少于 3 个。

3）试验结果以每组测试值的中位数表示，取 2 位有效数字。

三、推荐的试验标准

绝缘材料电阻率试验方法有 GB/T 31838.2—2019《固体绝缘材料 介电和电阻特性 第 2 部分：电阻特性（DC 方法）体积电阻和体积电阻率》，GB/T 31838.3—2019《固体绝缘材料 介电和电阻特性 第 3 部分：电阻特性（DC 方法）表面电阻和表面电阻率》，GB/T 31838.4—2019《固体绝缘材料 介电和电阻特性 第 4 部分：电阻特性（DC 方法）

绝缘电阻》，GB/T 1692—2008《硫化橡胶　绝缘电阻率的测定》，GB/T 10581—2006《绝缘材料在高温下电阻和电阻率的试验方法》，GB/T 15738—2008《导电和抗静电　纤维增强塑料电阻率试验方法》等。

第三节　介电性能试验

一、基础知识

电介质材料在交变电场作用下产生极化，极化过程中与电场发生能量交换。电场使偶极子转向，产生取向极化，取向极化过程是一个松弛过程，一部分电能损耗于克服介质的内黏滞阻力上，转化为热量，发生松弛损耗。如果电场频率很低，偶极子转向完全跟得上电场的变化，则电场的能量基本上不被消耗；当电场频率较高时，由于介质的内黏滞作用，偶极子转向受阻，落后于电场的变化，电场的能量变化也不大。当电场频率与偶极子转向固有频率相当时，吸收的电场的能量较多，使介质损耗出现极大值。用于表征绝缘材料介质极化过程的宏观参数是相对电容率和介质损耗因数。

（一）相对电容率

相对电容率表示着材料作为绝缘物贮存电能的能力。作为电容器使用，要求绝缘材料具有较高的相对电容率，可以使电容器在保持相同电容条件下体积较小。但作为隔绝载流导体的绝缘材料应用，要求两导体彼此绝缘或导体与地绝缘，材料的相对电容率又应较小。高分子材料都是优良的电介质，但不同高分子材料，相对电容率也有明显差别。非极性高分子材料相对电容率在 1.8F/m~2.5F/m 之间，弱极性高分子材料相对电容率在 2.5F/m~3.5F/m 之间，极性高分子材料相对电容率在 3.5F/m~8F/m 之间。

在真空（或空气）平行板电容器上两极板上加以直流电压 U，则两极板上将产生一定量的电荷 Q_0，真空电容器的电容为 C_0（它与所加电压的大小无关，而取决于电容器的几何尺寸）。如果极板的面积为 A，两极板间的距离为 r，则表示其关系的计算公式为

$$C_0=\frac{\varepsilon_0 A}{r} \tag{6-8}$$

比例常数 ε_0 为真空电容率，国际单位制中，ε_0 为 8.85×10^{-12}（F/m）。

如果在上述真空电容器的两极板间充满电介质，这时两极板上的电荷将增加到 Q，带介质的电容器的电容 C 比真空电容器的电容 C_0 增加了 ε 倍。即

$$\varepsilon_r=\frac{C_a}{C_0} \tag{6-9}$$

比例常数 ε_r 为相对电容率（相对介电常数）。

在标准大气压下，不含二氧化碳的干燥空气的相对介电常数是 1.00053，因此在实践中，常用电极构造相同的空气电容值 C_a 代替真空电容值 C_0 来测定介质的相对介电常数 ε_r 的精度是足够的。

复相对电容率：稳定的正弦场条件下用复数表示介电常数，计算公式为

$$\underline{\varepsilon_r}=\varepsilon_r'-j\varepsilon_r'' \tag{6-10}$$

其中 ε_r' 与 ε_r'' 为正值。习惯上，复相对电容率 $\underline{\varepsilon_r}$ 可用 ε_r' 和 ε_r'' 中的任意一个表示。

（二）介质损耗因数

电介质置于交变电场时，由于介质内基团或偶极子的极化滞后于电场的变化，致使产生电能损耗，以发热形式耗散。理想的电介质（真空）在交变电场中，电流的相位超前电压相位90°，但在有介质损耗因数的电介质中，电流相位超前电压相位 ϕ，（90°−ϕ）称为损耗角，用 δ 表示，介质损耗因数如图 6-9 所示。损耗角的正切值称为介质损耗因数，又称介质损耗角正切（用 $\tan\delta$ 表示），它表示电介质在电场中损耗能量与贮存能量之比。计算公式为

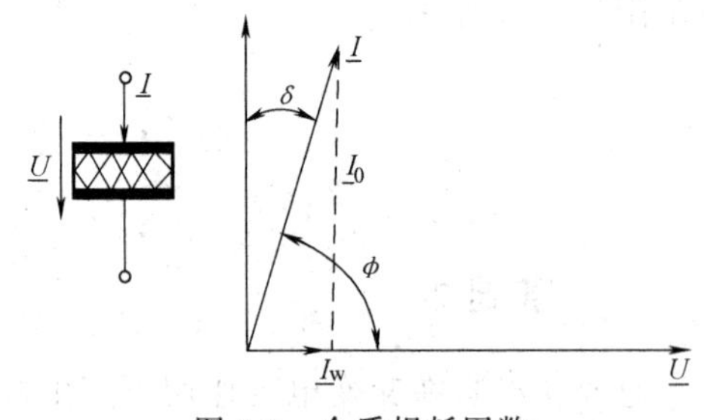

图 6-9　介质损耗因数

$$\tan\delta=\frac{\varepsilon_r''}{\varepsilon_r'} \tag{6-11}$$

式中　ε_r''——复相对电容率的虚数部分；

ε_r'——复相对电容率的实数部分。

非极性塑料的 $\tan\delta$ 值在 10^{-4} 数量级，弱极性塑料的 $\tan\delta$ 值在 $10^{-3}\sim10^{-2}$ 数量级，极性塑料的 $\tan\delta$ 值在 $10^{-2}\sim10^{-1}$ 数量级。$\tan\delta$ 值的大小是与电介质在交变电场中的能量转化有关的，ε 和 $\tan\delta$ 都较大的材料，介质损耗在材料中引起的温度升高会很快。$\tan\delta$ 称为材料的介质损耗系数，该值较大的塑料不宜用作高频绝缘（如高频传输），但适宜于高频焊接和其他利用高频加热的成型工艺中。

材料的 ε 和 $\tan\delta$ 的影响因素很多，如湿度、温度、施于试样上的电压、接触电极材料等都对 ε 和 $\tan\delta$ 有影响。因此，在测试时必须在标准湿度、温度、一定的电压范围内条件下才能进行。

二、试验方法

（一）高压电桥法（适用工频 50Hz）

1. 试验原理

工频高压电桥测试原理如图 6-10 所示。高压电桥由试验变压器、标准电容器、可变电阻、可变电容、固定电阻、电桥平衡指示器等组成。

其中，C_S 为标准电容器，C_X 为试样，R_4 为固定电阻，R_3 为可变电阻，C_4、C_2 为可变电容。

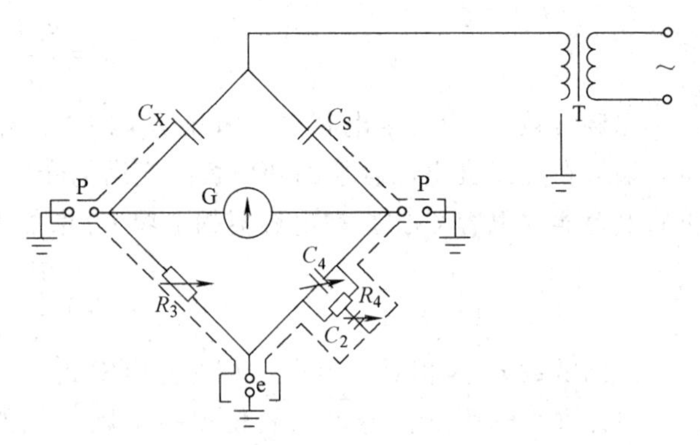

图 6-10　工频高压电桥测试原理

不加试样时，调节可变电阻、可变电容使电桥平衡；加上试样后，再次调节可变电阻、可变电容使电桥平衡；由可变电阻、可变电容的值的变化等求出相对电容率和介质损耗因数。

2. 试样与电极装置

（1）试样　试样形状最好为板状。圆形试样的直径为 100mm；方形试样的边长为

100mm。试样的数量不少于 3 个。

(2) 电极装置　工频板状试样电极装置如图 6-11 所示，板状试样与电极尺寸见表 6-5。

电极材料由铝箔和锡箔、导电橡胶、铜等材料组成。

3. 试验步骤

1) 试验电压为 1000V～3000V，一般情况选用 1000V，电源频率为 50Hz。

2) 正确的连接电桥电路。

3) 接通电源，预热 30min。

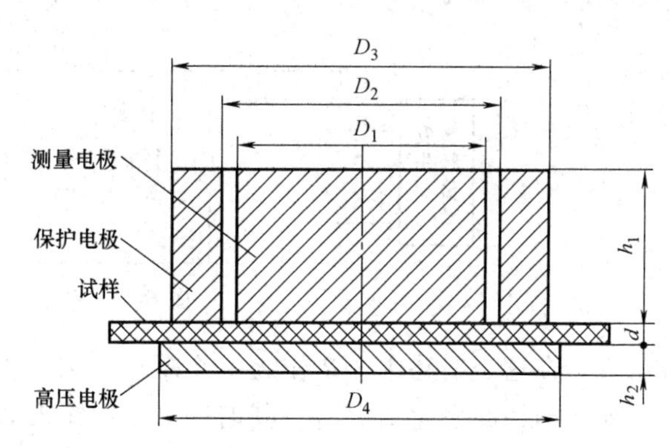

图 6-11　工频板状试样电极装置

表 6-5　板状试样与电极尺寸　　(单位：mm)

D_1	D_2	D_3	D_4	h_1	h_2
25.0±0.1	29.0±0.1	40	>40	30	5
50.0±0.1	54.0±0.1	74	>74	30	5

4) 将试样接入电桥"C_X"的桥臂中，加上试验电压，调节可变电阻和可变电容，使电桥达到平衡（电桥平衡指示器指示值为 0)，记录此时的可变电阻值 R_3 和可变电容值 C_4。

4. 试验结果处理

(1) 介质损耗角正切（介质损耗因数）　介质损耗角正切 $\tan\delta$ 的计算公式为

$$\tan\delta = 2\pi f R_4 C_4 \times 10^{-6} \tag{6-12}$$

式中　f——频率，单位为 Hz；

R_4——固定电阻阻值，单位为 Ω；

C_4——可变电容值，单位为 μF。

(2) 介电常数（电容率）　介质常数 ε 的计算公式为

$\tan\delta \leqslant 0.1$ 时：

$$\varepsilon = \frac{11.3 d C_S R_4}{S R_3} \tag{6-13}$$

$\tan\delta > 0.1$ 时：

$$\varepsilon = \frac{11.3 d C_S R_4}{S R_3 (1+\tan^2\delta)} \tag{6-14}$$

式中　d——试样厚度，单位为 cm；

C_S——标准电容器电容量，单位为 pF；

R_4——固定电阻阻值，单位为 Ω；

R_3——可变电阻阻值，单位为 Ω；

S——电极有效面积，单位为 cm^2。

(3) 结果表示　以 3 个试样的算术平均值表示结果，保留 2 位有效数字。同批有效试样不足 3 个时，应重做试验。

(二) 谐振法（Q 表法）

1. 试验原理

Q 表工作原理如图 6-12 所示，Q 表由高频信号发生器、LC 谐振回路、电压表和稳压电

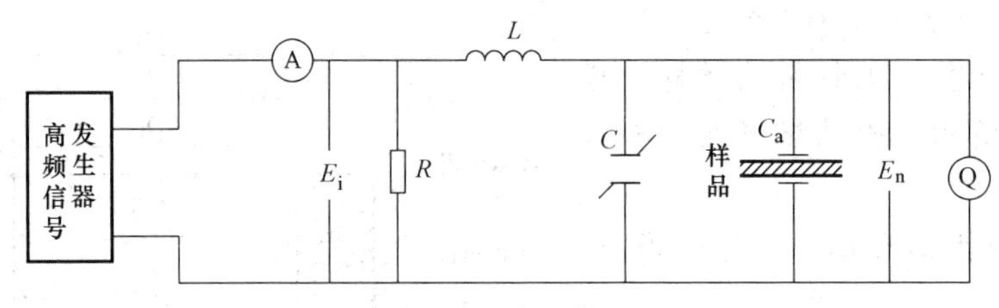

图 6-12　Q 表工作原理

源组成。在这个线路中，R 作为一个耦合元件，且设计成无感的。如果保持回路中电流不变，那么当回路发生谐振时，其谐振电压比输入电压高 Q 倍，即 $E_n = QE_i$，因此，直接把电压指示刻度记作 Q 值，Q 又称为品质因数。

不加试样时，回路的能量损耗小，Q 值最高；加上试样后，Q 值降低。分别测定不加试样与加试样时的 Q 值以及相应的谐振电容 C，再由品质因数 Q 和谐振电容值等求出相对电容率和介质损耗因数。

2. 试样与电极装置

（1）试样

1）试样形状最好为板状，也可采用管状和棒状。

2）试样厚度至少为 1.5mm，测量精度要求高的试样，最好采用较厚的试样，如 6mm～12mm。厚度的均匀度在±1%内。

3）圆形试样的直径为 38mm、50mm、100mm。方形试样的边长为 100mm。

4）试样的数量不少于 3 个。

（2）电极装置

电极装置形状：推荐上下电极尺寸相等，但比试样小。介电性能测试常用电极如图 6-13 所示。

电极材料：电极一般为金属箔，用极少量的硅脂或其他合适的低损耗黏合剂将金属箔贴在试样上。形成所需形状的电极，金属箔的最大厚度为 0.1mm。

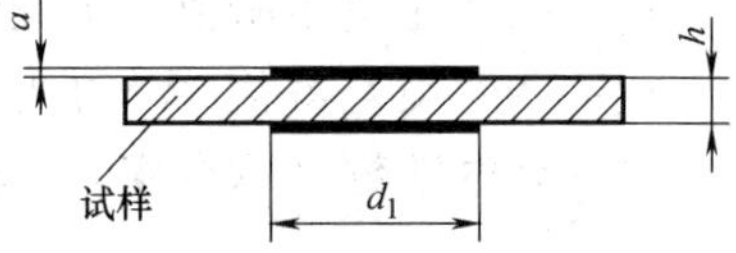

图 6-13　介电性能测试常用电极

3. 试验步骤

1）测量试样厚度，测点应均匀地分布在试样表面上。

2）检查仪器 Q 值指示电表的机械零点是否准确。

3）将 Q 表主调协电容器置于最小电容，即顺时针转到底。调谐电容量及调节振荡频率时，当刻度已达最大或最小时，不要用力继续再调，以免损坏刻度和调节机构。

4）选择适当电感量的线圈接在 L_X 接线柱上。

5）将介电损耗测试装置插到 Q 表测试回路的“C_X”两个端口上。

6）接通电源，仪器预热 150min，待频率读数稳定方可进行有效测试。注意测试时手不得靠近被测试样，以免人体感应影响。

7）选择一个合适的频率（适用 10kHz～260MHz），分别用粗调和细调两个旋钮调节频率开关，使测量频率处于设定值。

8）选择 Q 值量程。

9）将输入电压和电流调节到一个已知值，然后将试样和电极接到“C_X”两个端口上，调节可变电容器使电路谐振，观察此时的电容值，记录为 C_2，并记录此时的品质因数为 Q_1。取下试样，再调节谐振电路达到谐振，观察此时的电容值，记为 C_1，并同时记录此时的品质因数值 Q_0。

4. 试验结果处理

（1）电容　对板状试样极板间法向电容 C_0 的计算公式为

$$C_0=\varepsilon_0\frac{\pi D_1^2}{4d} \tag{6-15}$$

式中　d——试样厚度，单位为 mm；

D_1——电极直径，单位为 mm；

ε_0——真空电容率。

对推荐的板状试样边缘电容 C_e 的计算公式为

$$C_e=(0.019\varepsilon_r-0.058\lg d+0.010)\pi D_1 \tag{6-16}$$

式中　d——试样厚度，单位为 mm；

ε_r——试样的相对电容率近似值。

（2）相对电容率　试样的相对电容率 ε_r 的计算公式为

$$\varepsilon_r=\frac{C_X-C_e}{C_0} \tag{6-17}$$

式中　C_X——没有保护电极时试样的电容；

C_e——边缘电容；

C_0——极板间法向电容。

（3）介质损耗因数　介质损耗因数的计算公式为

$$\tan\delta=\frac{C_t}{\Delta C}\left(\frac{1}{Q_1}-\frac{1}{Q_0}\right) \tag{6-18}$$

式中　C_t——电路中的总电容；

ΔC——试样的电容（C_1-C_2）；

Q_1、Q_0——分别为有、无试样的品质因数。

（4）结果表示　以 3 个试样的算术平均值表示结果，保留 2 位有效数字。同批有效试样不足 3 个时，应重做试验。

三、推荐的试验标准

相对电容率和介质损耗因数测试方法有 GB/T 1409—2006《测量电气绝缘材料在工频、音频、高频（包括米波波长在内）下电容率和介质损耗因数的推荐方法》，GB/T 1693—2007《硫化橡胶　介电常数和介质损耗角正切值的测定方法》，GB/T 31838.1—2015《固体绝缘材料　介电和电阻特性　第 1 部分：总则》，GB/T 29306.2—2012《绝缘材料在 300MHz 以上频率下介电性能测定方法　第 2 部分：谐振法》等。

第四节　电气强度试验

一、基本原理

固体绝缘材料在强电场作用下随着电场强度的升高，施加的电压 U 与产生的电流 I 已不符合欧姆定律，即 $\mathrm{d}U/\mathrm{d}I$ 逐渐变小，电流比电压增大得更快，材料会从绝缘状态变为导电状态。在高压下，大量的电能迅速释放，使材料局部烧毁或击穿，这种现象称为介质击穿。$\mathrm{d}U/\mathrm{d}I=0$ 处的电压称为击穿电压，击穿电压是介质材料所承受的电压极限。

（一）定义

1. 电气击穿

当试样承受电应力作用时，其绝缘性能严重损失，由此引起试验回路电流促使相应的回路断路器动作。击穿通常是由试样和电极周围的气体或液体媒质中的局部放电引起，并使得小电极（或两电极，如果两电极直径相同的话）边缘的试样遭到破坏。

2. 击穿电压

（1）连续升压试验　在规定的试验条件下，试样发生击穿时的电压。

（2）逐级升压试验　试样承受住的最高电压，在该电压水平下，整个时间内试样不发生击穿。

3. 电气强度

是表征绝缘材料所能承受电压的能力，以在规定试验条件下试样在均匀电场中被击穿时的电压值与试样厚度的比值表示。电气强度的表示符号是 E。计算公式为

$$E=\frac{U}{d} \tag{6-19}$$

式中　U——试样发生击穿时的电压值，单位为 MV；

d——试样的厚度，单位为 m。

（二）试验的意义

电气强度试验结果，能用来检测由于工艺变更、老化条件或其他制造或环境情况而引起的性能相对于正常值的变化或偏离，一般不推荐用于直接确定在实际应用中的绝缘材料的性能状态。

材料的电气强度测量值可能受以下多种因素影响：

1. 试样状态

1）试样厚度和均匀性，以及是否存在机械应力。

2）试样的预处理，特别是干燥和浸渍过程。

3）是否存在气隙、水分或其他杂质。

2. 试验条件

1）施加电压的频率、波形和升压速度或加压时间。

2）环境温度、气压和湿度。

3）电极形状、电极尺寸及其导热系数。

4）周围媒质的电、热特性。

材料的电气强度随着电极间试样厚度的增加而减小，随电压施加时间的增加而减小。

大多数材料测得的电气强度受到击穿前的表面局部放电强度和时间的显著影响。为设计在升压直到试验电压过程中不发生局部放电的电气设备，应知道材料击穿前无放电的电气强度。具有高电气强度的材料未必能耐长时期的劣化过程，例如热老化、腐蚀或由于局部放电而引起化学腐蚀或潮湿条件下的电化学腐蚀，而所有这些过程都可导致材料在运行中于低得多的电场强度下失效。

二、试验方法

（一）电极和试样

1. 电极

（1）不等直径电极　垂直板材和片材表面试验的不等直径电极装置如图 6-14 所示。电极由两个金属圆柱体组成，其边缘倒圆成半径为（3.0±0.2）mm 的圆弧。其中一个电极的直径为（25.0±1.0）mm，高约 25.0mm；另一个电极直径为（75.0±1.0）mm，高约 15.0mm。两个电极同轴，误差在 2.0mm 内。

（2）等直径电极　垂直板材和片材表面试验的等直径电极装置如图 6-15 所示。如果使用一种可使上下电极准确对中（误差在 1.0mm 内）放置的装置，则下电极直径 可减小到（25.0±1.0）mm，两电极直径差不大于 0.2mm，这样测得的结果未必同不等直径电极测得的结果相同。

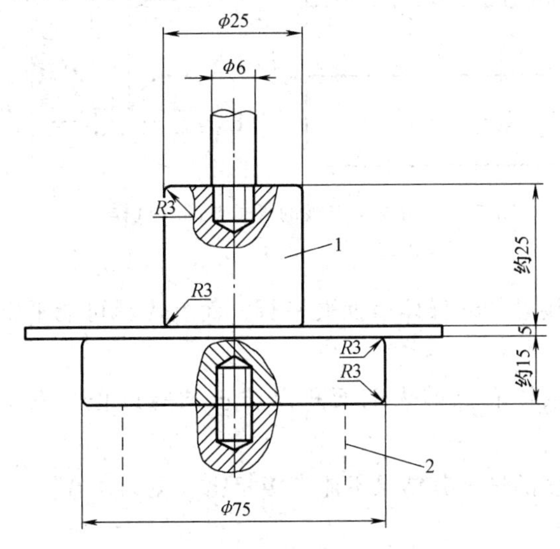

图 6-14　垂直板材和片材表面试验的不等直径电极装置

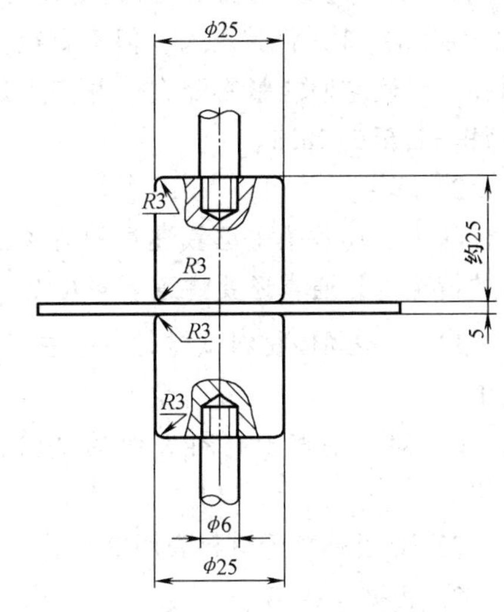

图 6-15　垂直板材和片材表面试验的等直径电极装置

（3）球板电极　球板电极装置如图 6-16 所示。电极由一个球体和一个金属板组成，其中上电极直径为（20.0±1.0）mm 的球体，下电极直径为（25.0±1.0）mm 的金属板，其边缘倒圆成半径为 2.5mm 的圆弧。上下电极同轴，误差在 1.0mm 内。

（4）锥销电极　带锥销电极的装置如图 6-17 和图 6-18 所示。

在试样上垂直试样表面钻两个相互平行的孔，两孔中心距离为（25±1）mm。两孔的直径这样来确定：用锥度约 2%的铰刀扩孔后每个孔的较大的一端的直径不小于 4.5mm 而不大

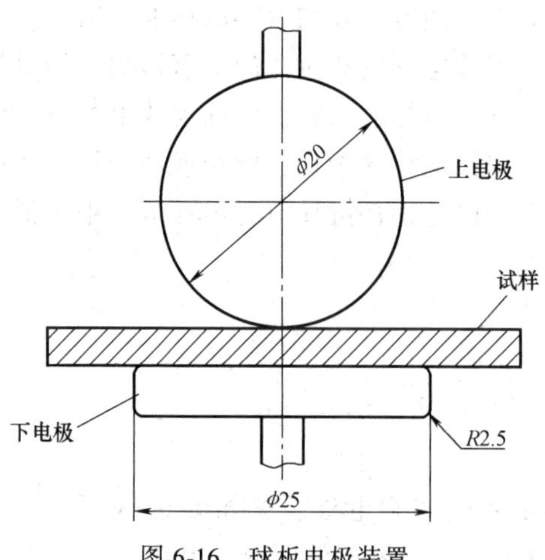

图 6-16　球板电极装置

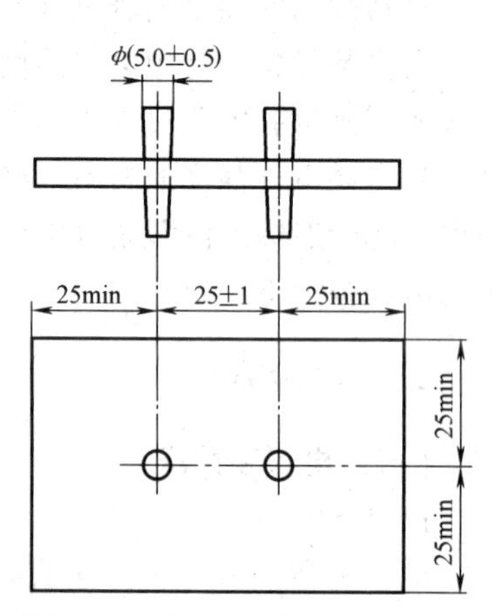

图 6-17　带锥销电极的平板试样

于 5.5mm。钻孔的两孔完全贯穿试样，或如果试样是大管子，则孔仅贯穿一个管壁，并在孔的整个长度上用铰刀扩孔。在钻孔和扩孔时，孔周围的材料不应有任何形式的损坏，如劈裂、破碎或碳化。用作电极的锥形销的锥度为(2.0±0.02)%并将其压入，但不要锤打两孔，以使它们能紧密配合，并突出试样每一面至少 2mm。

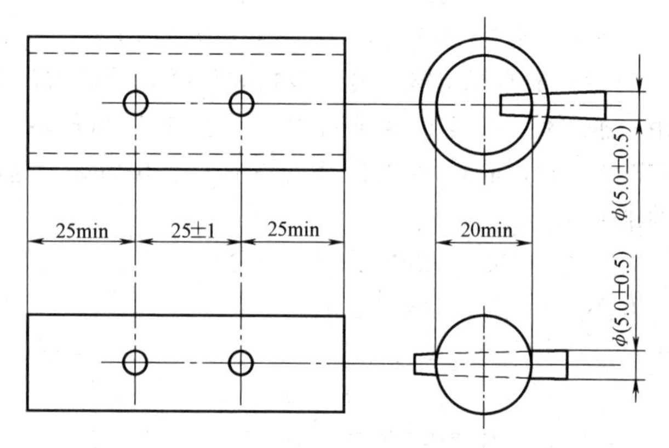

图 6-18　带锥销电极的管子或圆棒试样

2. 试样

除了上述各条中已叙述过的有关试样的情况外，通常还要注意下面几点：

1）制备固体材料试样时，应注意与电极接触的试样两表面要平行，而且应尽可能平整光滑。

2）对于垂直于材料表面的试验，要求试样有足够大的面积以防止试验过程中发生闪络。

3）对于垂直于材料表面的试验，不同厚度的试样其结果不能直接相比（见第 4 章）。

3. 电极间距离

用来计算电气强度的两电极间距离值应为下列之一：

1）标称厚度或两电极间距离（除非另有规定，一般均采用此值）。

2）对于平行于表面的试验，为试样的平均厚度或两电极间的距离。

3）在每个试样上击穿点附近直接测得的厚度或两电极间的距离。

（二）试验设备

（1）电源　用可变的低压正弦电源和升压变压器获得试验电压。电源的容量应足够大，使之在发生击穿前能维持试验电压。

（2）电压测量　应具有测量试验电压有效值的仪器（峰值电压表）电压测量回路的总

误差不超过测量值的 5%。

（三）试验步骤

（1）试验前的条件处理　绝缘材料的电气强度随温度和水分含量而变化。若被试材料已有规定，则应遵循该规定。除非另有商定条件，试样应在温度为（23±2）℃、相对湿度为（50±5）%的条件下，处理不少于 24h。

（2）测量试样厚度　在每个试样上均匀测量三点，精确至 0.02mm。取平均值。

（3）选择升压速率　应使击穿发生在 10s~20s 之间。推荐升压速率为 100V/s，200V/s，500V/s，1000V/s，2000V/s，5000V/s。

（4）升压　将试验电压从零开始以选定的升压速率均匀地升至击穿发生。

（5）击穿的判断　电介质击穿的同时，回路中电流增加和试样两端电压下降，电流的增加可使断路器跳开或熔丝烧断。从而判定试样击穿。

（四）试验结果处理

除非另有规定，通常做 5 次试验，取试验结果的中值作为击穿电压。如果任何一个试验结果偏离中值的 15%以上，则需另取 5 个试样重做试验。然后由 10 次试验结果的中值作为击穿电压。

三、推荐的试验标准

常用的绝缘材料电气强度试验方法有 GB/T 1408.1—2016《绝缘材料　电气强度试验方法　第 1 部分：工频下试验》，GB/T 1695—2005《硫化橡胶　工频击穿电压强度和耐电压的测定方法》等。

第五节　电痕化指数试验

一、基础知识

1. 电痕化

在电应力和电解杂质的联合作用下，固体绝缘材料表面和/或内部导电通道逐步形成。使固体部分间由于电痕化绝缘失效。由于放电作用使电气绝缘材料产生耗损，试样表面上电极间产生的电弧。

2. 耐电痕化指数

5 个试样经受 50 滴液滴期间未电痕化失效和不发生持续燃烧所对应的耐电压数值，以 V 表示。

3. 试验原理

被支撑试样上表面几乎为水平面，两电极间施加一电应力，电极间试样表面经受连续电解液滴，直到过电流装置动作，或发生持续燃烧或直到试验通过。每一试验是短期的（少于 1h），最多 50 滴或 100 滴，电解液滴大约为 20mg，间隔 30s 滴下，试样表面铂金电极间距为 4mm。试验时，电极间施加 100V~600V 交流电压。试验过程中试样也可能腐蚀或变软，因此允许电极陷入试样，试验时，同时报告通过试样形成的洞以及洞的深度（测量试样厚度），可用更厚的试样重测，试样最大厚度为 10mm。

通过电痕化导致失效，所需液滴数通常随施加电压降低而增加，低于临界值时，电痕化不再发生。

二、试验方法

参照 GB/T 4207—2012《固体绝缘材料耐电痕化指数和相比电痕化指数的测定方法》。

（一）试验设备

1. 电极

应使用最小纯度为99%的铂金电极，两电极应有一矩形横截面为（5±0.1）mm×（2±0.1）mm，有一（30±2)°斜面，斜面的刃近似为平面，宽度为0.01mm~0.1mm。

在水平放置的试样待测光滑平面上，两电极面垂直相对，电极之间成（60±5)°，电极间相距应为（4.0±0.1）mm。图6-19所示为电极/试样装配。

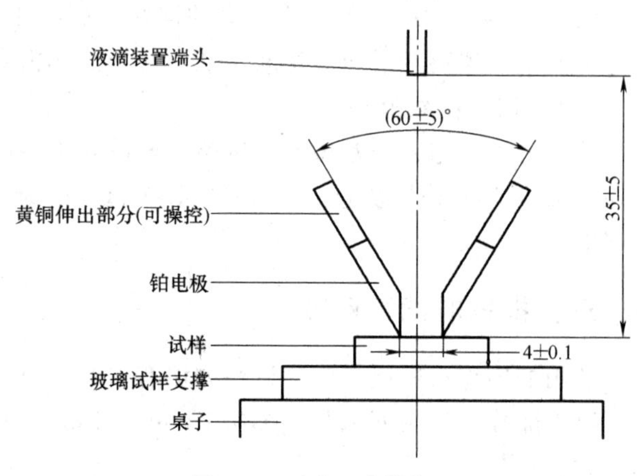

图6-19 电极/试样装配

用一薄的矩形金属滑规检验电极间距，电极应能自由移动，每一个电极施加于试样表面的力，在试验开始时应为（1.00±0.05）N。应设计成试验时其压力尽可能保持不变。图6-20所示为一种典型电极安装和试样支撑示例，压力应通过间距调节。

在某些材料上单独试验，电极陷入深度较小，电极压力通过弹簧产生，然而，在一般用途设备上靠重量产生压力（见图6-20)。

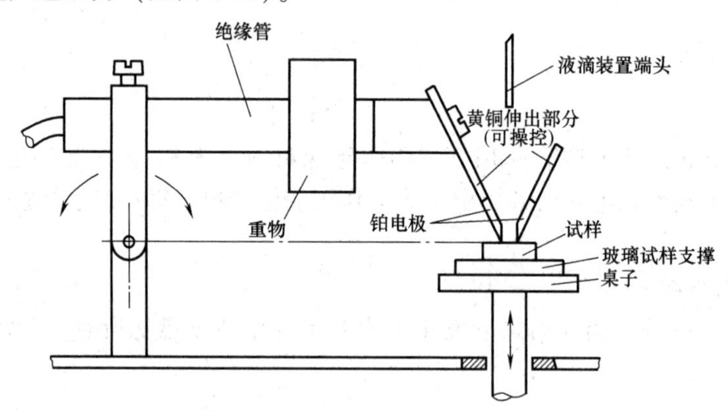

图6-20 典型电极安装和试样支撑示例

2. 试验溶液

溶液A：质量分数约为0.1%、纯度不小于99.8%的分析纯无水氯化铵（NH_4Cl）试剂溶解在电导率不超过1mS/m的去离子水中，在（23±1)℃时，其电阻率为（3.95±0.05）Ω·m。

溶液B：质量分数约为0.1%、纯度不小于99.8%的分析纯无水氯化铵试剂和质量分数为（0.5±0.002)%的二异丁基萘磺酸钠溶解在电导率不超过1mS/m的去离子水中，在

(23±1)℃时，其电阻率为（1.98±0.05）Ω·m。

3. 滴液装置

试验溶液液滴应以（30±5）s 的时间间隔滴落在试样表面，液滴应从（35±5）mm 的高度滴到两电极间试样表面的中间。

滴在试样上 50 滴液滴数的时间应为（24.5±2）min。

连续 50 滴液滴的质量应在 0.997g~1.147g，连续 20 滴液滴的质量应在 0.380g~0.480g。

（二）试样

可采用任何表面非常平的试样，只要其面积足够，确保试验时无液体流出试样边缘即可。推荐平面尺寸应不小于 20mm×20mm，以减少电解液流出试样边缘损失，只要电解液不损失，其尺寸为 15mm×15mm 也可采用。试样厚度应为 3mm 或更厚，每一材料试样可重叠以获得所要求至少 3mm 的厚度。

试样应光滑，非织物表面应为完整表面，如无擦伤、瑕疵、杂质等。除非产品标准中另有规定，如可能，结果应与试样表面状态描述一起报告。因为试样表面某种特性可能增加结果的分散性。

试样应在温度为（23±5）℃、相对湿度为（50±10）%的环境下保持至少 24h。

（三）试验步骤

1）试验应在环境温度（23±5）℃下进行。

2）试验前，如有必要，通过冷却电极，确保电极温度足够低，以便对试样性能不产生负面影响。确保不产生直观的污染，通过标准试验与试验前的测量确保所采用溶液符合电导率要求。

3）每次试验后，用合适溶剂清洗电极，然后用去离子水漂洗，如需要，恢复原状，下次试验前进行最终漂洗。

4）将试样水平放在试样支撑台上，试样面朝上，调整试样相对高度和电极装置，以便降低电极在试样上，并定位校准电极间距为（4.0±0.1）mm。确保电极横刃与试样表面按要求的压力接触，压力均匀分布整个刃宽度。

5）调节试验电压到要求值，电压应是 25V 的整数倍，并调整电路参数，以使短路电流在允许的公差范围内。

6）启动滴定装置使液滴落在试样表面，继续试验直到发生如下情况之一。

① 过流装置动作；

② 发生持续燃烧；

③ 第 50（100）滴落下后至少经过 25s 无①或②情况发生。

（四）试验结果表示

1. 蚀损的测定

50 滴试验后未失效试样应清除掉粘在其表面的碎屑或松散附着在其上面的分解物，然后将它放在深度规的平台上，用一个具有半球端部的其直径为 1.0mm 的探针来测量每个试样的最大蚀损深度，以毫米表示，精确到 0.1mm。测量 5 次，结果取最大值。

蚀损深度小于 1mm 时以<1mm 表示。

2. 耐电痕化指数（PTI）测量

在一规定电压下，试样经受住在第 50 滴液滴已经滴下后，至少 25s 无电痕化失效，无持续燃烧发生。再调节试验电压（25V 的整数倍）到要求值，启动滴定装置使液滴落在试样表面，直到空气电弧，过流装置动作，不再继续，电痕化失效。

记录失效时电压，耐电痕化电压应是 25V 的整数倍。

第六节　影响材料电性能的主要因素

材料电性能不仅与材料自身的结构有关，而且还与状态条件及测试环境条件（特别是湿度）有着密切关系。凡含极性基团的材料，因具有吸湿倾向，湿度对材料的电性能都将产生不利影响，材料吸湿性越大，湿度对电性能影响也越大。水具有导电性，会使材料绝缘电阻降低；水具有较高相对电容率，又对材料有增塑作用，使树脂分子链活动性增大，不仅可增大材料的相对电容率，也会增大介质损耗。只有那些不吸湿或吸湿倾向很小的塑料，电性能才不受湿度变化的影响。

温度变化对不同塑料电性能的影响也不同。对于非极性塑料，只要温度升高不超过材料的允许工作温度，不引起树脂分子链明显运动或导致材料化学变化，材料的电性能就保持不变。对于极性材料，温度升高一般都会引起材料电性能降低。当极性基团直接连在分子主链上时，温度升高时，由于分子链活动能力增大，偶极极化能力增大，使材料电性能降低，但温度较低时，由于链段活动性小，偶极运动被冻结，材料尚可呈现出较好的电性能。如聚氯乙烯、PET、双酚 A 型聚碳酸酯等，室温下都是较好的高频绝缘材料。极性基团位于主链侧位的塑料，情况有所不同，即使在玻璃化转变温度以下，极性基团可能仍具有活动性，在交变电场中仍可以被极化，只有当温度降低到使极性基团的运动被冻结的温度之下时，材料才具有较好的电性能。

电场频率对材料介电性能也有影响，非极性塑料在交变电场中，由于只产生电子极化，电子极化可瞬时完成，因此材料的相对电容率、介质损耗因数等参数都不受电场频率改变的影响。含极性基团的塑料，在交变电场作用下，不仅产生电子极化，亦产生偶极极化。偶极极化需要一定时间，当电场频率较低时，偶极极化能够完成。在电场频率尚未增大到使偶极极化来不及完成之前，材料的相对电容率和介质损耗因数都保持着恒定值。随电场频率的继续增大，偶极极化会越来越滞后于电场频率，材料的相对电容率随之减小，介质损耗因数则增大。

下列参数可能会对电气绝缘材料的介电和电阻特性产生影响：

（1）时间　有些材料的松弛时间可能会相当长（至少要几个月之久）。为得到正确结果，可能有必要花费很长时间来实施测量。然而出于实践原因，对电阻特性的测量要在电压施加 1min 后进行，这个测量值与电气绝缘材料电阻真实值之间可能会有差别。

（2）频率　由于介电常数与介质损耗因数在大频率范围以上不能保持恒定，所以有必要在电介质材料被应用的频率下去测量介电常数与损耗因数。频率（$\omega=2\pi f$）对介电常数与介质损耗因数 $\tan\delta$ 的影响如图 6-21 所示，在特定频率下，损耗指数 ε_r''在松弛转变中达到了最大值。在该松弛转变中，复相对介电常数 ε_r'从较高值（静态）下降到较低值（频率无穷大）。这种现象是由极化对时间依赖所造成的。

介质损耗因数 $\tan\delta$ 也与频率相关，开始随着频率增加而增大，达到最大值后，又随频率升高而下降的，与损耗指数 ε_r''相比，$\tan\delta$ 的最大值出现的频率更高。

（3）温度　温度对介电常数与介质损耗因数影响的示例如图 6-22 所示。随着温度的升高，介质损耗因数可能会出现一个或多个最大值，这是因为温度会影响极化和松弛时间的缩短。由此，介电常数随温度而逐步增大。另外，在高温下离子和电子等粒子可以更自由地运动，使电导率升高。同理，绝缘电阻值和表面或体积电阻率也与温度密切相关。

（4）湿度　所有介电和电阻特性，如介电常数、介质损耗因数、体积和表面电阻率，都会受湿度影响。因此不论在试验前后，对试样的条件处理，如对湿度的控制，都至关重要。

（5）电场强度　如果没有电子发射或相关效应控制，除界面极化外，所有种类的介电极化效应都和施加电场强度呈近似线性的关系。当界面极化存在时，自由离子的数量随电场强度增多，介质损耗因数最大值和位置发生改变。若没有电离效应，损耗和介电常数因数对电场强度的依赖性不大。当电压或电场强度升高时，多种非线性现象可能发生。与时间相关的充电电流也与电压有关。

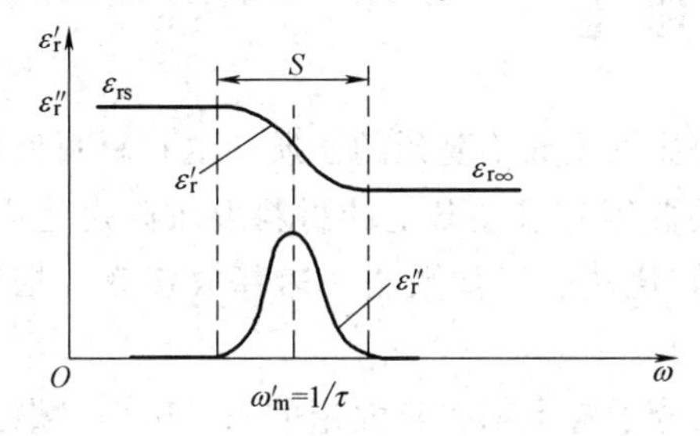

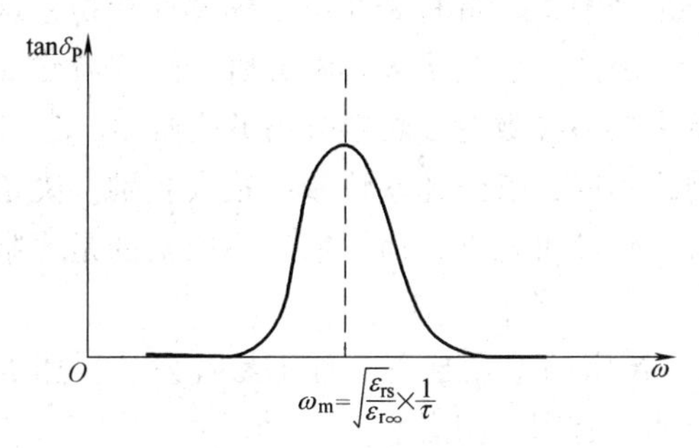

图 6-21　频率（$\omega=2\pi f$）对介电常数与介质损耗因数 tanδ 的影响

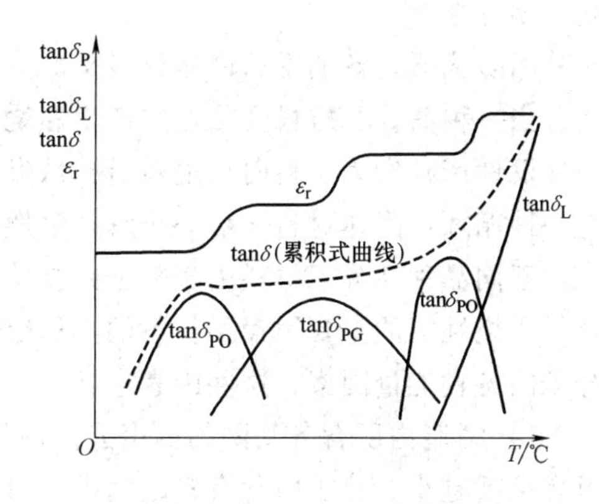

图 6-22　温度对介电常数与介质损耗因数影响的示例

思　考　题

1. 高分子材料电性能的五项主要参数是什么？
2. 简述体积电阻率的定义。
3. 电阻率测试时为什么要规定读数时间？
4. 简述高分子材料的极性强弱与相对电容率和介质损耗因数的关系。
5. 简述电气强度的定义。
6. 简述环境湿度、温度对高分子材料电性能的影响。

第七章

阻燃性能检测

第一节 基本概念

阻燃性能是物质具有的或材料经处理后具有的明显推迟火焰蔓延的性质。这在材料使用范围选择上起指导作用，用于航天、航空、船舶、兵器等武器装备上的材料要求阻燃性高。目前评价阻燃性能的方法主要有垂直燃烧法、水平燃烧法、氧指数法、热释放速率、烟密度、烟毒性等。

国防武器装备上用的许多材料是高分子材料，其分子链上都含有大量的 C、H 等可燃元素。当一种高分子材料受热作用产生燃烧时，首先是分解，在材料表面产生挥发性产物，这种挥发性产物作为燃料向火焰前沿扩散燃烧并产生更多热，引起更多材料分解，这样就建立起一种循环：固体材料分解→分解产物燃烧放出更多热→导致更多材料分解并燃烧。

不同品种高分子材料由于分子链具体组成和结构不同，燃烧速率快慢有很大差别。决定材料燃烧性能的主要因素是材料的热稳定性和分解产物的可燃性，而影响这一因素的是树脂分子的各种能量因素，这些因素包括：

1）树脂内所含各基团的内聚能。内聚能越大，树脂的熔点越高，且不易挥发，树脂的可燃性就越小。分子内含有极性基团，可增大内聚能，有利于阻燃。

2）分子链上所含各化学键的解离能。化学键解离能越大，化学键的断裂所需要的能量越多，树脂的可燃性越小。

3）树脂的燃烧热。燃烧热是物质燃烧时所放出的热能。材料的燃烧热越小，燃烧时释放出的热能越少，越不易引燃更多的材料继续燃烧，使燃烧过程难以蔓延。材料持续燃烧的危险性越小，引燃后的自熄性越好。

由于高分子材料的燃烧过程十分复杂，不同高分子材料的化学组成和结构有很大差别，引起燃烧的具体条件也不完全相同，因此各高分子材料的燃烧过程特点也会有很大差异。高分子材料燃烧的条件很难模拟，主要通过实验室的试验预测高分子材料的阻燃性。

高分子材料的燃烧从以下几方面表征：

1）易燃着性：指材料燃着的容易程度。

2）火焰蔓延：指火焰沿材料表面传播的迅速程度。

3）耐火焰性：指火焰穿过壁面或障碍物的迅速程度。

4）热释放速率：指燃烧时热量释放量和释热迅速程度。

5）易熄灭程度：指火焰的化学反应导致火苗熄灭的迅速程度。

6）烟密度。指燃烧时所产生的烟雾的疏密程度，并以最大比光密度、吸光率中的最大烟密度或烟密度等级为试验结果。

7）毒性气体释放情况。指燃烧时所产生的气体成分毒性大小。

以上7个方面的前5项是对材料燃烧现象本身的表征，后2项是表征燃烧所额外带来的危害。燃烧所产生的浓烟会损害建筑物内、车内、机内等着火现场人员逃离现象的能力，也妨碍灭火人员的灭火工作。毒性气体会增大着火事故的危害。所有高分子材料燃烧时都会不同程度地产生烟雾，某些高分子材料会产生毒性气体。因此烟密度和毒性气体同样应是表征高分子材料的燃烧性能的重要指标。

第二节　垂直燃烧试验

一、基础知识

垂直燃烧试验是在规定的试验条件下对垂直装夹的规定尺寸试样用本生灯点燃，记录试样有焰和无焰燃烧时间，观察并记录燃烧时试样的熔融、卷曲、滴落物和熄灭等现象，从而对材料的燃烧性做出评价。

垂直燃烧试验主要用于对不同塑料在实验室的垂直燃烧条件下的相对燃烧速率、燃烧时间、燃烧程度进行比较，可用于材料筛选、质量控制，但不能作为实际使用条件下着火危险的判别依据，只有同样测试条件、同一试样尺寸之间才能进行结果比较。

二、试验方法

参照GB/T 2408—2008《塑料　燃烧性能的测定　水平法和垂直法》。

1. 试验设备

垂直燃烧试验装置如图7-1所示。

试验箱内部容积至少为0.5m³。试验箱应能观察到试验，同时应无风，但燃烧时空气应能通过试样进行正常的热循环。

计时装置：分辨率高于0.5s。

实验室喷灯：可通过给可燃液体加压，喷嘴喷出的火焰高度超过10mm。

2. 试样

试样为条状，试样尺寸为长度（125±5）mm、宽度（13.0±0.5）mm，厚度应提供材料的最小或最大厚度，但厚度不应超过13mm。边缘应平滑，同时倒角半径不应超过1.3mm。

垂直燃烧试验试样数量应准备20根。

3. 试验条件

试样状态调节条件分以下两种：

1）试样应在温度为（23±2）℃、相对湿度为

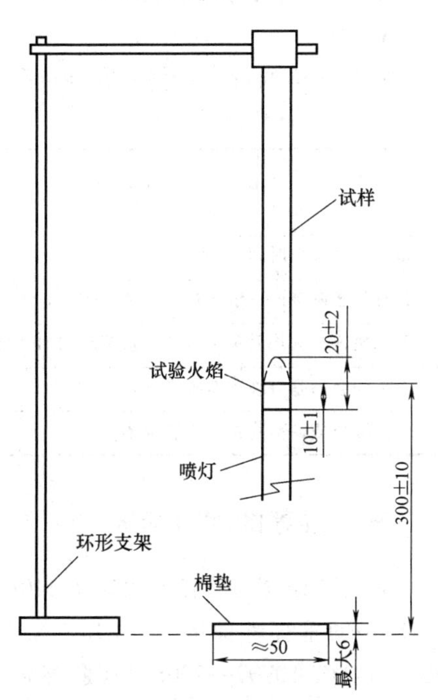

图7-1　垂直燃烧试验装置

(50±5)%的环境条件下状态调节至少48h，一旦从状态调节中移出试样，应在1h以内测试试样。

2）试样应在温度为（75±2)℃的空气循环烘箱内处理（168±2）h，然后在干燥试验箱内至少放置4h，一旦从干燥试验箱中移出试样，应在30min以内测试试样。

试验应在温度为（25±10)℃、相对湿度为（60±15)%的环境条件下进行。

4. 试验步骤

1）夹住试样上端6mm的长度，纵轴垂直，使试样下端高出水平棉垫（300±10）mm。

2）喷灯管的纵轴处于垂直状态，调节喷灯使其产生符合标准的试验火焰。等待5min使喷灯状态达到稳定。

3）使喷灯管中心轴保持垂直，将火焰中心加到试样底边的中点，同时使喷灯顶端比该点低（10±1）mm，保持10s。立即将喷灯撤离，同时用计时装置开始测量余焰时间 t_1。

4）当试样余焰熄灭后，立即重新把试验火焰放在试样下面，使喷灯管中心轴保持垂直位置，并使喷灯的顶端处于试样底端以下（10±1）mm的距离，保持10s，之后立即将喷灯撤离，同时利用计时装置开始测量余焰时间 t_2 和余辉时间 t_3。

5）如此反复，再做4根试样。

5. 结果计算

由两种条件处理的5根试样，总余焰时间 t_f 的计算公式为

$$t_f = \sum_{i=1}^{5}(t_{1,i} + t_{2,i}) \tag{7-1}$$

式中　t_f——总的余焰时间，单位为s；

$t_{1,i}$——第 i 个试样的第一个余焰时间，单位为s；

$t_{2,i}$——第 i 个试样的第二个余焰时间，单位为s。

6. 分级

根据试样的行为，垂直燃烧可分为三个级别：V-0、V-1、V-2，具体判据见表7-1。

表7-1　垂直燃烧级别

判据	级别		
	V-0	V-1	V-2
单个试样余焰时间(t_1 和 t_2)	≤10s	≤30s	≤30s
任意状态调节的一组试样总的余焰时间 t_f	≤50s	≤250s	≤250s
第二次施加火焰后单个试样的余焰时间加余辉时间(t_2+t_3)	≤30s	≤60s	≤60s
余焰和余辉是否蔓延至夹具	否	否	否
火焰颗粒或滴落物是否引燃棉垫	否	否	是

三、推荐的试验标准

垂直燃烧试验方法有GB/T 2408—2008《塑料　燃烧性能的测定　水平法和垂直法》，UL94中的垂直燃烧部分，GB/T 8333—2008《硬泡沫塑料燃烧性能试验方法　垂直燃烧法》，GB/T 10707—2008《橡胶燃烧性能的测定》，GB/T 5169.16—2017《电工电子产品着火危险试验　第16部分：试验火焰50W水平与垂直火焰试验方法》等。

第三节 水平燃烧试验

一、基础知识

水平燃烧试验是在规定的试验条件下，对水平装夹的规定试样用本生灯点燃，记录试样燃烧的时间和距离，并观察记录试样熔融、卷曲、结炭、滴落、滴落物是否燃烧等现象。水平燃烧试验所用试样要求具有自撑性，即将试样按水平位置一端固定，另一端的下垂不大于10mm。因此，该方法只适用于硬质材料。

水平燃烧试验主要用于对不同塑料在实验室水平燃烧条件下的相对燃烧速率、燃烧时间、燃烧程度进行比较，可用于材料筛选、质量控制，但不能作为实际使用条件下着火危险的判别依据。只有同样测试条件、同一试样尺寸之间才能进行结果比较。

二、试验方法

(一) 塑料水平燃烧试验

参照 GB/T 2408—2008《塑料　燃烧性能的测定　水平法和垂直法》。

1. 试验设备

水平燃烧试验装置如图 7-2 所示。

试验箱内部容积至少为 0.5m^3，试验箱应能观察到试验，同时应无风，但燃烧时空气应能通过试样进行正常的热循环。

计时装置：分辨率高于 0.5s。

实验室喷灯：可通过给可燃液体加压，喷嘴喷出的火焰高度超过 10mm。

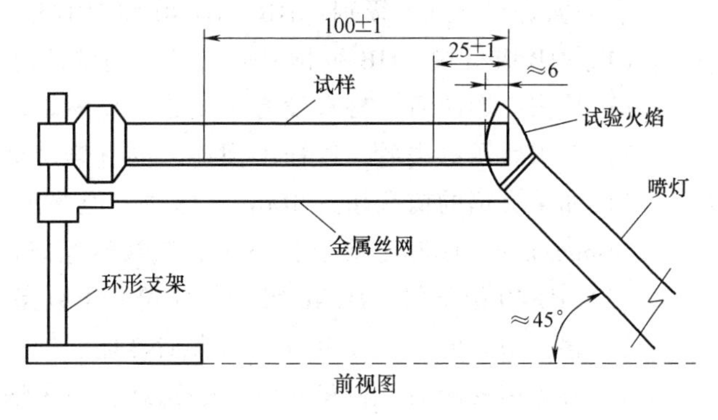

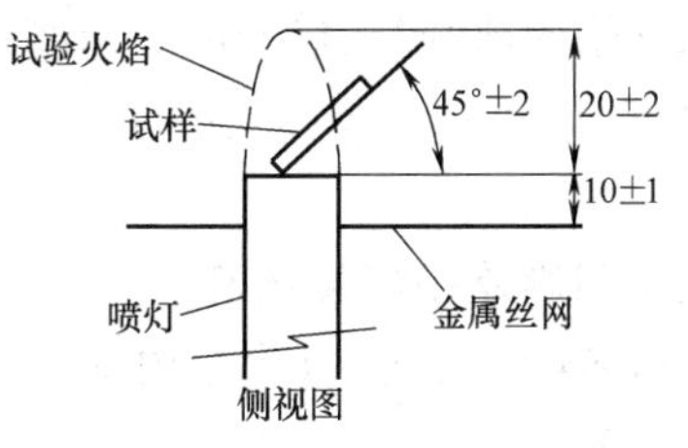

图 7-2　水平燃烧试验装置

2. 试样

条状试样长度为（125±5）mm、宽度为（13.0±0.5）mm，厚度应提供材料的最小或最大厚度，但厚度不应超过13mm。边缘应平滑，同时倒角半径不应超过 1.3mm。

水平燃烧试验试样数量至少为 6 根。

3. 试验条件

试样一般应在温度为（23±2）℃、相对湿度为（50±5）%的环境条件下状态调节至少 48 小时，一旦从状态调节中移出试样，应在 1h 以内测试试样。试验应在温度为（25±10）℃、相对湿度为（60±15）%的环境条件下进行。

4. 试验步骤

1）在试样的宽度方向上划两条标线。离点火端分别为（25±1）mm 和（100±1）mm。

2）将试样水平的装入试样夹上。使试样的纵轴近似水平。

3）调节实验室喷灯，使喷灯管中心线与水平面成45°，同时斜向试样的自由端。把火焰加到试样的底部，喷灯的位置应使火焰侵入火焰试样自由端近似6mm的长度。

4）不改变火焰位置施焰（30±1）s，如果低于30s时试样上的火焰前端已达到25mm处，就立即离开火焰。

5）当火焰前端达到25mm处，开始计时。火焰前端通过100mm标线时，记录经过的时间，同时记录损坏的长度为75mm。如果火焰的前端通过25mm处未达到100mm标线，要记录经过的时间，同时记录25mm标线与火焰停止标痕间的损坏长度。

6）如此反复，再做2个试样，如果3个试样的结果不一致，需做另外3个试样。

5. 结果计算

火焰前端通过100mm标线时，试样的线性燃烧速率的计算公式为

$$v=\frac{60L}{t} \tag{7-2}$$

式中 v——线性燃烧速率，单位为mm/min；

L——记录损坏的长度，单位为mm；

t——燃烧记录损坏的长度所经过的时间，单位为s。

6. 分级

水平燃烧共分三个级别：HB、HB40和HB75

（1）HB级材料　HB级材料应符号下列条件之一：

1）移去引燃源后，材料没有可见的有焰燃烧。

2）在引燃源移去后，试样出现连续的有焰燃烧，但火焰的前端未超过100mm标线。

3）如果火焰的前端超过100mm标线，但厚度为3.0mm~13.0mm，其线性燃烧速率未超过40mm/min，或厚度低于3.0mm，其线性燃烧速率未超过75mm/min。

（2）HB40级材料　HB40级材料应符号下列条件之一：

1）移去引燃源后，没有可见的有焰燃烧。

2）移去引燃源后，材料持续有焰燃烧，但火焰的前端未达到100mm标线。

3）如果火焰的前端超过100mm标线，线性燃烧速率不超过40mm/min。

（3）HB75级材料　如果火焰的前端超过100mm标线，线性燃烧速率不应超过75mm/min。

（二）内饰材料水平燃烧试验

参照GB/T 8410—2006《汽车内饰材料燃烧特性》。

1. 试验装置及器具

（1）燃烧箱　燃烧箱用钢板制成，其结构如图7-3所示，燃烧箱的前部设有一个耐热玻璃观察窗，该窗可整块盖住前面，也可做成小型观察窗；燃烧箱底部设10个直径为19mm的通风孔，四壁靠近顶部，四周有宽13mm的通风槽。整个燃烧箱由4只高10mm的支脚支承着。在燃烧箱顶部设有安插温度计的孔，此孔设在顶部靠后中央部位，中心距后面板内侧20mm，燃烧箱一端设有可封闭的开孔，此处可放入装有试样的支架，另一端则设一个小门，门上有通燃气管用的小孔，支撑燃气灯的支座及火焰高度标志板。燃烧箱底部设有一只用于收集熔融滴落物的收集盘。此盘放置在两排通风孔之间，不影响通风孔的通风。

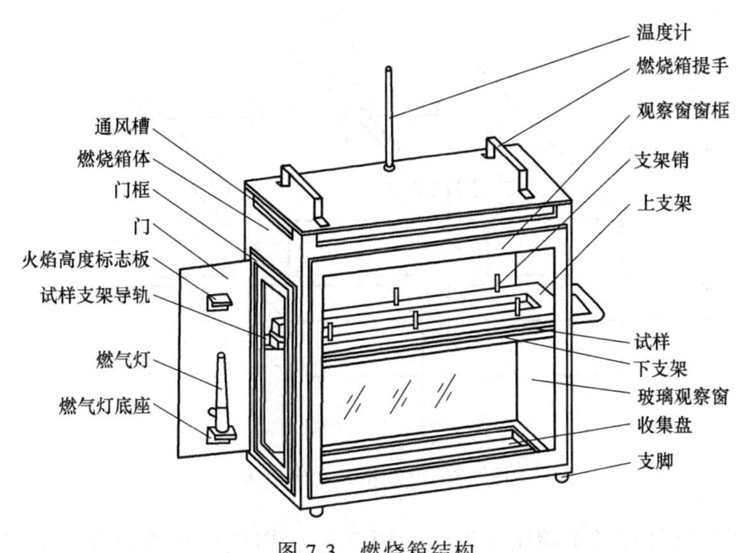

图 7-3 燃烧箱结构

（2）试样支架 图 7-4 所示为燃烧箱试样支架，试样支架由两块 U 形耐腐蚀金属板制成的框架组成，支架下板装有 6 只销子，上板相应设有销孔，以保证均匀夹持试样，同时销子也作为燃烧距离的起点（第一标线）和终点（第二标线）的标记。另一种支架的下板不仅设有 6 只销子，而且支架下板布有距离为 25mm 的耐热金属支承线，线径为 0.5mm，燃烧箱下支架截面如图 7-5 所示，该种支架在特定情况下使用，安装后的试样底面应在燃烧箱底板之上 178mm。试样支架前端距燃烧箱的内表面距离应为 22mm，试验支架两纵外侧离燃烧箱内表面距离为 50mm。

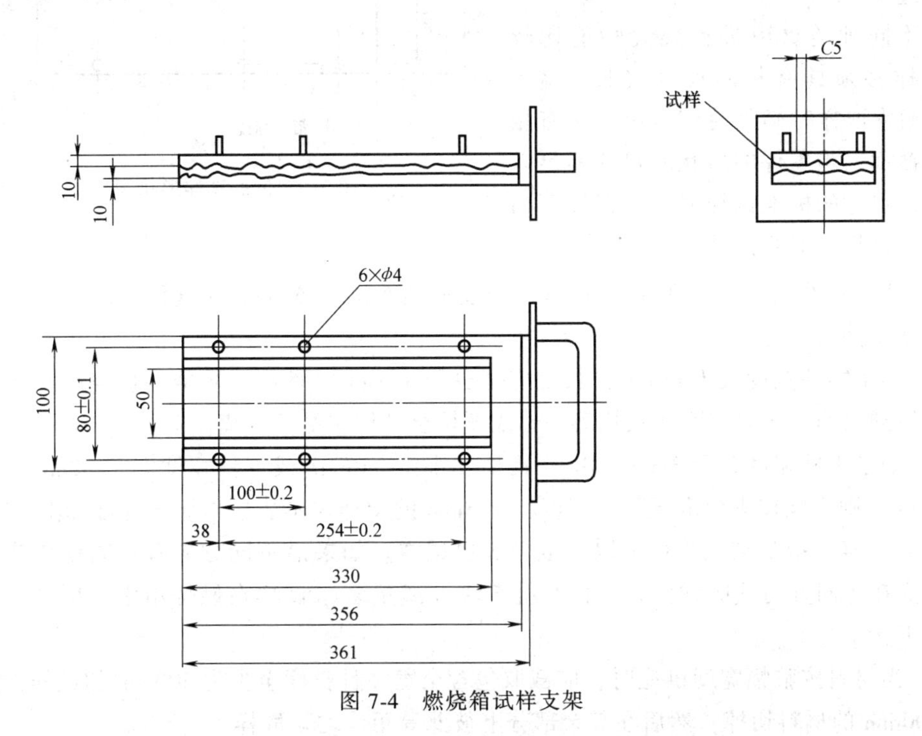

图 7-4 燃烧箱试样支架

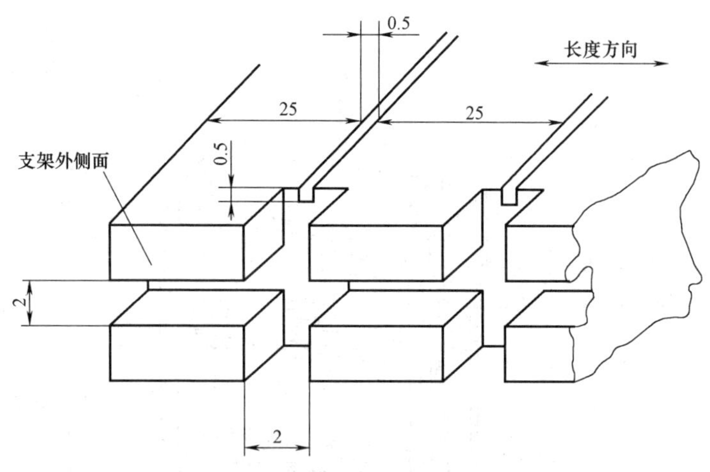

图 7-5　燃烧箱下支架截面

（3）燃气灯　燃气灯是试验用火源（见图 7-3），燃气灯喷嘴内径为 9.5mm，其阀门结构应易于控制火焰高度，并易于调整火焰高度。当燃气灯置于燃烧箱内时，其喷嘴口部中心处于试样自由端中心以下 19mm 处。

（4）秒表　测量时间所用秒表精确度不低于 0.5s 。

（5）温度计　温度计量程应为 150℃以上，精确度为 1℃。

2. 试样

（1）形状和尺寸　标准试样形状和尺寸如图 7-6 所示。试样的厚度为零件厚度，但不超过 13mm。

以不同种类材料进行燃烧性能比较时，试样必须具有相同尺寸（长、宽、厚）。通常取样时必须使试样沿全长有相同的横截面。当零件的形状和尺寸不足以制成规定尺寸的标准试样时，应保证下列最小尺寸试样，但要记录：

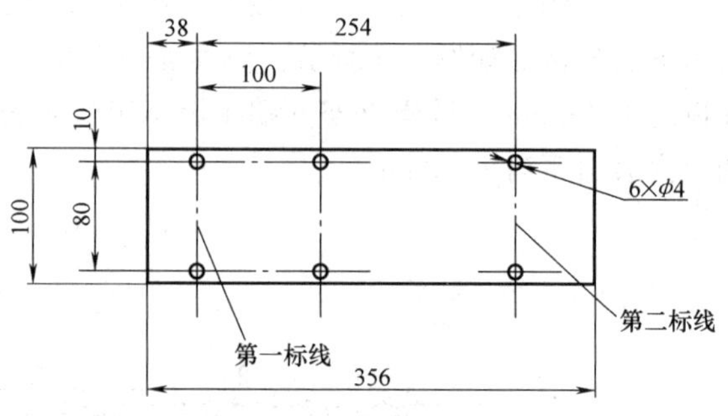

图 7-6　标准试样形状和尺寸

1）如果零件宽度介于 3mm～60mm，长度应至少为 356mm。在这种情况下试样要尽量做成接近零件的宽度。

2）如果零件宽度大于 60mm，长度应至少为 138mm。此时，可能的燃烧距离相当于从第一标线到火焰熄灭时的距离或从第一标线开始至试样末端的距离。

3）如果零件宽度介于 3mm～60mm 且长度小于 356mm 或零件宽度大于 60mm、长度小于 138mm，则不能按本标准试验；宽度小于 3mm 的试样也不能按本标准进行试验。

（2）取样　应从被试零件上取下至少 5 块试样。如果沿不同方向有不同燃烧速度的材料，则应在不同方向截取试样，并且要将 5 块（或更多）试样在燃烧箱中分别试验。取样方法如下：

1）当材料按整幅宽度供应时，应截取包含全宽并且长度至少为 500mm 的试样，并将距边缘 100mm 的材料切掉，然后在其余部分上彼此等距、均匀取样。

2）若零件的形状和尺寸符合取样要求，试样应从零件上截取。

3）若零件的形状和尺寸不符合取样要求，又必须按本标准进行试验，可用同材料同工艺制作结构与零件一致的标准试样（356mm×100mm），厚度取零件的最小厚度且不得超过 13mm 进行试验。此试验结果不能用于鉴定、认证等情况，且必须在试验报告中注明制样情况。

4）若零件的厚度大于 13mm，应用机械方法从非暴露面切削，使包括暴露面在内的试样厚度为 13mm。若零件厚度不均匀一致，应用机械方法从非暴露面切削，使零件厚度统一为最小部分厚度。若零件弯曲无法制得平整试样，应尽可能取平整部分，且试样拱高不超过 13mm；若试样拱高超过 13mm，则需用同材料同工艺制作结构与零件一致的标准试样（356mm×100mm），厚度取零件的最小厚度且不得超过 13mm 进行试验。层积复合材料应视为单一材料进行试验，取样方法同上。若材料是由若干层叠合而成，但又不属于层积复合材料，则应由暴露面起 13mm 厚之内所有各层单一材料分别取样进行试验。

3. 预处理

试验前试样应在温度为（23±2）℃和相对湿度为（50±5）%的标准环境下状态调节至少 24h，但不超过 168h。

4. 试验步骤

1）将预处理过的试样取出，把表面起毛或簇绒的试样平放在平整的台面上，用金属梳在起毛面上沿绒毛相反方向梳两次。

2）在燃气灯的空气进口关闭状态下点燃燃气灯，将火焰按火焰高度标志板调整，使火焰高度为 38mm，在开始第一次试验前，火焰应在此状态下至少稳定地燃烧 1min，然后熄灭。

3）将试样暴露面朝下装入试样支架。安装试样使其两边和一端被 U 形支架夹住，自由端与 U 形支架开口对齐。当试样宽度不足，U 形支架不能夹住试样，或试样自由端柔软和易弯曲会造成不稳定燃烧时，将试样放在带耐热金属线的试样支架上进行燃烧试验。

4）将试样支架推进燃烧箱，试样放在燃烧箱中央，置于水平位置。在燃气灯空气进口关闭状态下点燃燃气灯，并使火焰高度为 38mm，使试样自由端处于火焰中引燃 15s，然后熄掉火焰（关闭燃气灯阀门）。

5）火焰从试样自由端起向前燃烧，在传播火焰根部通过第一标线的瞬间开始计时。注意观察燃烧较快一面的火焰传播情况，计时以火焰传播较快的一面为准。

6）当火焰达到第二标线或者火焰达到第二标线前熄灭时，同时停止计时，计时也以火焰传播较快的一面为准。若火焰在达到第二标线之前熄灭，则测量从第一标线起到火焰熄灭时的燃烧距离。燃烧距离是指试样表面或内部已经烧损部分的长度。

7）如果试样的非暴露面经过切割，则应以暴露面的火焰传播速度为准进行计时。

8）燃烧速度的要求不适用于切割试样所形成的表面。

9）如果从计时开始，试样长时间缓慢燃烧，则可以在试验计时 20min 时中止试验，并记录燃烧时间及燃烧距离。

10）当进行一系列试验或重复试验时，下一次试验前燃烧箱内和试样支架最高温度不应超过 30℃。

5. 计算

燃烧速度的计算公式为

$$v = 60\frac{L}{T} \tag{7-3}$$

式中 v——燃烧速度，单位为 mm/min；

L——燃烧距离，单位为 mm；

T——燃烧距离 L 所用的时间，单位为 s。

燃烧速度以所测 5 块或更多试样的燃烧速度最大值为试验结果。

6. 结果表示

1）如果试样暴露在火焰中 15s，熄灭火源试样仍未燃烧，或试样能燃烧，但火焰达到第一标线之前熄灭，无燃烧距离可计，则被认为满足燃烧速度要求，结果均记为 A-0mm/min。

2）如果从试验计时开始，火焰在 60s 内自行熄灭，且燃烧距离不大于 50mm，也被认为满足燃烧速度要求，结果记为 B。

3）如果从试验计时开始，火焰在两个测量标线之间熄灭，为自熄试样，且不满足上述要求，则按式（7-3）的要求进行燃烧速度的计算，结果记为 C-燃烧速度实测值 mm/min。

4）如果从试验计时开始，火焰燃烧到达第二标线，则按式（7-3）的要求进行燃烧速度的计算，结果记为 D-燃烧速度实测值 mm/min。

5）如果出现试样在火焰引燃 15s 内已经燃烧并到达第一标线，则认为试样不能满足燃烧速度的要求，结果记为 E。

三、推荐的试验标准

水平燃烧试验方法有 GB/T 2408—2008《塑料　燃烧性能的测定　水平法和垂直法》中水平燃烧部分，GB 8410—2006《汽车内饰材料燃烧特性》，GB/T 8332—2008《泡沫塑料燃烧性能试验方法　水平燃烧法》，GB/T 5169. 16—2017《电工电子产品着火危险试验　第 16 部分：试验火焰 50W 水平与垂直火焰试验方法》，ASTM D4986—2010《多孔聚合材料的水平燃烧特性的标准试验方法》等。

第四节　氧指数试验

一、基础知识

任何材料的燃烧都只有在氧存在的条件下才能进行，不同材料燃烧难易程度均不同，且不同材料刚好发生燃烧时的环境其含有氧气的浓度也不同。氧指数试验正是基于这种原理对材料的燃烧性进行评价。

氧指数是指在室温和规定条件下，恰好能维持材料试样在氮、氧混合气体中平稳燃烧时混合气体中所含氧气的体积分数。氧指数越大，材料的耐燃性越好。

氧指数是评价材料燃烧性的最科学方法，与其他燃烧试验方法相比，它是从材料燃烧本质上对燃烧性能的表征，而且具有最准确的定量性，试验操作可达到最准确的平衡条件，终点判定最准确，结果最可靠，重现性最好。

氧指数试验用于评定在实验室条件下不同材料燃烧性能的差别，不能作为实际条件下材料着火危险性的判据。

二、试验方法

参照 GB/T 2406.1—2008《塑料　用氧指数法测定燃烧行为　第 1 部分：导则》和 GB/T 2406.2—2009《塑料　用氧指数法测定燃烧行为　第 2 部分：室温试验》。

1. 试验设备

氧指数设备如图 7-7 所示，主要包括试验燃烧筒、气体测量和控制系统、气源、点火器和试样夹等。

1）试验燃烧筒：内径为 75mm～100mm、高 450mm 的耐热玻璃管。底部用直径为 3mm～5mm 的玻璃珠充填，充填高度为 100mm。

2）气体测量和控制系统：适于测量进入燃烧筒内混合气体的氧浓度（体积分数），准确至±0.5%。当在（23±2）℃通过燃烧筒的气体流量为（40±2）mm/s 时，调节浓度的精度为±0.1%。

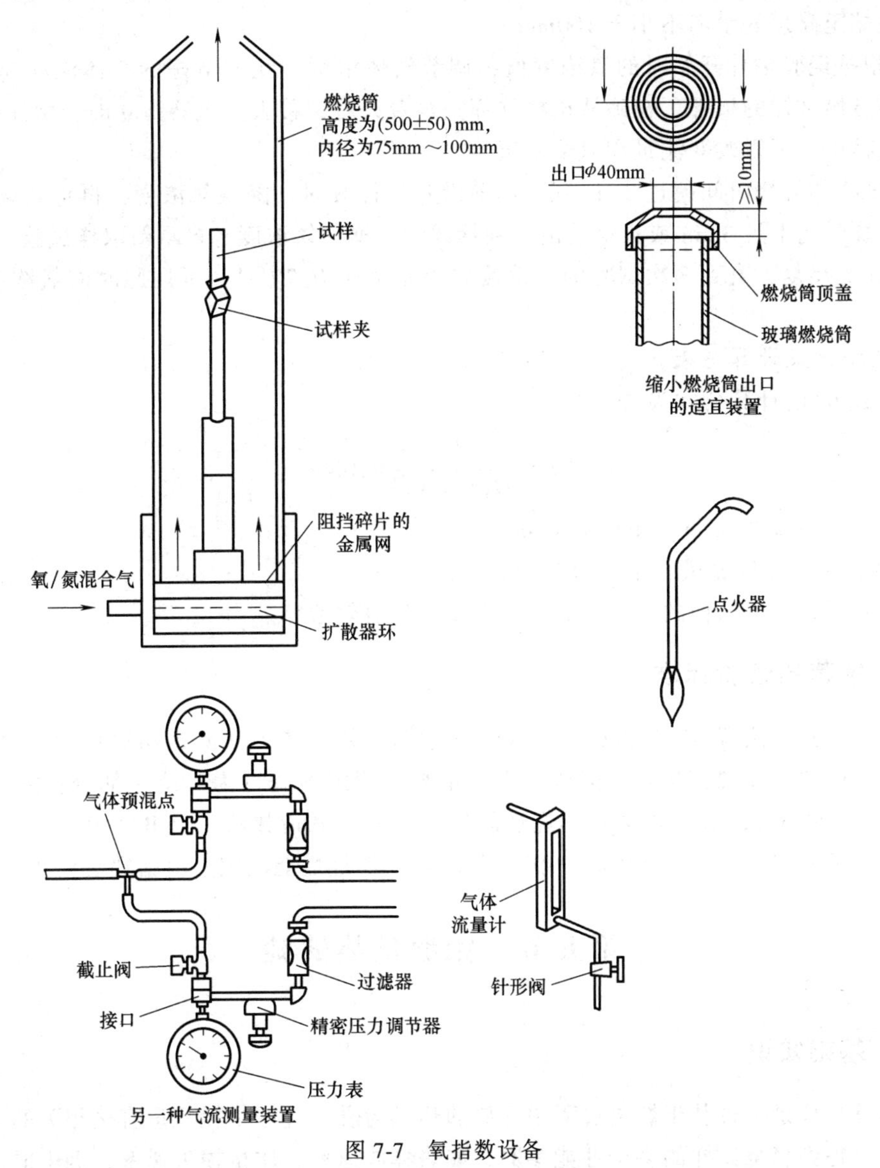

图 7-7　氧指数设备

3）气源：可采用纯度（质量分数）不低于98%的氧气和/或氮气，和/或清洁的空气［氧气含量20.9%（体积分数）］作为气源。

4）点火器：由一根末端直径（2±1）mm能插入燃烧筒并喷出火焰点焰试样的管子构成。

当管子垂直插入时，应调节燃料供应量以使火焰从出口垂直向下喷射（16±4）mm。

5）试样夹：用于燃烧筒中央垂直支撑试样。

2. 试样

试样为矩形柱体，长度为70mm～150mm、宽度为（5.5±0.5）mm、厚度为（3.0±0.50）mm。试样数量为10个。

3. 试验步骤

1）在试样的宽度方向上距点火端50mm处划一标线。然后将试样垂直的装入试样夹上。试样的上端至筒顶的距离不小于100mm。

2）根据经验估计开始时的氧浓度值，调节气体浓度，让调节好的气体流动30s，然后用点火器点燃试样的顶部。在确认试样顶部完全着火后，移去点火器，立即开始计时，在试样燃烧过程中，不得改变流量和氧浓度值。

3）试样的燃烧时间超过3min或火焰前沿超过标线时，降低氧浓度，再重新取样试验。试样的燃烧时间不足3min或火焰前沿不到标线时，增加氧浓度，再重新取样试验。

4）如此反复，直到两次试验的氧浓度之差不大于0.5%时，可用此时的氧浓度值计算氧指数。

4. 试验结果计算与表示

氧指数 OI 的计算公式为

$$OI=\frac{[O_2]}{[O_2]+[N_2]}\times 100\% \tag{7-4}$$

式中 $[O_2]$——氧气流量，单位为L/min；

$[N_2]$——氮气流量，单位为L/min。

试验结果以一组试样的平均值表示，保留3位有效数字。

三、推荐的试验标准

氧指数试验方法有GB/T 2406.1—2008《塑料　用氧指数法测定燃烧行为　第1部分：导则》和GB/T 2406.2—2009《塑料　用氧指数法测定燃烧行为　第2部分：室温试验》，GB/T 8924—2005《纤维增强塑料燃烧性能试验方法　氧指数法》，GB/T 10707—2008《橡胶燃烧性能的测定》，GB/T 5454—1997《纺织品　燃烧性能测定　氧指数法》等。

第五节　锥形量热试验

一、基础知识

锥形量热仪是一种基于燃烧过程中释放的热量与燃烧过程中耗氧量直接相关的火灾测试工具，可以得到燃烧试样的多个性能参数，如热释放速率、质量损失速率、烟生成速率、有效燃烧热、点燃时间以及燃烧气体的毒性和腐蚀性等，这些性能参数的测定是在稳定、真实、易于控制的条件下得到的，且能够在不同时间、地点重复操作，是研究材料的燃烧过程的有效方法。

锥形量热试验：将试样表面暴露在稳定的热辐射下，热辐射从一个圆锥形的加热器产生，范围在 0kW/min～100kW/m^2 之间，易挥发气体从加热的试样中逃逸出来，并被电火花引发装置点燃，燃烧过的气体被集烟罩收集以作进一步分析，对这种气体分析可以计算出热释放速率，以及评估烟雾毒性。产烟量的评估是通过测量在排气管中烟的光衰减量实现的，衰减量与容积流量有关，用 m^2/s 来表示。一个全面的分析测试需要几个辐射等级，典型的辐射水平是 25kW/m^2、35kW/m^2、50kW/m^2 和 75kW/m^2，根据 GB/T 16172—2007《建筑材料热释放速率试验方法》规定，在每个热通量水平下，需要 3 个试样进行试验。锥形量热试验非常适合量化材料对火反应情况，测试结果可以就如何提高产品防火方面的性能提供参考。

测试结果包括点燃时间、热释放速率、最大热释放速率、180s 及 300s 平均热释放速率、有效燃烧热、质量损失速率、总产烟量、一氧化碳和二氧化碳含量等，也可以用来衡量其他有毒气体（如氰酸）的含量。其中以下测试结果会给出在不同辐射级别下的变化曲线：热释放速率、产烟速率、一氧化碳和二氧化碳产生速率、试样质量随时间变化曲线。

二、试验方法

1. 试验设备

FTT 锥形量热仪试验装置如图 7-8 所示。

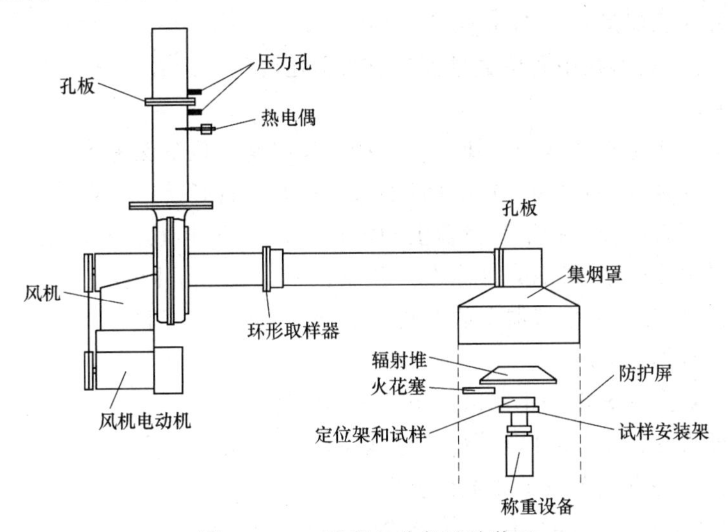

图 7-8　FTT 锥形量热仪试验装置

2. 试样

试样表面必须平整，而且试样必须能代表实际产品，最好是能跟最终产品类似，对于选定的每一种辐照强度和暴露表面，应有 3 个试样进行试验。试样规格如下：100mm×100mm，厚度等于或小于 50mm 的试样应采用其实际厚度试验，厚度超过 50mm 的试样，应对非暴露表面进行切割，使其厚度减少至 50mm，对于实际厚度小于 6mm 的试样，测试时应带上试样实际使用的基材使其整体厚度不小于6mm。

3. 试验条件

试样应在温度为（23±2）℃、相对湿度为（50±5）%的环境下调节至恒重。在相隔24h的两次称重中，试样的质量之差不超过试样质量的0.1%或0.1g（取数值较大者），则认为达到恒定质量。

4. 试验步骤

（1）测试前校准　校准烟雾系统、校准气体分析仪。

（2）试样准备　在测试一组试样前，确保负载单元已经进行过质量校准，必须比所有的试样的质量稍微大一点，检查负载单元的输出范围大约可以满足试样的质量。将试样包在一层重型铝箔层内，履薄层的光面朝外，把侧面和顶部包住，露出要测试的表面，将试样放到试样安装架上，并且固定试样底部的边框。

（3）系统检查　按照下面步骤再次检查系统：

1）确保管子里有足够的干燥剂。

2）检查烟灰过滤器是否干净。

3）检查辐射系统槽是否盖上。

4）将试样泵打开。

5）检查氧气和 CO/CO_2 分析器的流率跟校准分析仪上的一致。

6）检查通过管路的容积流率是否为24L/s。

7）检查加热温度是否与热通量设定值一样。

8）检查辐射堆下表面和试样表面的距离是否为25mm。

9）确保试样泵已经运行了5min。

10）确保火花点火器在中间位置且火花点火器已经打开。

（4）进行测试

1）放置试样，固定在试样安装架上，保持质量稳定，拉下保护罩。

2）将火花点火器放到指定位置上并且确保点火开关打开。

3）小心地打开百叶窗，按下手持器上的S键，记录下连续点火发生的时间，按下手持器上的I键，且在火焰观察到10s后移除火花点火器，按下手持器上的E键记录下事件时间，当试样停止燃烧时按下手持器上的F键（记录火焰结束时间）。

4）继续采集数据3min。

5）按下手持器上的S键停止测试或按下STOP钮。

6）如果试样没有在10min内点燃，终止该测试且废弃该试样。

7）移除试样且将陶瓷盖放于载重台顶部。

（5）试验结果　通过ConeCale5软件的测试界面可以计算得到点燃时间、热释放、最大热释放速率、180s及300s内平均热释放速率、有效燃烧热、质量损失速率、平均产烟量、一氧化碳和二氧化碳含量等测试结果。

三、推荐的试验标准

锥形量热试验方法有ISO 5660—1：2015《Reaction-to-fire-tests—Heat release，smoke production and mass loss rate—part 1：Heat release rate（cone calorimeter method）》，ISO 5660—2：2002

《Reaction-to-fire-tests—Heat release, smoke production and mass loss rate—part 2: Smoke production rate（dynamic measurement）》和 GB/T 16172—2007《建筑材料热释放速率试验方法》等。

第六节　烟密度试验

一、基础知识

烟密度试验是基于光通过烟雾时透光率减小的原理，将试样置于一定容积的试验箱内，测定在试样燃烧产生烟雾过程中，通过箱内烟雾的平行光束的透光率变化，计算出比光密度，借此测定试样燃烧时的释烟密度。所谓比光密度指光束穿过烟雾时因透光率变化，在试样规定面积和光程长度下的相应光密度，最大比光密度即为烟密度。

二、试验方法

参照 GB/T 8323.2—2008《塑料　烟生成　第 2 部分：单室法测定烟密度试验方法》，该标准规定了片状材料、复合材料或厚度不超过 25mm 组合件的试样，垂直放置于配有规定等级热辐射源的密闭橱柜中，在使用或不使用引燃火焰的情况下，测量从暴露面生成烟的方法，适合于所有塑料，也可以适用于其他材料的评估（如橡胶、纺织品覆盖物、涂漆面、木材和其他材料）。

1. 试验设备

仪器为带有样品盒、辐射堆、点火器、透光和测量装置以及一些便于试验过程操作控制的设备的密闭试验箱，烟密度试验设备如图 7-9 所示。

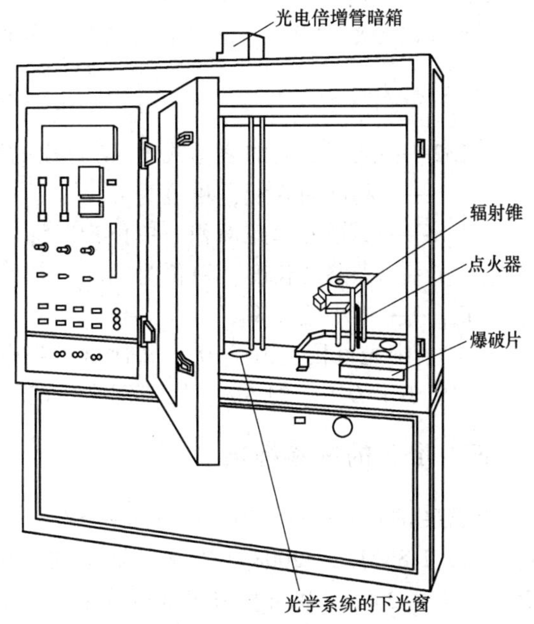

图 7-9　烟密度试验设备

2. 试样

试样为边长为（75±1）mm 的正方形。当材料的公称厚度不大于 25mm 时，应在整个厚度上进行试验；材料的公称厚度大于 25mm 时，应将试样厚度加工至（25±1）mm，然后对原始表面进行试验。

试样数量：不少于 12 个。

试样的包裹：用一张完整的铝箔包裹住试样的背面，沿着边缘包裹试样正面的外围，仅留出 65mm×65mm 大小的中心测试区域，铝箔的较暗面与试样接触，在试样放入试样盒后，将沿着前边缘的多余铝箔剪掉。

3. 试验条件

在制备试样前，样品应在温度为（23±2）℃、相对湿度为（50±10）%的环境下调节至恒重。

4. 试验步骤

（1）试验箱的准备　每次试验前，清洁试验箱光窗内部表面，让仪器稳定，直到测试箱壁温度稳定在（40±5）℃的范围（辐射堆为25kW/m^2）或（55±5）℃的范围（辐射堆为25kW/m^2），关闭进气阀。

（2）光学系统的准备　调节零点，然后打开挡板，使得透过率读数为100%。再次关闭挡板，若有需要，使用最灵敏的范围重新检查和调整零点，重新检查100%设定。重复上述操作，直到在打开或关闭挡板时能在放大器和记录仪上得到零点和100%读数。

（3）试样的放置　将包裹好的试样置于样品盒中，将样品盒放置于辐射堆下的支架上，从辐射堆下面移除屏蔽罩，同时开启数据记录系统和关闭进气口，试验开始后，立即关闭测试箱门和进气口。

（4）透光率记录　从试验开始时（即移除屏蔽罩时）便记录连续的透过百分比和时间，为避免读数小于满量程的10%，可将光电探测器放大器系统的范围放大10倍。

（5）观察试样　记录试样的任何特殊燃烧特性，如分层、膨胀、收缩、熔融和塌陷，并记录从试验开始后发生特殊行为的时间，包括点火时间和持续燃烧时间，同时也要记录烟特征，如颜色和沉积颗粒的性质。

（6）试验终止　持续燃烧10min。若在10min内没有达到最低透过率值，该测试时间可超过10min。从辐射堆下移除屏蔽罩。当水柱压力表显示较小的负压时，打开排气扇和进气口，并持续排气直到在合适量程内记录到透过率最大值，记为“清晰光束”读数T，用于校正光窗上沉积物。

5. 结果表示

（1）比光密度D_s　对每个试样，建立透过率—时间曲线图，并测得最小透过率百分比T_{min}，最大比光密度$D_{s,max}$的计算公式为（保留2位有效数字）

$$D_{s,max} = 132\lg\left(\frac{100}{T_{min}}\right) \tag{7-5}$$

式中　132——从测试箱的表达式V/AL算出的因子；

V——测试箱容积，单位为m^3；

A——试样的暴露面积，单位为m^2；

L——光路的长度，单位为m；

T_{min}——最小透过率。

（2）清晰光束校正因子D_c　每次试验都应记录“清晰光束”读数T_c，来计算校正因子D_c，若D_c小于$D_{s,max}$的5%，则不记录校正因子D_c。

三、推荐的试验标准

烟密度试验方法有GB/T 8323.1—2008《塑料　烟生成　第1部分：烟密度试验方法导则》，GB/T 8323.2—2008《塑料　烟生成　第2部分：单室法测定烟密度试验方法》和GB/T 8627—2007《建筑材料燃烧或分解的烟密度试验方法》等。

第七节　烟毒性试验

一、基础知识

材料燃烧都会产生烟气，烟气的危害集中体现在三个方面：一是烟气的毒害性造成大量人员伤亡，当烟气中各种有毒气体的含量超过人体正常生理所允许的最低浓度时，就会造成中毒死亡；二是烟气的减光性影响人员的安全疏散和火灾的施救，烟气中的烟粒子对可见光有完全的遮蔽作用，烟气弥漫时，可见光受到烟粒子的遮蔽而大大减弱，能见度大大降低，并且烟气对人的眼睛有极大的刺激，使人不能睁开眼睛，影响疏散行进速度；三是当烟气中的氧含量低于人体正常所需的数值时，人的活动能力减弱、智力混乱，甚至晕倒窒息，空气中正常的氧含量为21%，而建筑物发生火灾时，会消耗掉大量的氧，氧含量缺少时，就会导致人员窒息。当氧气含量为12%～15%时，人就会呼吸急促、头痛、眩晕、浑身疲劳无力、动作迟钝；当氧气含量为10%～12%时，人就会出现恶心呕吐、无法行动乃至瘫痪的情况；当氧气含量为6%～8%时，人便会昏倒并失去知觉；当氧气含量低于6%时，6min～8min的时间内，人就会死亡；当氧气含量为2%～3%时，人在45s内会立即死亡。材料燃烧的产烟率、产烟浓度和烟气的毒害性是表征材料烟毒性的重要指标。

（1）材料产烟浓度　一种反映材料的火灾场景烟气与材料质量关系的参数，即单位空间所含产烟材料的质量数（mg/L）。

（2）材料产烟率　在产烟过程中进入空间的质量相对于材料总质量的百分率，它是一种反映材料热分解或燃烧进行程度的参数。

（3）吸入染毒　指人或动物处于污染气氛环境，主要通过呼吸方式，也包括部分感官接触毒物引起的一类伤害过程。

（4）终点　指实验动物出现丧失逃离能力或死亡等生理反应点。

二、试验方法

参照GB/T 20285—2006《材料产烟毒性危险分级》，该试验标准是根据我国在实验室定量制取材料烟气方法学和实验小鼠吸入烟气染毒试验方法学研究所得的成果和材料产烟毒性评价的实践经验制定的。该标准采用等速载气流，稳定供热的环形炉对质量均匀的条形试样进行等速移动扫描加热，可以实现材料的稳定热分解和燃烧，获得组成物浓度稳定的烟气流。同一材料在相同产烟浓度下，以充分产烟和无火焰的情况时为毒性最大。对于不同材料，以充分产烟和无火焰的情况下的烟气进行动物染毒试验，按实验动物达到试验终点所需的产烟浓度作为材料产烟毒性危险级别的依据；所需产烟浓度越低的材料产烟毒性危险越高，所需产烟浓度越高的材料产烟毒性危险越低，按级别规定的材料产烟浓度进行试验，可以判定材料产烟毒性危险所属的级别。

1. 试验装置

试验装置由环形炉、石英管、石英舟、烟气采集配给组件、小鼠转笼、染毒箱、温度控制系统、炉位移系统、空气流供给系统、小鼠运动记录系统组成。烟毒性试验装置如图7-10所示。

2. 试样

对于能成型的试样，试件应制成均匀长条形。不能制成整体条状的试样，应将试样加工拼接成均匀长条形；对于受热易弯曲或收缩的材料，试件制作可采用缠绕法或捆扎法将试件固定在平直的ϕ2mm铬丝上。对于颗粒状材料，应将颗粒试样均匀铺在石英舟内；对于流动性的液体材料，制作试件应采用浸渍法或涂覆法将试样和惰性载体制成均匀不流动试件，放在石英舟内。

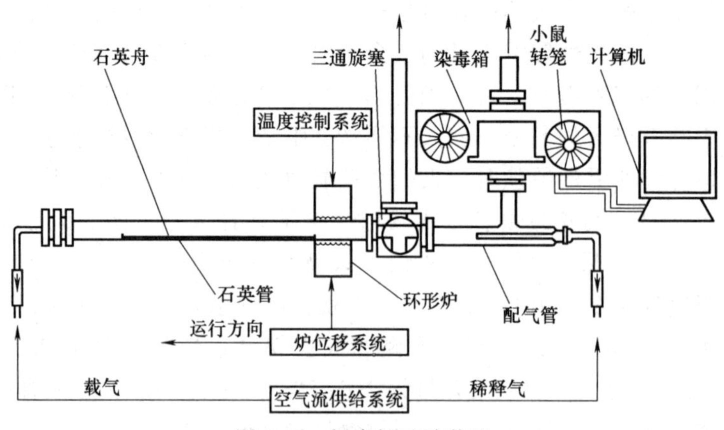

图 7-10　烟毒性试验装置

3. 试验条件

试件应在环境温度为（23±2）℃、相对湿度为（50±5）%的环境下进行状态调节至少24h以达到质量恒定。

4. 试验步骤

1）在正式试验前，应根据不同的材料来进行加热温度的确定，使该材料在此温度下能够充分产烟而无火焰燃烧。

2）调节环形炉到合适位置，按所选加热温度设定环形炉内部温度，开启载气至设计流量，使环形炉升温并达到静态控制拟定。

3）将实验小鼠称重编号，放入染毒箱。

4）当静态温度控制在±1℃并稳定 2min 后，放入装有试件的石英舟，使试件前端距环形炉 20mm，启动环形炉，对试件进行扫描加热。

5）当炉行进到试件前端时开始计时，将初始 10min 产生的烟气排放掉，然后旋转三通旋塞，使烟气和稀释气混合进入染毒箱，试验开始。

6）试验进行 30min，在此过程中，观察记录小鼠的行为变化。

7）30min 试验结束，旋转三通旋塞让剩余烟气排放掉，取出小鼠。

8）继续运行环形炉越过试样，停止加热，取出试样残余物，冷却、称量，计算材料产烟率。

5. 试验结果

（1）产烟浓度和产烟率的计算　材料产烟浓度的计算公式为

$$C=\frac{VM}{FL} \tag{7-6}$$

式中　C——材料产烟浓度，单位为 mg/L；

V——环形炉移动速率，单位为 10mm/min；

M——试件质量，单位为 mg；

F——烟气流量，单位为 L/min；

L——试件长度，单位为 mm。

实验进行 30min，时间长度取 400mm。

烟气流量由载气流量和稀释气流量组成，其关系的计算公式为

$$F=F_1+F_2 \tag{7-7}$$

式中 F——烟气流量，单位为L/min；

F_1——载气流量，单位为L/min；

F_2——稀释气流量，单位为L/min。

一般情况下，F_1优先取5L/min，当烟气流量$F \leqslant 5$L/min时，取$F=F_1$，$F_2=0$。

材料产烟率的计算公式为

$$Y=\frac{M-M_0}{M}\times 100\% \tag{7-8}$$

式中 Y——材料产烟率，数值以%表示；

M——试件质量，单位为mg；

M_0——试件经环形炉一次扫描加热后残余物质量，单位为mg。

（2）烟气毒性伤害性质的确定 材料产烟毒性危险分级见表7-2。

表7-2 材料产烟毒性危险分级

级别	安全级(AQ)		准安全级(ZA)			危险级(WX)
	AQ_1	AQ_2	ZA_1	ZA_2	ZA_{13}	
浓度/(mg/L)	≥100	≥50.0	≥25.0	≥12.4	≥6.15	<6.15
要求	麻醉性	实验小鼠30min染毒期内无死亡				
	刺激性	实验小鼠在染毒期3天内平均体重恢复				

以材料达到充分产烟率的烟气对一组实验小鼠按表7-2规定级别的浓度进行30min染毒试验，根据试验结果做出如下判断：若一组实验小鼠在染毒期内无死亡，则判定该材料在此级别下麻醉性合格；若一组实验小鼠在30min染毒后不死亡及体重无下降或体重虽有下降，但3天内平均体重恢复或超过试验时的平均体重，则判定该材料在此级别下刺激性合格；以麻醉性和刺激性皆合格的最高浓度级别定位该材料产烟毒性危险级别。

三、推荐的试验标准

烟毒性试验方法有GB/T 20285—2006《材料产烟毒性危险分级》，GB/T 38310—2019《火灾烟气致死毒性的评估》，GB/T 38309—2019《火灾烟气流毒性组分测试 FTIR分析火灾烟气中气体组分的指南》和GA/T 506—2004《火灾烟气毒性危险评价方法——动物试验方法》等。

第八节 烧蚀性能试验

一、基础知识

导弹和航天器再入大气层时，处于严重的气动加热环境中，温度急剧升高。洲际导弹如以马赫数20~25再入大气层，头部驻点温度可高达8000℃~12000℃，如不采取特别措施来克服气动加热所造成的“热障”，弹头便会在空中烧毁。解决防热问题是发展中、远程导弹

的一项极为重要的技术。由于烧蚀材料的发展和应用，洲际导弹的战斗部分才有可能再入大气层命中目标，载人飞船和航天飞机才有可能按预定轨道返回地面。

作为烧蚀材料，要求汽化热大，热容量大，绝热性好，向外界辐射热量的功能强。材料的初始热物性对其烧蚀性能有一定的影响，烧蚀材料的热物性应满足以下几个方面：①比热大，烧蚀过程中可吸收大量的热；②导热系数小，呈高温的部分仅局限于表面，热量难以传到内部结构中去；③熔点高，材料高温下难以熔融；④密度小，武器装备及航空航天领域中应最大限度地减少制造材料的质量；⑤烧蚀速度小，即材料在高温环境中损耗的速度要小；⑥熔化时具有黏性，高温下易形成炭层。

烧蚀是一个受诸多因素影响的复杂过程，试验测试比较困难，目前大多采用地面试验设备来对烧蚀行为进行模拟，并对烧蚀后的试样进行性能测试，辅以数学方法对材料的烧蚀性能做出评价。

测定材料在高温环境下的热物理性能和力学性能的关键技术是实现材料的高温状态并能准确得到高温状态下的性能数据，目前实现高温状态的方法大体可分为三类，即辐射加热法、通电加热法和高频感应加热法。当前的烧蚀试验方法有以下几种：

（1）小型固体火箭发动机试验　置小型固体火箭发动机于台架上点火静试，待测材料样品置于喷嘴后方一定距离处，进行实际烧蚀。数种烧蚀材料制成扇形或正方形试样后，可组合成一个大圆形或大正方形，中心点为喷嘴轴线通过点。如此数种烧蚀材料试样可一次测试，美国海军水面武器中心所做的烧蚀材料评估即为此类。此类测评的优点为喷焰内含高速氧化铝粒子，燃烧状况与真实接近；缺点为个体火箭发动机点火后无法控制其停止，测试材料需承受发动机全程燃烧，工人安全作业、装备、人员等成本较大。

（2）小型液体发动机燃烧试验　实验室级的小型液体发动机，可控制燃烧时间、热通量等变量，可进行大量的材料测评工作。若能配合热传模拟（如 aerotherm code），可获得诸多抗烧蚀材料的基本性能。此类测评的优点为测试变量和可控制量较多，多次使用成本较低；缺点为液体发动机维护较不易，不易模拟喷焰中的高速粒子撞击。

（3）风洞测试　以风洞吹风进行测评的成本最大，需要空气动力、热传、风洞实验等专业人员配合执行，还需要风洞设备、测试夹具的建立，因此风洞测试一般用于完成材料设计的组件烧蚀模拟测评。至于电浆风洞更需要惊人的电源，目前只有少数几个国家如中国、美国（新墨西哥州国家实验室及美国宇航局（NASA））有能力操作此项测试装备。

（4）氧-乙炔烧蚀试验　该试验方法是用氧-乙炔焰流垂直于试样灼烧，对材料进行烧蚀或烧穿，用平均烧蚀速度（线烧蚀率）、质量烧蚀率、背面温度及达到一定背面温度所需时间等指标来评价。使用液体发动机和固体火箭发动机测试，需建立复杂设备，还需兼顾成本与安全，而使用氧-乙炔烧蚀试验，设备简单，操作方便。虽与实际状况相差较大，但可作为烧蚀材料的基本测评。相应的标准有 ASTM E285—80《Standard Test Method for Oxyacetylene Ablation Testing of Thermal Insulation》及 GJB 323A—1996《烧蚀材料烧蚀试验方法》。

（5）电弧等离子体射流驻点烧蚀试验法　该试验方法是用等离子射流为热源，对材料进行烧蚀或烧穿，用线烧蚀率、质量烧蚀率、绝热指数等指标来评价烧蚀性能。相对氧-乙炔烧蚀试验法，该法主要用于测试烧蚀性能要求较高的材料，如碳/碳复合材料、高温陶瓷材料、难熔金属等。而且测试参数如焓值、驻点压力、烧蚀时间等的调节控制更有利于烧蚀性能影响因素的分析。

二、烧蚀性能试验参数

（1）成炭率 抗烧蚀材料在烧蚀过程中发生热解，损失部分质量，并形成致密炭化层，达到热防护效果。炭化层越硬、越厚，抗烧蚀性能越好，因此材料热解后的残余质量是考察其烧蚀性能的一个重要指标。热重分析（TGA）可用来测量材料热分解过程的质量变化，材料热解后的残余质量分数一般称为成炭率，失去的质量分数称为（极限）失重率。

（2）烧蚀温度 材料烧蚀过程中温度测量也是研究材料烧蚀行为的一个关键。长期以来国内外都采用辐射温度计和单色温度计来测量抗烧蚀材料的温度，由于上述两种温度计测定的只是辐射温度或亮度，与烧蚀真实温度相差会高达几百度，环境中的气体、粉末、废渣等因素对其测量均有一定的影响，因而很大程度上影响了对烧蚀性能研究的可靠性。1981年 Coater 发表了多波长辐射测温理论，引起世界广泛关注，哈尔滨工业大学联合罗马大学（Sapienza University of Rome）研制了棱镜分光多波段高温计，综合了多波段测温最新技术，通过精心选择波段及处理方法，使抗烧蚀材料的剥离、水蒸气及烟雾的影响减小到最小，从而成功地测量了采用氧-乙炔焰流烧蚀时材料表面的真实温度。

（3）热流密度 热流密度也是烧蚀试验中一个重要试验参数。在氧-乙炔烧蚀试验和电弧等离子体射流驻点烧蚀试验中，将通入冷却水的定截面量热器置于氧-乙炔焰流或等离子射流中，通过测定量热器冷却水吸收的热量来测量传入量热器感受面的热量，以此来计算火焰或等离子射流的热流密度。常用的热流计有瞬态热容式塞式热流计、“水卡”热流计、零点热流计、同轴热流计。

三、试验方法

参照 GJB 323A—96《烧蚀材料烧蚀试验方法》，此方法适用于防热、绝热、包覆材料及碳/碳复合材料、难熔金属和高温陶瓷等烧蚀材料的烧蚀试验。将氧-乙炔焰流或等离子射流垂直冲烧到试样上，对材料进行烧蚀或烧穿，同时测量试样烧蚀过程的背面温度和烧蚀时间，测量试验前后试样的厚度和质量变化，从而计算出试样的线烧蚀率、质量烧蚀率和绝热指数。

（1）试验设备 氧-乙炔烧蚀试验机；高精度红外测温仪。

（2）试样 尺寸为 ϕ30mm×10mm 的圆柱状复合材料烧蚀试样，试样表面应光滑平整，两平面平行度不大于 0.1mm，每组试样数为 5 个。

（3）试验条件 烧蚀试验机火焰烧蚀角度为 90°，火焰喷嘴直径为 2mm。试样初始表面到火焰喷嘴距离可调，在本实验中都设置为 10mm。

（4）火焰热流密度测量 火焰热流密度的测量方法是将通入冷却水的铜柱量热器置于氧-乙炔焰流中，通过测定量热器冷却水吸收的热量来测量传入量热器感受面的热量。热流密度是烧蚀试验中一个重要的实验参数，该试验中采用“水卡”热流计测定，其结果由计算机软件进行计算后直接输出，计算公式为

$$q=\frac{q_{\mathrm{m}}c_{\mathrm{p}}\Delta T}{A} \tag{7-9}$$

式中 q——热流密度，单位为 W/m^2；

q_{m}——水的质量流量，单位为 kg/s；

c_p——水在室温时的比定压热容，单位为 J/(kg·K)；

ΔT——冷却水进出口的温差，单位为 K；

A——水冷量热器的受热面积，单位为 m^2。

目前的氧-乙炔烧蚀试验机只提供了一个标准气流量下的热流密度，因此需要测定其他气流量配比下的热流密度。鉴于此实验中可调节的因素有四个，即氧气压力和流量，乙炔压力和流量，而决定火焰燃烧性质的主要是氧气和乙炔气的流量比，因此采取固定氧气压力和乙炔压力，只改变流量比的方法来测定热流密度 q。依据 GJB 323A—1996《烧蚀材料烧蚀试验方法》附录中热流密度的测试方法，研究氧气和乙炔气流量比值 r 对热流密度的影响，热流密度测试条件见表 7-3。

表 7-3 热流密度测试条件

氧气压力/kPa	乙炔压力/kPa	氧气流量/(L/h)	乙炔流量/(L/h)	烧蚀时间/s	烧蚀距离/mm
400	95	变化	960	8	10

(5) 试验步骤

1) 测量试样的原始厚度，精确到 0.01mm；称量试样的原始质量，精确到 0.1mg。

2) 调节氧气减压阀，使其达到使用压力 0.4MPa；调节乙炔减压阀，使其达到使用压力 0.095MPa。

3) 调节试样初始表面到火焰喷嘴的距离为 (10±0.2) mm。

4) 将试样装在水冷试样盒内，在试样背面中心处安装热电偶，使其引线与计算机连接。

5) 启动计算机，将烧蚀时间开关拨到规定时间，将烧蚀枪点火，同时分别将氧气和乙炔调到规定流量。

6) 转动烧蚀按钮，烧蚀枪自动对准试样进行烧蚀。

7) 记录背面温度从室温升高到 353K 或 373K 所用的时间。

8) 烧蚀试验达到规定时间，烧蚀枪自动返回测量位置，停止烧蚀，记录烧蚀时间。

9) 试验完毕，停机熄火，按顺序关闭乙炔调节阀、氧气调节阀、计算机开关、控制柜电源及水冷系统。

10) 试样冷却到室温后，称量试验后试样的质量，测量试样最低点的厚度。

(6) 试验结果

试样的质量烧蚀率的计算公式为

$$R_m = \frac{m_1 - m_2}{t} \tag{7-10}$$

式中 R_m——试样质量烧蚀率，单位为 g/s；

m_1——试样原始质量，单位为 g；

m_2——试样烧蚀后质量，单位为 g；

t——烧蚀时间，单位为 s。

试样的线烧蚀率的计算公式为

$$R_d = \frac{d_1 - d_2}{t} \tag{7-11}$$

式中 R_d——试样线烧蚀率，单位为 g/s；

d_1——试样原始厚度，单位为 mm；

d_2——试样烧蚀后厚度，单位为 mm；

t——烧蚀时间，单位为 s。

试样的绝热指数的计算公式为

$$I_T=\frac{t_T}{d_1} \tag{7-12}$$

式中 I_T——绝热指数，单位为 s/mm；

t_T——背面温度从室温升高到 353K 或 373K 时所用的时间，单位为 s。

思 考 题

1. 决定材料燃烧性能的主要因素是什么？
2. 表征高分子材料的燃烧性能的重要指标有哪些？
3. 简述水平燃烧和垂直燃烧的分级。
4. 氧指数的大小如何反应材料的燃烧性能？
5. 锥形量热仪可测量哪些燃烧性能参数？

第八章

环境适应性能检测

第一节 基本概念

一、主要环境因素

非金属材料，尤其是高分子材料和制品在加工、贮存和使用过程中，由于受环境因素的影响，会逐步发生物理化学性质变化，物理机械性能变坏，以致最后丧失使用价值，这一过程称为“老化”，这些环境因素主要包括太阳光、氧、臭氧、热、水分以及霉菌等。现分别对这些因素作简要的分析。

（一）太阳光

根据 CIE 出版物 No. 85 中的数据，到达地球表海平面的太阳光中，紫外线波段（波长 $\lambda \leqslant 400$nm）的辐照强度只占到太阳光总辐照强度的 6.84%，可见光波段（400nm ~ 800nm）的辐照强度占太阳光总辐照强度的 55.41%，红外线波段（800nm ~ 2450nm）的辐照强度占太阳光总辐照强度的 37.75%。

近代物理学认为光波的能量与光波的频率、速度和波长成比例关系，光波长越短，光量子所具有的能量就越大，波长与光能量的关系见表 8-1。

表 8-1 波长与光能量的关系

波长/nm	200	290	300	340	350	400	500	600	700
光能量/(kJ/mol)	600	418	397	352	340	297	239	197	170

由表 8-1 可见，到达地面的太阳紫外光虽然很少，但它光能量却很大，对许多高分子材料的破坏性很大。因为，从能量观点来看，高聚物分子结合的键能多数在 250kJ/mol ~ 500kJ/mol 的范围内，一些常见化学键的键能见表 8-2。

表 8-2 一些常见化学键的键能

化学键	键能/(kJ/mol)	化学键	键能/(kJ/mol)
C—C	339	C—Cl	327
C—O	364	C—F	498
C—H	415	O—H	460
C—N	285	N—H	352
C—S	276	S—H	364

由此可见，短波紫外线，如 300nm 的紫外线的光能量达 397kJ/mol，这个能量能切断许多高聚物的分子键或者引发其发生光氧化反应。

表 8-3 列出了某些高聚物最敏感的波长，不同分子结构的高聚物，对于紫外线的吸收是有选择性的，并非任何波长的紫外线都能吸收，这称为材料的光敏性。

表 8-3 某些高聚物最敏感的波长

高聚物	最敏感波长/nm	高聚物	最敏感波长/nm
聚酯	325	聚碳酸酯	280~305 和 330~360
聚苯乙烯	318	聚甲醛	300~320
聚乙烯	300	聚甲基丙烯酸甲酯	290~315
聚丙烯	300	氯乙烯醋酸乙烯共聚物	327 和 364
聚氯乙烯	320	—	—

由于高分子聚合物的光老化性质，紫外线对高分子材料性能影响很大，是引起材料老化的主要因素。而太阳光的红外线对高分子材料老化亦有重要影响，因材料吸收红外线后转变为热能，加速材料的老化。在一定条件下，也能引发某些高聚物的降解以及对含颜料的高分子材料起破坏作用。

在我国广州经实测全年的太阳辐射量见表 8-4。

表 8-4 在广州经实测全年的太阳辐射量

光区	紫外线	可见光	红外线
波长/nm	300~400	400~700	700~1200
全年辐射量/(MJ/m^2·a)	257.00	1810.7	1987.0

（二）氧和臭氧

氧气是活泼的气体，高分子材料的加工、贮存与使用过程中，不可避免地要与氧气接触，在光的引发或热的参与下进行氧化反应，而引起老化，使高分子材料受到破坏。另外，在大气中的臭氧对高聚物的作用同氧气一样，主要是起氧化反应。大气中臭氧浓度随地区、大气层高度、季节和气象条件，如雷雨的影响不同而有一定的变化。臭氧的化学活性比氧气高得多，这是因为臭氧的稳定性比氧气分子小得多，引起其分解的最小能量比氧气小 4.5 倍。即

$$O_3 \rightarrow O_2 + [O] + 101.7\text{kJ/mol}$$

臭氧分解生成的原子态氧的活性要比氧气所生成的原子态氧高得多，因而臭氧对高分子材料的破坏性比氧气更大。

（三）温度和气温交变

空气的温度并不是很高，在夏天我国许多地区的最高温度是 37℃~44℃，而地面极端最高温度可达 75℃~85℃，在光、氧等因素的参与下，这时热的因素对高分子材料的老化就起加速作用，气温越高，加速作用越大。低温对高分子材料亦有影响，如聚乙烯在低温下变脆、变硬和脆裂。

气温会随地区和季节而变化，日夜之间也有温差。这种温度交变的结果，对某些高分子材料的老化产生一定影响。例如，由于温度交变的作用，而使漆膜热胀冷缩，形成内应力的

变化，导致漆膜变形，降低附着力，甚至使漆膜脱落。

（四）水和相对湿度

在大气环境中，水对高分子材料的作用表现为降水（雨、雪、霜、冰、雾）、潮湿、凝露等多种形式的作用。降雨能冲洗掉户外使用的材料表面的灰尘，使其受太阳光的照射更为充分，从而利于光老化的进行。雨水，特别是凝露形的水膜，能渗入材料内部，加速材料的老化。水是引起漆膜起泡的根本原因。然而，应当指出，水分对某些高聚物亦能起增塑作用，在一定条件下，它不但不起加速老化的作用，反而起延缓老化的作用。

大气相对湿度的高低，对高分子材料的老化速度也有一定的影响。一般说来，相对湿度大，会加速材料的老化。例如，低压聚乙烯在湿度大的地区就比湿度小的地区老化显著。另外，大多数非金属材料，都具有吸湿性，其吸湿量未达到饱和前，将随着湿度的增大而增大。

（五）霉菌和盐雾

在热带和亚热带地区，由于温湿度易于霉菌的生长和繁殖。某些高分子材料，发生长霉的现象比较多。导致霉菌生长的主要因素，主要是高分子材料体系内的一些增塑剂及油脂类化合物等，特别是含脂肪酸结构的化合物感染性更大。它们因霉菌的分泌物引起分解而转化为醇类、有机酸等物质，为霉菌提供了养料，从而使霉菌得以寄生和繁殖。试验证明：许多树脂，如聚乙烯、聚苯丙烯对于霉菌的感染性是很小的；聚氯乙烯、三聚氰胺树脂、聚氨酯、环氧树脂等，即使长霉也很轻微。

二、环境适应性

环境适应性能试验是材料在贮存和使用过程中由于受环境因素（紫外线辐射、热氧、湿度、雨淋、污染物等）的影响，引起物理、化学结构的破坏，使原有良好的特性逐渐变差，失去其应有的功能，其性能发生劣化的现象和过程。非金属材料的环境性能试验也可称为老化性能试验。其老化现象和老化特征参数主要有以下几个方面：

（1）外观的变化　发黏、变硬、变软、变脆、龟裂、沾污、发霉、失光、变色、粉化、起泡、剥离、银纹、斑点、喷霜、露底、锈蚀等。

（2）物理化学性能的变化　相对分子质量、相对分子质量分布、密度、导热系数、玻璃化温度、熔点、熔融指数、折光率、透光率、溶解度、羰基含量等变化；耐热、耐寒、透气、透光等性能的变化。

（3）机械性能的变化　拉伸强度、伸长率、冲击强度、弯曲强度、剪切强度、疲劳强度、硬度、弹性、附着力、耐磨强度等性能的变化。

（4）电性能的变化　绝缘电阻、介电常数、介质损耗、击穿电压等性能的变化。

每种材料在它的老化过程中，一般都不会也不可能同时具有或同时出现上述所有的变化现象。实际上，往往只是其中一些性能指标的变化，并且常常在外观上出现一种或数种变化为其特征。

现行的老化试验方法大致可分为两大类：一类是自然老化试验方法，一类是人工加速老化试验方法。

自然老化试验方法是利用自然环境条件进行老化的一类试验方法。主要包括自然气候暴露试验方法，海水环境试验方法，土壤环境试验方法等。自然环境试验还可按照环境的性质分为气候环境试验、力学环境试验、化工介质环境试验和生物环境试验。除此之外，还有特殊的环境试验，如空间环境试验和电磁环境试验等。

人工加速老化试验方法是通过采用设备人为制造特定的环境模拟并强化自然环境条件的某些老化因素，加速材料的老化进程，从而较快地获得试验结果的一类试验方法。这类试验方法主要包括：光老化试验方法，热老化试验方法，湿热老化试验方法，盐雾试验方法，霉菌试验方法，臭氧老化试验方法等。

本章主要介绍包括大气环境老化试验、海水环境老化试验在内的自然环境试验和包括光老化试验、热老化试验、湿热老化试验、盐雾试验和耐化学药品（酸、碱、盐、氧化物等）试验在内的人工加速老化试验等。

第二节　大气环境老化试验

一、基础知识

大气环境老化试验是将试样按照规定暴露于自然大气环境中，使其经受日光、温度、氧气和雨水等气候因素的综合作用，通过测定其材料的性能变化来评价材料的耐候性的一种试验方法，根据环境条件的不同又分为户外大气暴露老化试验、库内大气暴露老化试验和棚下大气暴露老化试验以及自然加速老化试验等。

大气环境老化试验是评价材料耐候性的最重要的一种方法，也是评价人工加速老化模拟性好坏和加速倍率高低的依据。

二、试验场地及设施

高分子材料老化大气环境中的老化试验应在相应的大气环境试验站中进行，试验场站的建设应遵循以下原则：

1）大气环境老化试验站应选择建设在具有典型环境气候条件的区域。

2）大气环境老化试验站占地面积一般不小于 10000m^2，四周 2km 内没有污染源，0.85km 内无高大建筑物或密集民宅。

3）开展特殊材料及产品的试验场站周边环境应该有安全距离的要求。

4）大气环境老化试验站生活设施齐全，水、电、气能源管道畅通，公路交通便利。

5）大气环境老化试验站设施应能满足材料开展各类大气环境自然老化试验，根据试验的项目，应建有户外大气暴露（贮存）试验场、库内大气暴露（贮存）试验库、棚下大气暴露（贮存）试验棚，以及满足不同需求的特殊试验场地，试验场、库、棚内应建有开展相应老化试验的试验设施。大气环境试验中的气象和环境因素监测项目见表 8-5。

表 8-5　大气环境试验中的气象和环境因素监测项目

项目		单位	表示方式	监测地点
气温	—	℃	日、月、年的平均值、最高(大)值、最低(小)值	户外、库、棚
相对湿度	—	%		
大气压力	—	hPa		

（续）

项目		单位	表示方式	监测地点
风	风向	16 方位	最多风向	户外
	风速	m/s	平均值	
降雨	降雨量	mm	月、年总数	
	降雨时间	h	日、月、年总数	
	雨水 pH 值	—	月、年平均值	
	SO_4^{-2}	mg/m^2		
	Cl^-	mg/m^2		
降雪	积雪深度	mm	日、月、年总数	
太阳辐射	太阳辐射量	MJ/m^2	暴露角度日、月、年总数	
	日照时数	h	日、月、年总数	
臭氧含量	—	ppm（1ppm = 1mg/L）	日、月平均值	户外、库、棚
空气污染物	SO_2	mg/m^2		
	Cl^-	mg/m^2		
	NO_2	mg/m^2		
	HCl	mg/m^2		
	NH_3	mg/m^2		
	H_2S	mg/m^2		
大气降尘	水溶性	g/m^2	月、年平均值	
	非水溶性	g/m^2		

6）在大气环境试验中，应针对大气暴露试验和贮存试验所在的暴露试验场及试验库、棚开展气象因素和环境因素的监控，监测场所应设在各类试验场地内或紧靠试验场地的同一平面，库内和棚下的环境因素监测场地设在库、棚内的中部位置。

三、高分子材料的户外大气暴露试验

1. 户外大气暴露试验场地要求

1）大气暴露试验场应该选择在能代表各种气候最严酷的地区或在受试产品实际使用的环境条件下。

2）试验场应该建在远离树木和建筑物的空地上，试验场地应平坦、空旷、不积水。

3）建议保持自然土壤覆盖，如草地或沙地，草高不应高于 0.2m。

4）对于向南 45°倾斜角的暴露，在暴露面的东、南、西三个方向应没有仰角大于 20°、北向没有仰角大于 45°的障碍物。

5）对于小于 30°倾斜角的暴露，则在北方向应没有仰角大于 20°的障碍物。

6）试验场周围应无工业烟囱和能散发大量腐蚀性化学气体的设施，避免局部严重污染的影响。

7）工业气候试验场应设在工作区内。盐雾气候大气暴露试验场应建立在海边或海岛上。

8）环境因素监测场地，设在暴露场内或紧靠暴露场地的同一平面。一般不允许直接采用当地气象台（站）和环保监测场（站）的相关数据。

2. 户外大气暴露试验设施

高分子材料的户外大气暴露老化试验主要依靠暴露试验装置，安置试样进行试验，暴露试验装置包括暴露架及试样安装的辅助装置。

试样暴露架是摆设在暴露场内用于暴露试样的支架，应由不影响试验结果的惰性材料，如木材、钢筋混凝土、铝合金或经涂刷防腐涂料的钢材制成。暴露架的结构力求坚固，经得起当地最大风力的吹刮。

（1）暴露架　暴露架由支架和放置试样的框架两部分组成。其结构一般有以下两种：

1）高低杠式暴露架：支架做成高低杠形式，按要求的朝向和倾角固定在场地上，其框架根据需要可在支架上安装或取下，如图 8-1 所示。

2）可调倾角双腿式暴露架：框架连接在支架上，其倾角可任意调节，整个装置可做成固定或移动双腿式，如图 8-2 所示。

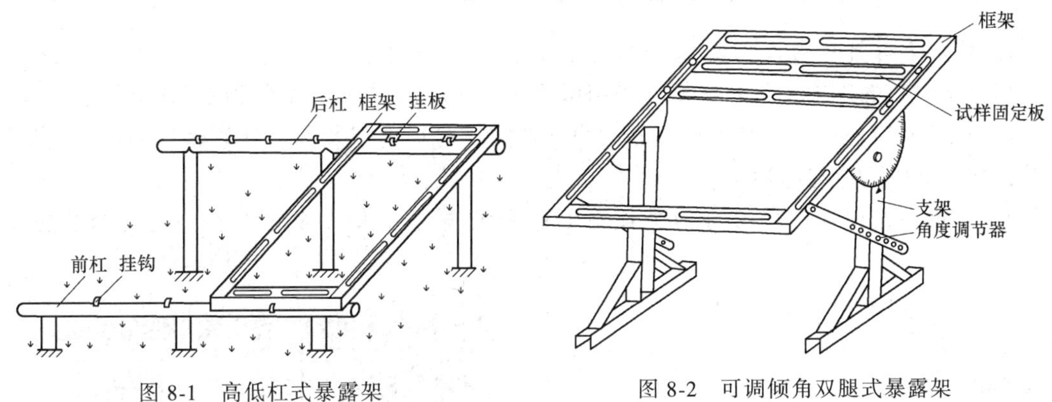

图 8-1　高低杠式暴露架　　　　图 8-2　可调倾角双腿式暴露架

制作暴露架的材料应耐大气腐蚀，且不会对试样产生影响。支架材料推荐选用木材、涂镀层保护的钢材、不锈钢等，框架推荐选用不锈钢和铝合金以及硬塑料制作；暴露架应牢固、坚实，确保试样不摇摆或移动。

暴露架的摆放应保证支架空间自由通风，避免相互遮挡阳光和便于工作，支架与支架之间的行距一般不小于 1m，框架最低边缘距地面不低于 0.5m，最高端以 1.6m 为宜。采用金属框架时，框架与金属试件之间应绝缘。绝缘物推荐采用陶瓷、塑料、木材等制品。

在大气暴露试验中，可采用无背板暴露和有背板暴露两种暴露方式。

在高分子材料的户外暴露老化试验中，试样的暴露角，也称为“倾斜角”，暴露角决定了试样接收到多少太阳辐照能，以及试样升温和冷却的速率。暴露角还会影响试样由露水、雨水或风引起的潮湿时间，在试验过程中，试样应朝向赤道放置，所选择的暴露角应能反映试样实际使用环境的特点。

目前实际使用的高分子户外大气暴露老化试验中，最常用的暴露角为暴露架斜面与地平线成 45°，为了使试样受到最大的太阳辐射量，还会采用暴露架斜面与地平线成暴露地当地的纬度角，对特定场地或其他用途的试验也可采用其他暴露角，常常采用以下几种：①45°暴露角，朝向赤道；②5°暴露角，朝向赤道；③水平（0°）放置；④纬度角，朝向赤道；

⑤90°暴露角，朝向赤道；⑥季节性可变暴露角，朝向赤道。典型的45°朝向赤道户外大气暴露试验如图8-3所示。

（2）坑道　坑道大小和形状可根据试验需求确定，其离地面深度应在当地地下水位线以上，坑深推荐1.2m～1.5m。坑道地面应有一定倾斜带有排雨水沟槽，并设有排水通道。

（3）台架　台架是用于支撑不能在暴露架上进行试验的产品，以及户外大气贮存的产品，为使试样底部空气流通，其高度不低于0.2m。台架材料应耐腐蚀，且不会对试样产生影响。

图8-3　典型的45°朝向赤道户外大气暴露试验

四、高分子材料的库内暴露（贮存）试验

1. 高分子材料库内大气暴露（贮存）试验的场地要求

高分子材料的库内大气暴露试验采用试验库内试验的方式，试验库的要求如下：

1）试验库应建在自然环境试验站的户外暴露试验场内或紧邻户外暴露场的区域，周围空旷，10m之内不应有障碍物。

2）地面库按屋顶形状可分为平顶地面库和坡顶地面库。常见的平顶地面库如图8-4所示。

3）地面库的大门应采用向外开启的平开门，不应设置门槛，门洞宽度不小于1.5m。

4）地面库地面宜采用不发生火花地面，应采取适当的防水防潮措施。

5）地面库窗户位置一般紧贴天棚下沿，里层为玻璃窗，外层为钢栅栏或铁丝网。

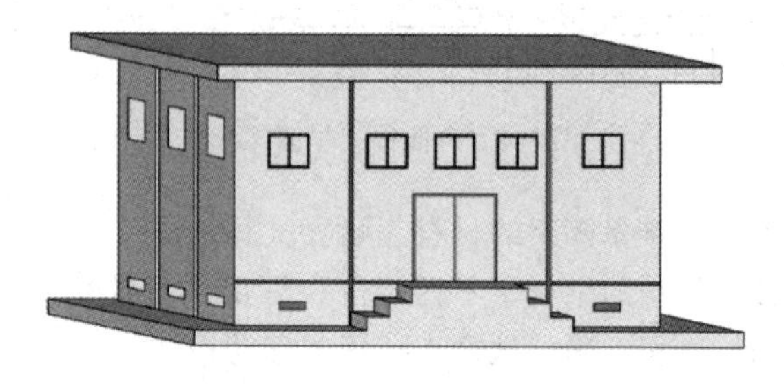

图8-4　平顶地面库

6）地下库，又称洞库，一般直接在山体内开凿，主要由引洞、主洞室、库门等组成，地下库温度稳定，不易受外部环境影响。

7）半地下库，又称积土式洞库，一般库房后侧紧靠山丘，顶部用土石堆埋覆盖至库房两侧，前侧设有出入口及装卸平台。

8）试验库内的环境条件不加任何控制。

2. 高分子材料库内大气暴露试验的试验装置

棚库试验架：棚库试验架用于放置库内大气暴露所使用的试样，应能提供0°、90°和其他的暴露角，结构不作具体规定。推荐采用货架式棚库试验架，根据试样的大小，两层隔板之间的距离可进行上下调整。要求如下：

1）制作棚库试验架的材料应耐腐蚀，且不会对试样产生影响。推荐使用铝合金、喷塑处理的钢材或其他耐候材料，防腐处理的木材宜在沙漠地区使用，若在其他地区使用应考虑维护问题。

2）棚库试验架应牢固、坚实，以确保试样不发生移动或摇摆。

3）棚库试验架上放置的试样应距地面不小于 0.2m，距四周墙壁不小于 0.6m，棚库试验架之间的行间距和列间距不小于 0.6m，棚库试验架高度一般不超过 2m。

典型的地面试验库及库内暴露试验的试样如图 8-5 所示。

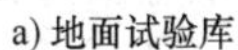
a) 地面试验库

b) 库内暴露试验的试样

图 8-5　典型的地面试验库及库内暴露试验的试样

五、高分子材料的棚下暴露（贮存）试验

1. 高分子材料棚下大气暴露（贮存）试验的场地要求

1）试验棚应建在自然环境试验站内、户外暴露试验场内或紧邻户外暴露场的区域，周围空旷，10m 之内不应有障碍物。

2）百叶箱式试验棚不直接接受太阳辐射和雨淋作用，但与户外大气相通，其墙壁和大门做成百叶窗式，里层要求设置铁丝网，外侧均匀涂覆白色油漆，一般地区为单百叶窗式，寒冷地区为双百叶窗式。

3）百叶箱式试验棚的大门应采用向外开启的平开门，不应设置门槛，门洞宽度不小于 1.5m。

4）百叶箱式试验棚地面宜采用不发生火花地面。

5）简易试验棚顶棚遮盖，四周敞开，棚顶最大高度一般不大于 3m。

百叶箱式试验棚如图 8-6 所示。

图 8-6　百叶箱式试验棚

2. 高分子材料棚下大气暴露试验的试验装置

高分子材料棚下大气暴露试验与库内大气暴露试验一样采用棚库试验架，要求同库内大气暴露试验中的装置要求。典型的试验棚及棚下暴露试验的试样如图 8-7 所示。

六、高分子材料的自然加速试验

1. 玻璃板下大气暴露试验

太阳光在透过玻璃时会有一部分被滤掉，因此在户外使用中，透过玻璃的太阳光与直射

a) 试验棚

b) 棚下暴露试验的试样

图 8-7 典型的试验棚及棚下暴露试验的试样

太阳光对高分子材料老化的影响是有区别的，玻璃板下的大气暴露试验即针对这种区别进行的。

与户外大气暴露试验一样，玻璃板下大气暴露试验也在户外试验场中的试验架上进行，只是在试样表面覆盖了一层玻璃，这层玻璃可以使阳光自由透射，同时保护试样不受降雨的直接影响。

暴露箱顶盖用玻璃做成，玻璃要求平整、均匀透明和无缺陷，玻璃厚度为 2mm~3mm，370nm~830nm 的光线透过率接近 90%；在 310nm 以下的光线透过率小于 1%。试样与顶盖玻璃之间的距离不小于 75mm，试验架由两端固定在两侧框上的平直木条组成，木条相互间要保持足够宽的间距以确保足够的通风。支撑屏置于箱框内底部，用于支撑试验架，箱框上侧应开有通风孔。玻璃板下大气暴露试验如图 8-8 所示。

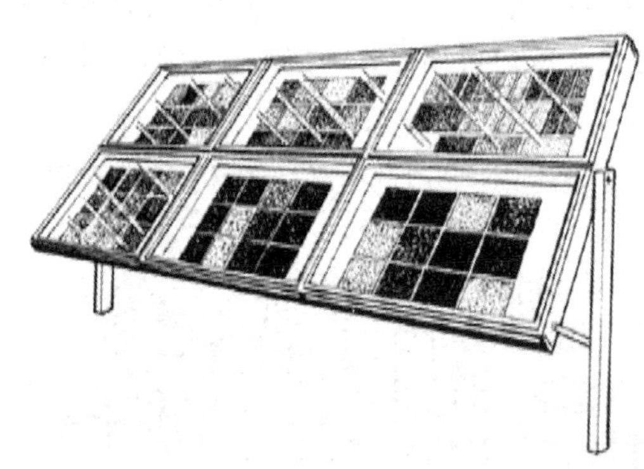

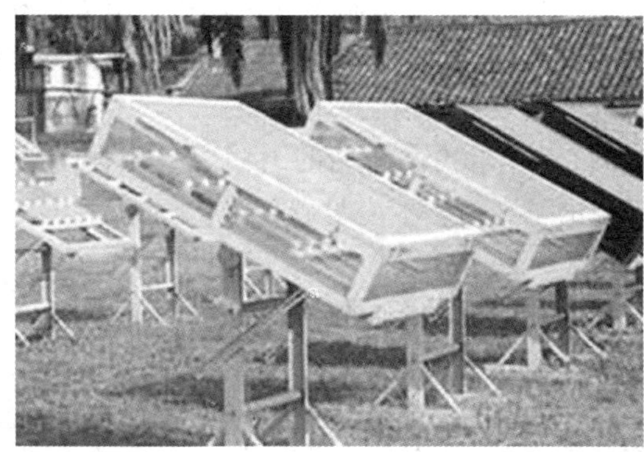

图 8-8 玻璃板下大气暴露试验

2. 黑箱大气暴露试验

黑箱大气暴露试验主要模拟车体、设备罩、包装箱的外表用材料的自然环境条件，用于开展这种环境下高分子材料的自然老化，黑箱暴露试验采用黑色涂漆的开口箱，试验时，试验样板盖在开口的箱子上，构成箱体的上表面，上表面要求总是被完全封闭的，试验时空的部分要求用空的样板封闭。黑箱大气暴露试验可采用任意暴露角，推荐使用 5°暴露角放置，黑箱暴露试验通常比无背板暴露试验产生更高的暴露温度和更短的潮湿时间，因此黑箱暴露试验比开放式暴露方式提供的降解速度要大。黑箱大气暴露试验如图 8-9 所示。

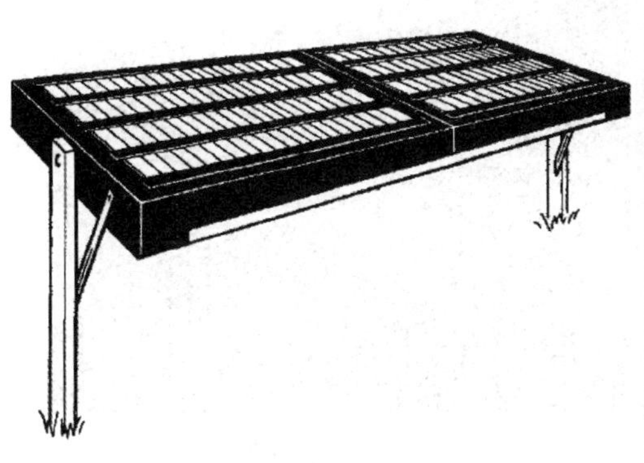

图 8-9　黑箱大气暴露试验

3. 玻璃板下的黑箱暴露试验

玻璃板下的黑箱暴露试验是黑箱和玻璃框下暴露试验的组合试验，用以模拟车内窗玻璃后或建筑物窗玻璃后的环境条件，用于开展这些环境条件下高分子材料的自然老化性能试验。试验中，试样放在黑箱、玻璃等挡风通风的箱内，使热量聚集在试样上，增加其热效应，加速热老化过程，玻璃板同时隔开太阳光、雨、雪、灰尘的直接作用，并且改变试样接收到的太阳辐照能。玻璃板下的黑箱暴露试验如图 8-10 所示。

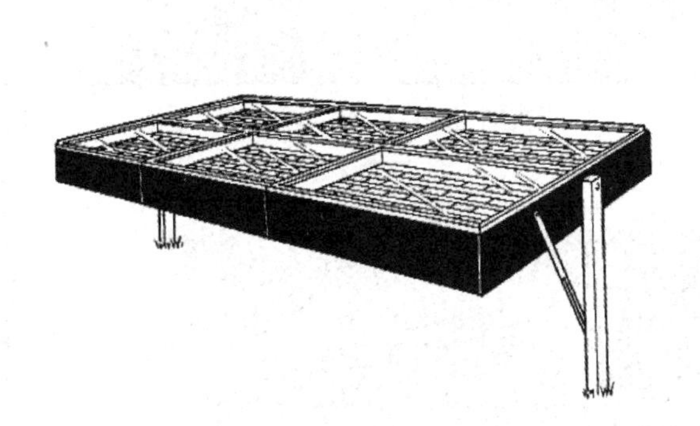

图 8-10　玻璃板下的黑箱暴露试验

4. 玻璃板下密封暴露试验

这种暴露试验用于测试较大的试样，其装置和玻璃下黑箱暴露相似，但加大了箱体的深度，以便可以容纳更大尺寸的试样，这些试验箱还可以被设计为跟踪设备，跟随阳光以获取最大太阳光辐照量，通常试验采用 51°角、太阳方位追踪、密封、温度控制试验和 45°角、朝南、非追踪、密封、温度控制试验，并可通过水盘提供湿度。玻璃板下密封暴露试验如图 8-11 所示。

5. 跟踪太阳暴露试验

在大气环境中，把暴露架增加转动控制系统，制作成活动暴露试验架对太阳跟踪转动，充分利用太阳的能量，强化光和热的效应，从而加速暴露面上试样的老化速度，对涂膜进行试验的结果表明，它比朝南 45°角暴露的试样，老化速度快 2 倍 ~ 3 倍。跟踪太阳暴露试验如图 8-12 所示。

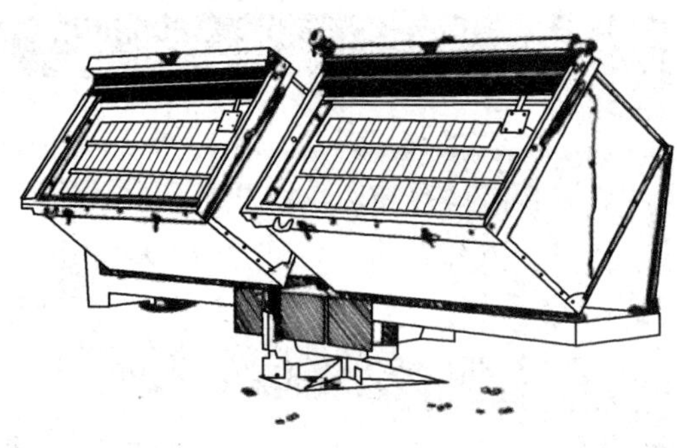

图 8-11 玻璃板下密封暴露试验

6. 跟踪太阳反射聚能暴露试验

跟踪太阳反射聚能暴露试验，又称为太阳光聚能暴露试验，是在跟踪太阳暴露的基础上发展起来的试验方法，这种试验能自动从早到晚跟踪太阳，且能自动补偿因季节变化而引起的不同太阳仰角的影响，同时利用10个菲涅尔平面镜聚集太阳光，以大约8倍于全球上普通的入射光强度，大约5倍于全球正常入射UV辐射强度将太阳光聚集在试样上，增大试样受到的太阳辐射量，并可以鼓风冷却和喷水。跟踪太阳反射聚能暴露试验如图8-13所示。

图 8-12 跟踪太阳暴露试验

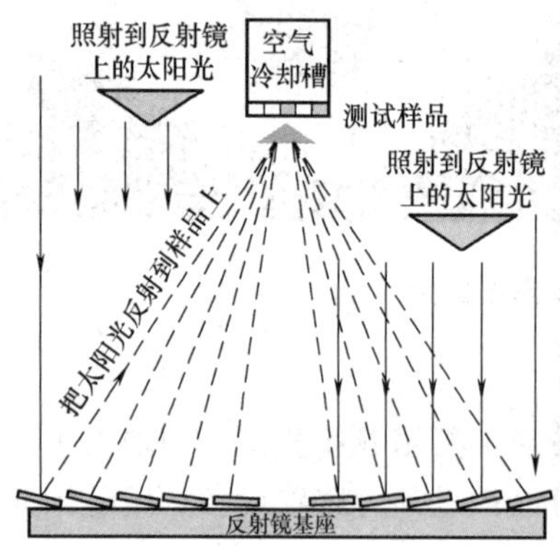

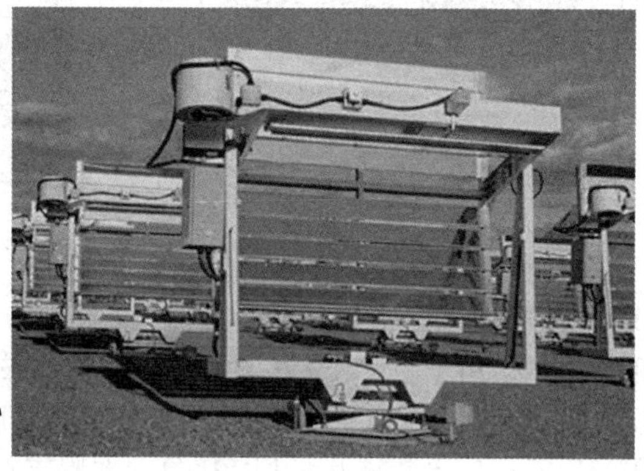

图 8-13 跟踪太阳反射聚能暴露试验

在跟踪太阳反射聚能试验中，试样所接收到的光源本身就是自然太阳光，试验期间，试样暴露于整个加强的自然阳光的光谱区域内，由此可分析，试样暴露于自然太阳光的全光谱之下，并能保证自然太阳光平衡中紫外线强度的完整性，也可得到最终使用环境较好的相关性。

有报道称这种暴露试验中的塑料样品比朝南45°角暴露时的试样，最大老化速度快10倍，比涂料快6倍~12倍。

七、试验步骤

1. 拟定试验方案

试验前应按相关标准及要求拟定试验方案，内容包括：试验目的和要求；试验场地、纬度；暴露方位和暴露角；试样的制备；试样的形状和尺寸；试验开始时间和期限目的和要求；测试的指标、周期和方法等。

2. 试样的准备

试样可采用机械加工、模压、注塑等方式制作而成。试样的形状和尺寸应符合性能评价指标对应的性能试验方法的标准中相关试样标准的规定。试样的数量由相关性能试验方法和测试取样周期决定，可根据取样周期和每次的试样数量累计。非破坏性试验所需的试样数量等于一次性测试所要求的数量。也可用整件和整块样品进行环境老化试验，老化完成后再根据性能试验方法所需的试样数量裁取试样。

3. 试样的标识

所有试样应进行标识，标识在试验过程中应始终保持清晰可辨。标识用数字和字母表示，可直接标在试样表面上，但不允许在影响外观检查及具有功能作用的表面上进行标识。也可采用塑料、有机玻璃、铝、不锈钢等耐蚀材料制作的标牌上标识，或采用打孔法、条形码标识。

4. 试样的放置

试样根据实际使用状态可选择背衬安装或无背衬安装方式。暴露试验通常将试样主受试面朝南，朝向和倾角也可根据试验需要选择。推荐与水平面成45°角，不能安装在试验架上的试样，按试验要求的朝向和倾角直接安放在场内特制的台架上。试样之间或试样与可能影响试样性能的材料之间不得直接接触，推荐采用绝缘材料做成的夹具将其隔开。试样与夹具之间接触面积应尽可能小。试样应分类分区放置，安放要牢固可靠，易于装卸，且便于观察。试样之间不得彼此遮盖，也不应受其他物体遮盖，确保腐蚀产物和雨水不得从一个试样表面流向另一个试样表面。试样安装后，记录试验开始时间，并绘出试样放置的分布图。

5. 试样的测试

试验前，将一个周期的试样按试验规定的程序进行预处理，然后按照方案选定的检测参数和测试方法进行原始性能检测，并记录，作为试验初始值。

到测试周期时，从暴露架上取下试样，用经水浸湿的纱布仔细抹去表面上的灰尘和污垢，按试验规定的程序进行处理和测试。

需外观检查的试样，每个周期应留一个样进行拍照，以便比较各周期的外观变化。

非破坏性测试后的试样，按原位置放回暴露架上继续试验，扣除未暴露的时间，直到试验结束。

八、推荐的试验标准

推荐的试验标准有GB/T 15596—2009《塑料在玻璃下日光、自然气候或实验室光源暴露后颜色和性能变化的测定》，GB/T 20739—2006《橡胶制品　贮存指南》，GB/T 3681—2011《塑料　自然日光气候老化、玻璃过滤后日光气候老化和菲涅耳镜加速日光气候老化的暴露试验方法》，GB/T 17603—2017《光解性塑料户外暴露试验方法》，ASTM D5272—08

(2013)《可光降解塑料制品的室外曝光检验的标准实施规程》(Standard practice for outdoor exposure testing of photodegradable plastics), GB/T 1766—2008《色漆和清漆　涂层老化的评级方法》, GB/T 2573—2008《玻璃纤维增强塑料老化性能试验方法》, ISO 4607:1978《塑料　大气暴露自然风化法》(Plastics; Methods of exposure to natural weathering), WJ 2155—1993《兵器产品自然环境试验方法 大气暴露试验》。

第三节　海水环境试验

一、基础知识

海水环境试验是把试样暴露于不同的海洋环境区域中，研究海洋环境条件对材料和产品的影响，积累数据，掌握规律；考核和评价材料和产品的环境适应性，推算其使用寿命。

二、海水环境试验站

海水环境试验站的建设应选择在有代表性的地区海域，其海水环境应能代表该地区的海域的环境条件，试验站地点应满足以下基本要求：

1）水质干净，无明显污染，符合 GB 3097—1997《海水水质标准》的要求。能代表试验海域的天然状况。

2）防止大浪冲击，中潮位波高小于 0.5m。有潮汐引起的自然海流，一般流速在 1m/s 以下。

3）附近无大的河口，防止大量淡水注入。

4）随季节有一定温差、海生物生长有变化、无冰冻期。

5）具有良好进行各种海水试验的环境条件。

目前，海水暴露试验场地多建在海湾或海岛海边，一般无特殊目的不要建在易受污染的港口码头附近。

海水环境试验站如同时可承担海洋大气、海洋环境库、棚试验的，其气象和环境因素监测项目与大气环境试验中的气象和环境因素监测项目相同，另外针对海水环境开展以下项目的监测。海洋环境试验中的气象和环境因素监测项目见表 8-6。

表 8-6　海洋环境试验中的气象和环境因素监测项目

项目	单位	表示方式	监测地点
海水温度	℃	日、月、年的平均值、最高(大)值、最低(小)值	海水 0.2m~10m 深
海水流速	m/s		海水 0.2m~3m 深
海水电导率	mS/cm		海水 0.2m~1m 深
海水含沙量	kg/m^3		
海水 pH 值	—		
海水盐度	‰		
深水溶解氧	mL/L		
潮位	m		—
海生物状况	—	种类及数量	海水 0.2m~2m 深

海水环境试验站一般建在海湾或海岛的海边，可建成可开展全套海水试验的场站，海上试验场可采用海上平台、码头、栈桥等形式的固定方式，也可采用如舰船、浮阀和浮筒等浮动方式。固定方式的海水试验平台如图 8-14 所示，浮阀式浮动海水试验方式如图 8-15 所示。

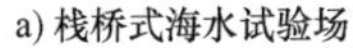

a) 栈桥式海水试验场

b) 平台式海水试验场

图 8-14　固定方式的海水试验平台

图 8-15　浮阀式浮动海水试验方式

三、海水环境试验的分类及设施

根据海水环境所划分的区域，在试验方式上可将高分子材料海水环境老化试验分为以下几种方式：海面大气暴露试验、海水飞溅试验、海水潮差试验、海水全浸试验和海泥试验。

1. 海面大气暴露试验

在海水环境试验站的岸边，一般会建有可供开展大气暴露试验、库内暴露试验、棚下暴露试验以及贮存、自然加速等试验的试验场、库和棚，通常这些设施距离海岸 10m 左右，其试验设施与试验方式与大气环境暴露试验基本相同，这些试验通常称作海洋大气环境试验。

另外根据需求海水环境试验站也会在海面上建有试验区，可采用海洋平台、海上浮阀的形式开展试验，这个位置的大气试验通常被称为海面大气试验，因为海面大气是由海水蒸发所形成含有大量盐分气体的大气环境，盐雾含量较高，其试验应有别于海岸大气环境，在海面大气试验区同样可以建立试验场、库和棚，开展相应的暴露、贮存及自然加速试验，试验设施及试验方式与海洋大气环境试验相同。图 8-16 所示为固定式海面平台上的海面大气暴露试验。

2. 海水飞溅试验

图 8-16　固定式海面平台上的海面大气暴露试验

海水飞溅区指平均高潮位以上海浪飞溅润湿的区域，通常指风浪、潮汐等激起的海浪、飞沫溅散到的区域，在该区域试验的试样可以充分与空气接触，并经历太阳光、降雨、干湿交替等自然环境的影响，无海洋生物沾污，试样一般与水面垂直并面向浪花飞溅方向，在飞溅试验中的试样应置于该区域环境影响最大的高度范围，为了找到这个高度，通常会进行预先试验，一般情况下，飞溅试验的区域应该在平均高潮位以上 0.2mm~0.8mm，所有试样应尽可能暴露在相同的条件下，应有阳光的照射。海水飞溅试验如图 8-17 所示。

图 8-17　海水飞溅试验

3. 海水潮差试验

海水潮差区指平均高潮位与平均低潮位之间的区域，该区域试验属周期沉浸试验，试样供氧充足，在该区域进行试验的试样安放在平均中潮位±0.3m 之间，主要试验面与水平面垂直，并与水流方向平行，为了避免试样之间海生物的阻塞，保证水流通畅，试样之间应保持足够的距离，一般试样与框架之间的距离不小于 50mm，试样固定时主要试验面之间距离不小于 100mm，固定试样的夹具与试样的接触面应尽可能小，缝隙尺寸应尽可能一致。海水潮差试验如图 8-18 所示。

4. 海水全浸试验

海水全浸区是在平均低潮位以下直到海底的区域，试样完全浸没在海水中一定时间，以检测其耐海水老化性能的试验为海水全浸试验。该区域的海水通常为饱和，材料会受到流速、水温、海生物、细菌等因素的污染，在大陆架，生物玷污会大大减少，海水中的氧含量也会降低，温度也较低。

海水全浸试验分为浮动式和固定式两种装置，其中浮动式试验区域中的试样上端距离水面不小于 0.2m，固定式装置试验区的试样在最低潮位以下 0.2m~2.0m。两种试验方式试验时，试样下端距离海底不小于 0.8m。

试样固定时，主要试验面与水平面垂直，并与水流方向平行，试样与框架之间的距离不小于 50mm，主要试验面之间距离不小于 100mm，固定试样的夹具与试样的接触面应尽可能小，缝隙尺寸应尽可能一致。海水全浸试验如图 8-19 所示。

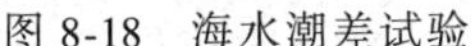

图 8-18　海水潮差试验

图 8-19　海水全浸试验

除了在海水表面开展海水全浸试验以外，根据需要也可开展深海区的全浸试验，在这个区域海水的氧含量会更高，温度接近 0℃，水流速较低，pH 值也比海水表层低。

5. 海泥试验

根据需要可以在海水全浸区以下的海泥区开展海泥试验，该区域是指全浸区以下的部分，主要由海底沉积物构成，海泥通常带有的腐蚀性和细菌，会对材料和产品造成影响。

四、试验步骤

1. 试验前准备

（1）试样的标识　试样标识应保证在整个试验过程中保持清晰。一般推荐打孔法标识。

（2）预处理　油脂和污垢应采取溶剂（如无水乙醇、丙酮等）脱脂清除，对不溶解的污垢要用力擦洗除去。

2. 初始检测

1）平板试样应按试验要求的精度称量，碳素钢及低合金钢精确到 10mg，耐蚀材料精确到 1mg。可拆卸的产品/构件按部件的重量确定合适的精度称量。

2）试样尺寸的测量，长度和宽度精确到 0.05mm，厚度精确到 0.02mm。

3）检查并记录每个金属构件试样的材料组成、尺寸和形貌，包括表面和边缘，特别是应力集中区域、不同材料的交界区域等。

4）应留存试样的原始形貌与外观资料，并照相/摄像保存。

3. 试样安装

根据不同海域和试验周期，试样主要试验面之间距离一般为 50mm～100mm。固定垫片或隔套应使用绝缘材料，使用面接触垫片时，接触面应尽量小，固定法应根据试样的大小和形状另行设计。应固定牢固，避免试样产生接触腐蚀和缝隙腐蚀。

试样安装在试验架上，编制试样架图表。试验框架可采用尼龙、聚酯或聚丙烯绳悬挂，不能使用钢丝绳。试验框架应悬挂固定，试样垂直于水平面，使其受海水的充分影响，同时使试样上的泥沙和碎片沉积减小到最低限度。应避免与其他试样的电接触。试样放置时，应注意防止一种金属腐蚀溶出的离子可能加速其他金属材料的腐蚀，如铜污染会引起铝的加速腐蚀，铜试样和铝试样间应保持 5m 以上的距离。

4. 中间检测

1）根据试验要求，确定中间检测周期。观察并记录腐蚀和海生物附着情况，拍照或摄像留存。检查试样固定是否牢固，检查时不得损坏腐蚀产物和海生物附着层，全浸试样框架出水时间不得超过 0.5h。

2）遇特殊情况（如台风），应及时检查，以确保试样安全。

5. 最终检测

1）观察并记录腐蚀产物和海生物附着情况，拍照或摄像留存。刮除海生物时，应使用塑料或木制的刮板，不得损伤试样。对特殊试样，注意保护腐蚀产物。

2）按照标准要求清洗试样腐蚀产物，试样称量精度按标准规定。

3）对不易拆分的试样，结构简单、尺寸较小的可依次覆盖不同类材料，只留一种材料表面，按照 GB/T 16545—2015《金属和合金的腐蚀　腐蚀试样上腐蚀产物的清除》清洗腐蚀产物；结构复杂、尺寸较大的试样的特殊部位和腐蚀严重的部位，可轻轻刮除疏松的腐蚀产物，然后刷涂腐蚀产物去除液予以清洗。必要时，可对试样进行解剖。

4）详细观察记录试样边缘及表面的变化（腐蚀形貌），小心辨认除点蚀、缝隙腐蚀破坏以外的任何其他类型，如应力腐蚀破裂、选择性腐蚀。必要时拍照或摄像留存。对产品/构件，注意观察特殊部位如应力集中部位、不同材料接触部位等的腐蚀情况。

5）测量局部腐蚀深度。

6）当腐蚀主要是局部腐蚀（如点蚀、缝隙腐蚀）而失重较小时，失重结果可能使人产生误解。在这种情况下，可补充测定试样的机械性能并与空白试样进行比较。

五、推荐的试验标准

1）GB/T 5370—2007《防污漆样板浅海浸泡试验方法》。

2）JB/T 8424—1996《金属覆盖层和有机涂层　天然海水腐蚀试验方法》。

第四节　光老化试验

一、基础知识

光老化试验，又称人工气候老化试验，指人工模拟、强化自然气候中的光、热、氧、湿度、降雨等主要引起高分子材料性能变化的环境因素，加速高分子材料老化的一种光加速老化试验方法，是在自然气候暴露试验方法的基础上，为克服自然气候暴露试验周期长的缺陷而发展起来一类试验方法。

为了较快地获得高分子材料的老化试验结果，人们对模拟太阳光谱的光源进行了大量开发和研究，比较成熟的技术包括氙弧灯光源、碳弧灯光源、荧光紫外灯光源及金属卤素灯光源等。

二、氙弧灯光加速老化试验

1. 氙弧灯光加速老化试验的光源及试验装置

氙弧灯光加速老化试验所使用的光源是充有氙气的、带有石英封套的气体发光灯，即氙弧灯，根据试验装置的不同由一个或多个组成，因为氙弧灯发出的光谱经过过滤对太阳光光谱具有良好的模拟性，已经成为高分子材料人工光源老化试验使用最为广泛采用的光源。

因为氙弧灯在红外区域有着较强的辐射，容易产生大量的热，造成试样过热，因此必须采用适当的方式对氙弧灯管进行冷却，根据冷却介质的不同，当前应用较广氙弧灯试验装置大体分为水冷却型氙弧灯试验装置和空气冷却型氙弧灯试验装置两种。

（1）水冷却型氙弧灯试验装置　水冷却型氙弧灯试验装置配备有一支水冷却型氙弧灯灯管作为辐射光源，样品架为转鼓型。典型的水冷却型氙弧灯试验装置如图 8-20 所示。

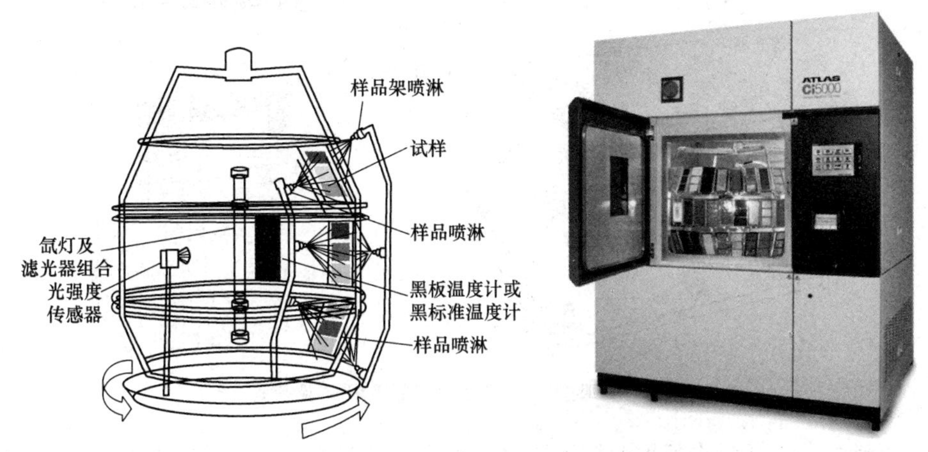

图 8-20　典型的水冷却型氙弧灯试验装置

水冷型氙弧灯灯管由氙灯、内外滤光器共同组成，在灯管灯冷却时，蒸馏水或去离子水以一定的流量通过内外滤光器之间的夹层以带走氙灯产生的热量，同时内、外过滤套管还起到过滤氙灯中多余光谱的作用。水冷却型氙弧灯灯管的装配及冷却方式如图 8-21 所示。

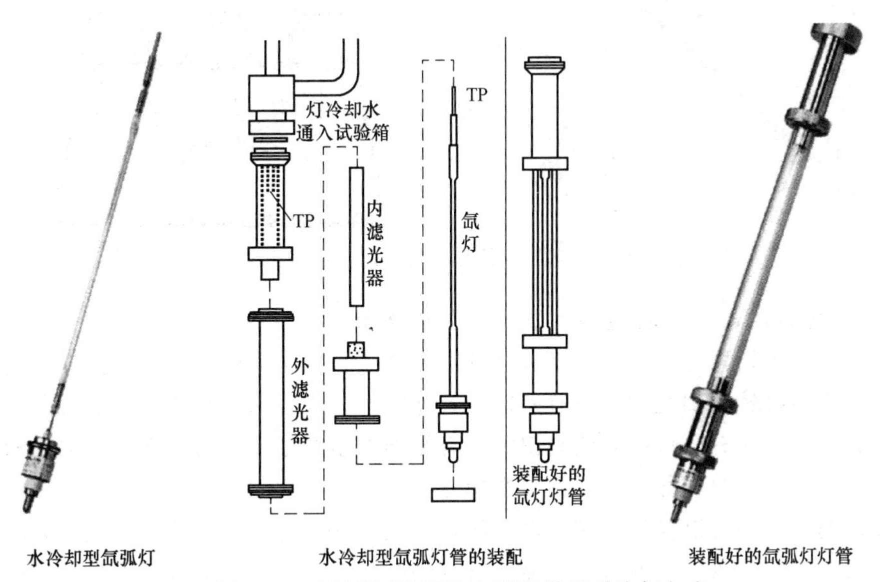

图 8-21　水冷却型氙弧灯灯管的装配及冷却方式

（2）空气冷却型氙弧灯试验装置　空气冷却型氙弧灯试验装置采用空气冷却的方式，

空气冷却型氙弧灯试验装置的试验光源可根据试验装置的大小和型号由一支固定在试验箱中心的氙弧灯或者对称排列的三支氙弧灯，试验控制将实验室中的新鲜空气吹过氙灯镇流器和氙弧灯灯管，并将镇流器和氙弧灯灯管发出的热量交换排出箱体，以达到为镇流器和氙弧灯灯管降温的作用。

典型的空气冷却型氙弧灯试验装置如图 8-22 所示。

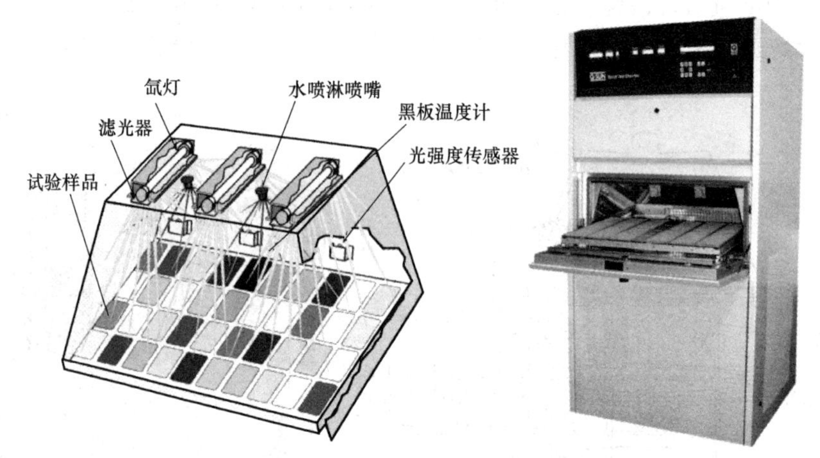

图 8-22　典型的空气冷却型氙弧灯试验装置

空气冷却型氙弧灯试验装置的滤光器为平板型，且被安装在灯管的下方，同时在试验箱内的顶部和侧面安装有反射系统以增强辐照度的均匀性，样品架为平板托盘，置于灯管下方。空气冷却型氙弧灯灯管、滤光器及安装位置如图 8-23 所示。

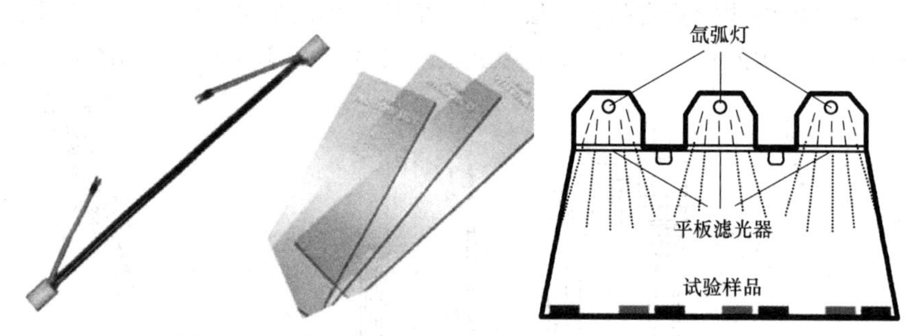

图 8-23　空气冷却型氙弧灯灯管、滤光器及安装位置

2. 氙弧灯光加速老化试验的方式及滤光器的选择

氙弧灯能模拟包括紫外线、可见光和红外在内的完整的全太阳光光谱，但未经过滤的氙灯辐射包含有很多自然太阳光中所没有的短波紫外辐射，对材料会造成在自然太阳光下不可能产生的破坏，因此所有氙灯试验装置都配备有不同类型的主要针对氙弧灯光谱中的短波段滤光器，以减少不必要的辐射，并得到合适的光谱。

通过使用滤光器还可以模拟各种条件下的自然光，如地球表面接收到的直接太阳光、透过玻璃窗的太阳光等。另外，通过改变氙弧灯的辐照强度、温度、湿度等参数，可以模拟不同产品的使用环境。

（1）模拟暴露于太阳光下的氙弧灯人工光加速老化试验　日光型滤光器过滤的氙弧灯

可模拟直接太阳光光谱，一般认为在这种条件下，340nm 处的辐照强度为 0.55W/m^2 时，氙弧灯光谱与自然光最为相近，日光型氙弧灯与太阳光光谱的比较如图 8-24 所示。

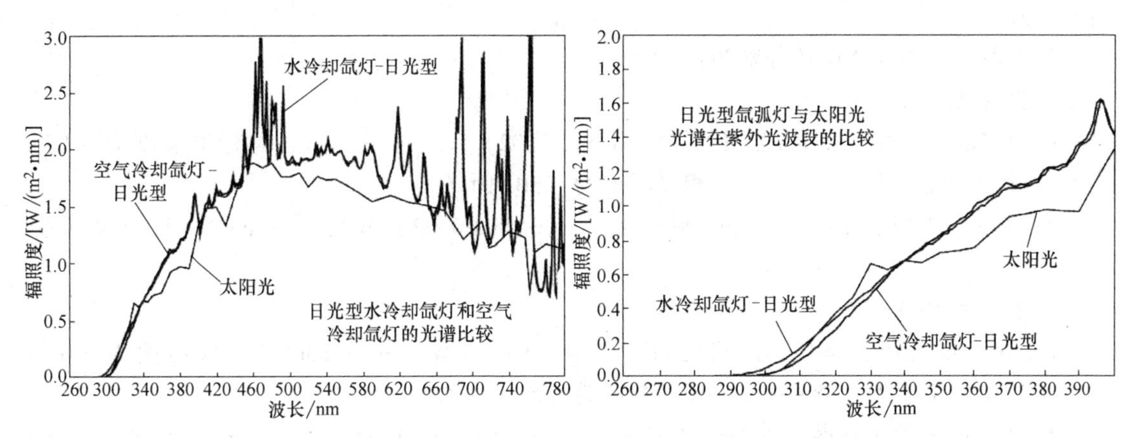

图 8-24　日光型氙弧灯与太阳光光谱的比较

（2）模拟暴露于透过窗玻璃太阳光下的氙弧灯人工光加速老化试验　经过窗玻璃滤光器过滤的氙弧灯可模拟透过窗玻璃的太阳光光谱，在这种条件下，420nm 处的辐照度为 1.10W/m^2 时，氙弧灯光谱与透过窗玻璃的太阳光光谱最为相近，窗玻璃型氙弧灯与透过窗玻璃太阳光光谱的比较如图 8-25 所示。

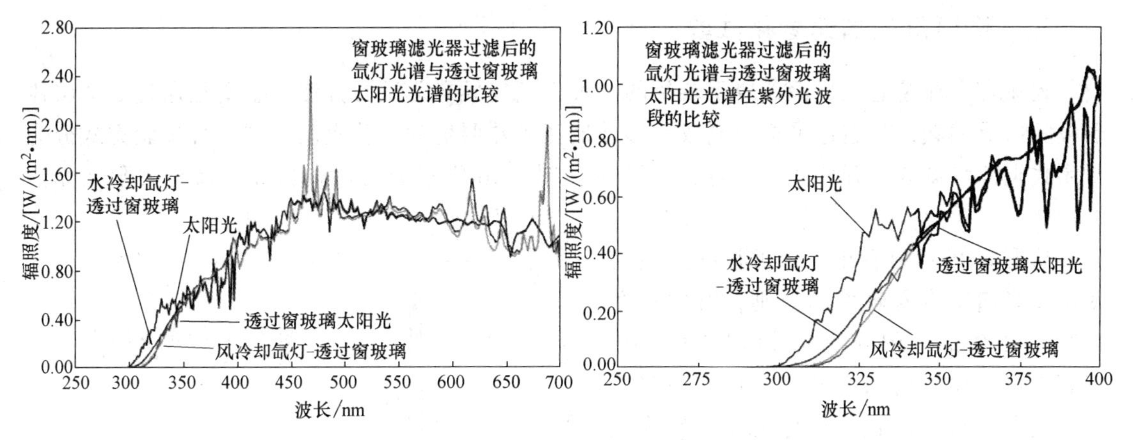

图 8-25　窗玻璃型氙弧灯与透过窗玻璃太阳光光谱的比较

3. 氙弧灯光加速老化试验的方式

各标准化组织针对不同材料，制定了多种氙弧灯人工光加速老化试验的方法，如 GB/T 16422.2—2014（等同采用 ISO 4892.2：2006）、《塑料　实验室光源暴露试验方法　第 2 部分：氙弧灯》、ASTM G155《Standard Practice for Operating Xenon Arc Light Apparatus for Exposure of Non-Metallic Materials》、SAE J2412《使用可控辐照度的氙灯装置对汽车内饰件进行加速曝晒》、SAE J2527《使用可控辐照度的氙灯装置对汽车外饰件进行加速曝晒》等。

GB/T 16422.2—2014《塑料　实验室光源暴露试验方法　第 2 部分：氙弧灯》规定了塑料试样暴露于有水分存在的氙弧灯下的试验方法，用于模拟塑料在实际使用环境中暴露于日光或窗玻璃过滤后日光下发生的自然老化效果，该标准中将模拟直接太阳光暴露的试验称为“方法 A：使用日光滤光器的暴露（人工气候老化）”，把透过窗玻璃太阳光暴露试验称为“方法 B：使用窗玻璃滤光器的暴露”，分别规定了以黑板温度和黑标准温度为控制参数的试验方法。

其中最常用的 4 个循环分别为：

方法 A-循环 1

1）102min 光照、340nm 辐照度为（0.51±0.02）W/(m^2·nm)、黑标准温度为（65±3)℃、试验箱温度为（38±3)℃，相对湿度为（50±10)%。

2）18min 光照+喷淋、340nm 辐照度为（0.51±0.02）W/(m^2·nm)、温湿度不受控制。

方法 A-循环 9

1）102min 光照、340nm 辐照度为（0.51±0.02）W/(m^2·nm)、黑板温度为（65±3)℃、试验箱温度为（38±3)℃，相对湿度为（50±10)%。

2）18min 光照+喷淋、340nm 辐照度为（0.51±0.02）W/(m^2·nm)、温湿度不受控制。

方法 B-循环 5　持续光照、420nm 辐照度为（1.10±0.02）W/(m^2·nm)、黑标准温度为（65±3)℃、试验箱温度为（38±3)℃，相对湿度为（50±10)%。

方法 B-循环 13　持续光照、420nm 辐照度为（1.10±0.02）W/(m^2·nm)、黑板温度为(63±3)℃、试验箱温度为（38±3)℃，相对湿度为（50±10)%。

三、碳弧灯光加速老化试验

碳弧灯光加速老化试验是应用较早的一种人工气候老化试验方法，主要是通过 2 个碳棒电极间形成的碳弧，透过平板玻璃或球形玻璃滤光器照射到试验表面，碳弧灯试验方式分为封闭式碳弧灯试验和开放式碳弧灯试验两种，图 8-26 所示为两种碳弧灯光谱与太阳光光谱的比较。

从图 8-26 可以看出，碳弧灯的光谱与太阳光光谱都有着较大的差别，特别是在 370nm~390nm 范围内的紫外线比较集中，但碳弧灯试验方法问世较早，目前一些用户尤其是在日本的企业仍将碳弧灯作为人工光源的试验光源，因此现行的一些标准中仍有碳弧灯试验技术的应用，如 GB/T 16422.4（等同采用 ISO 4892.4）《塑料 实验室光源暴露试验方法　第 4 部分：开放式碳弧灯》、ISO 16474-4《Paints and varnishes. Methods of exposure to laboratory light sources. Part 3：Fluorescent UV lamps》、ASTM G152《Standard Practice for Operating Open Flame Carbon Arc Light Apparatus for Exposure of Nonmetallic Materials》、ASTM G153《Standard Practice for Operating Enclosed Carbon Arc Light Apparatus for Exposure of Nonmetallic Materials》等。典型的碳弧灯碳棒如图 8-27 所示。

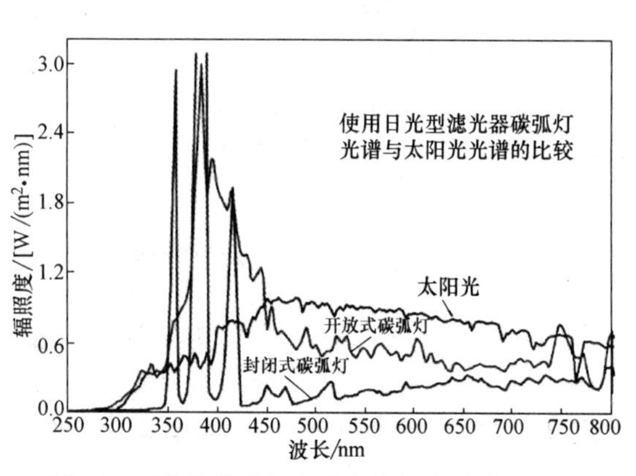

图 8-26　两种碳弧灯光谱与太阳光光谱的比较

1. 碳弧灯人工老化试验的光源及试验装置

（1）封闭式碳弧灯光加速老化试验　封闭式碳弧灯采用单灯或双灯构成，在封闭式碳弧灯试验装置的上夹具中装有一支长碳棒，下夹具中装有两支短碳棒，碳棒中包含有金属盐混合物，碳棒点燃后由电弧调整机构自动调节上下碳棒间的距离，控制一定的电流和电压，点燃成对的碳棒并使用其持续燃烧成为光源，电弧被封闭在提供缺氧环境的球形玻璃罩（Pyrex 球）中，从而保持适当的碳棒燃烧速度，同时这个玻璃罩还起到滤光器的作用。典型的封闭式碳弧灯试验装置及内部结构如图 8-28 所示。

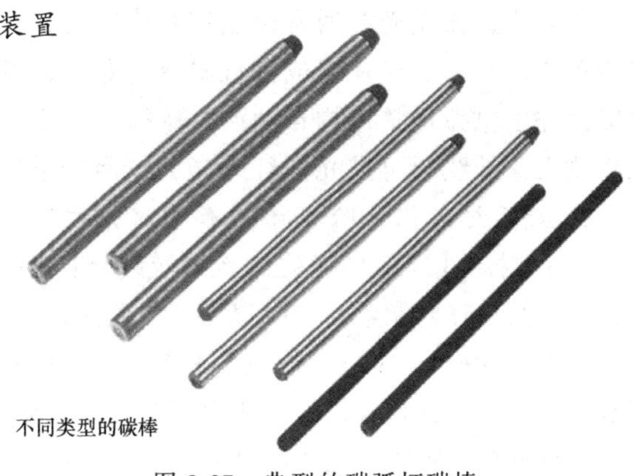

图 8-27　典型的碳弧灯碳棒

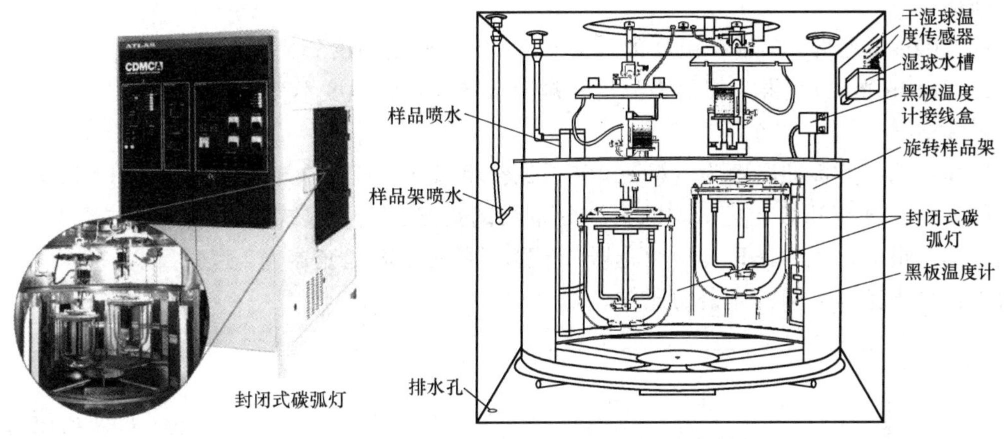

图 8-28　典型的封闭式碳弧灯试验装置及内部结构

（2）开放式碳弧灯光老化试验　开放式碳弧灯的光谱强度分布在模拟太阳光方面优于封闭式碳弧灯，因此，又被称作日光型碳弧灯或阳光型碳弧灯，图 8-29 所示为典型的开放式碳弧灯试验装置及内部结构。

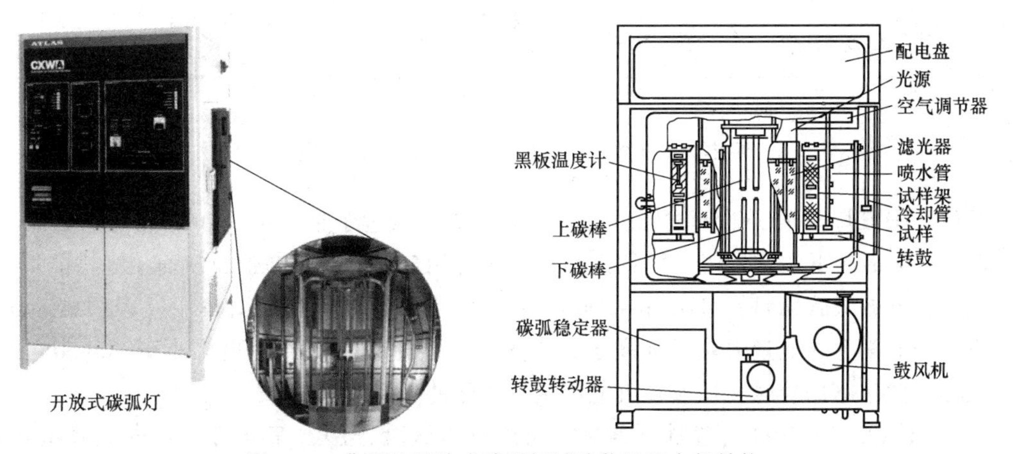

图 8-29　典型的开放式碳弧灯试验装置及内部结构

开放式碳弧光光源通常使用三对或四对含有稀有金属盐混合物且表面镀铜的碳棒，并由围绕碳棒的八片滤光片组成宫灯式滤光器。碳棒之间通入电流，在流动的空气中按顺序轮流燃烧，并由电弧调整机构自动调节碳棒的位置，控制和调节碳弧电流和碳弧电压，使碳棒燃烧释放出紫外线、可见光和红外光，辐照光透过滤光器后达到试样表面。

2. 碳弧灯老化试验光谱分布及试验方法

（1）封闭式碳弧灯老化试验的光谱分布及试验方法　封闭式碳弧光源的紫外线能量相当大，约占其总辐射能量的10%以上，因此又被称为紫外型碳弧灯，封闭式碳弧灯发出的紫外线主要集中在360nm~380nm附近，350nm以下的紫外线能量却很少，对于大多数对短波长紫外线敏感的高分子材料来讲，老化速度非常慢，相关性很差，老化效果并不理想，但是对于既吸收长波紫外线又吸收可见光的高分子材料来讲，这种光源比自然太阳光暴露有更强的效果。

封闭式碳弧灯的试验方法目前较少，ASTM G153中只规定了八种循环，最常用的2种循环为：

循环 1

1）102min光照、黑标准温度为（63±3）℃、试验箱温度和相对湿度未规定。

2）18min光照+喷淋、黑标准温度未规定、试验箱温湿度不受控制。

循环 2

持续光照、黑标准温度为（63±3）℃、试验箱温度未规定、相对湿度为（30±5）%。

（2）开放式碳弧灯老化试验的光谱分布及试验方法　开放式碳弧灯有三种滤光器可供使用，其中最为常用的是日光型滤光器（1型）和窗玻璃滤光器（2型）。图8-30所示为开放式碳弧灯光谱与太阳光光谱的比较。

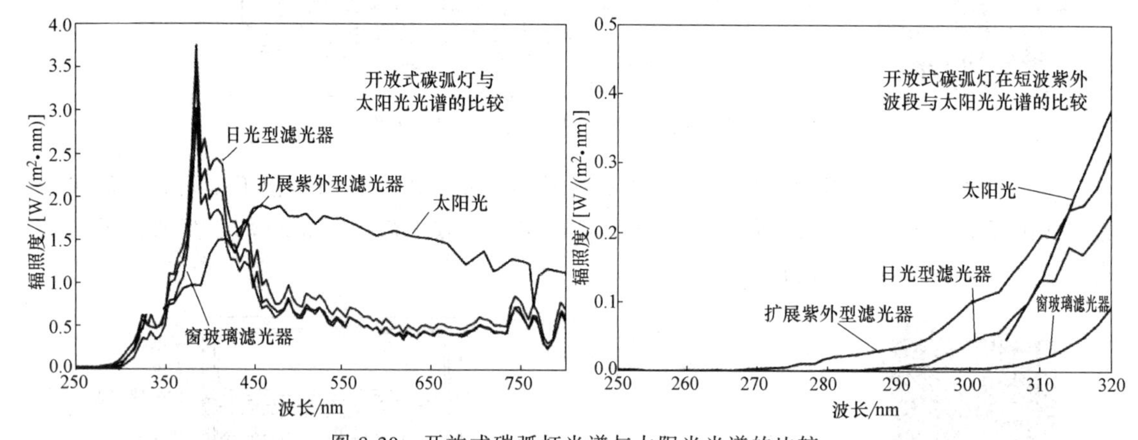

图8-30　开放式碳弧灯光谱与太阳光光谱的比较

开放式碳弧灯改善了封闭式碳弧灯紫外线光谱能量过于集中于360nm和380nm两个峰的状况，350nm以下的紫外线、可见光和红外线的能量相应有所增加，从而使光谱能量更接近太阳光，开放式碳弧灯在370nm~390nm波段的紫外线能量还是太集中，大约在390nm，仍然有一个非常大的能量尖峰，远高于太阳光，且会比太阳光产生更多小于300nm的紫外线，当和自然暴露比较时，短波长可能产生非实际的降解。

GB/T 16422.4—2014《塑料　实验室光源暴露试验方法　第4部分：开放式碳弧灯》中规定了两种开放式碳弧灯加速老化循环。

循环 1

1）102min 光照、黑板温度为（63±3）℃、试验箱温度为（40±3）℃、相对湿度为（50±5）%。

2）18min 光照+喷淋、黑标准温度未规定、试验箱温湿度不受控制。

循环 2

1）48min 光照、黑板温度为（63±3）℃、试验箱温度为（40±3）℃、相对湿度为（50±5）%。

2）12min 光照+喷淋、黑标准温度未规定、试验箱温湿度不受控制。

四、荧光紫外灯老化试验

太阳光中的紫外线是造成大多数高分子材料老化的主要因素，荧光紫外灯老化试验就是为了模拟紫外线、潮湿和温度对材料的破坏作用而开展的试验方法，该方法使用荧光紫外灯来模拟并强化太阳光中的紫外部分，再现阳光对材料的影响，通过冷凝和水喷淋再现雨水和露水对材料的影响，在整个试验循环中，光照强度和温度都是可控的。图 8-31 所示为荧光紫外灯光谱与太阳光光谱的比较。

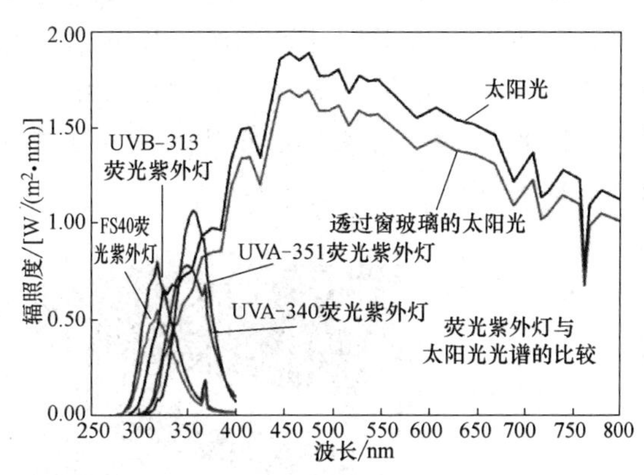

图 8-31　荧光紫外灯光谱与太阳光光谱的比较

1. 荧光紫外灯老化试验装置

典型的荧光紫外老化试验箱有前后两个测试室，每一测试室内带有一组 4 个的荧光紫外灯。试样被安置在面向灯管的样品架上，样品架适用于放置多种类型的试样。平板式的试样最为常见，可方便地放置在扣环式样品盘上进行测试。图 8-32 所示为典型的荧光紫外灯试验装置，图 8-33 所示为典型荧光紫外灯试验箱的工作原理。

图 8-32　典型的荧光紫外灯试验装置

试验箱所使用的光源为 UV 灯管，即荧光紫外灯管，灯管的形状和普通的日光灯一样，在较窄波长区间内发出连续光谱，主要集中在短波紫外范围。

在自然界中，户外潮湿是由露水，而非雨水造成的。因而，荧光紫外试验箱使用独特的冷凝机制来模拟户外潮湿，先进的荧光紫外试验箱中也会水喷淋系统。可在短时间内利用喷水快速冷却试样，营造热冲击的条件，也可利用喷水模仿雨水的冲刷作用来营造机械侵蚀的效果。

2. 荧光紫外灯灯管的选择

在典型的荧光紫外灯试验箱中装有两组共八只灯管，由波长为 254nm 的低压汞灯加入荧光物质而成，低压汞灯激发荧光物质发出连续光谱，在 400nm 以下紫外区域所产生的辐射光能占总光能输出量至少 80%，一般呈现出一个波峰。图 8-34 所示为荧光紫外灯试验装置的灯管和试样安装。

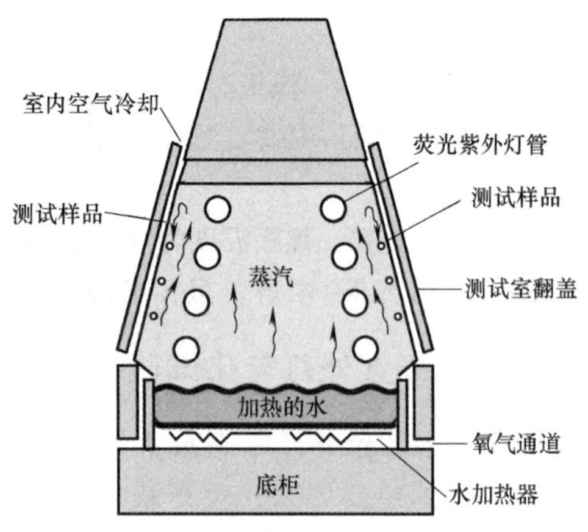

图 8-33　典型荧光紫外灯试验箱的工作原理

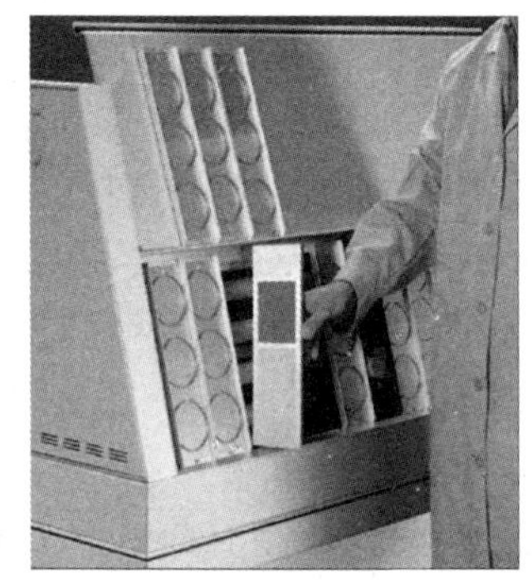

图 8-34　荧光紫外灯试验装置的灯管和试样安装

加入不同的荧光物质，荧光紫外灯管会产生辐照能量、波长以及波峰均不相同的紫外线，在实际的试验中可以按要求进行选择。

根据灯管所发射的紫外线光谱范围和峰值，荧光紫外灯管可分为 UVA 和 UVB 两种，而且各种灯管在不同标准的编号或类型也不同。

（1）UVA 型荧光紫外灯灯管　UVA 型荧光紫外灯也称“UVA 灯管”，波长范围为 315nm~400nm，可模拟太阳光光谱范围中 295nm~365nm 之间的短波波长，可用于实验室的人工气候试验，根据波峰的不同，又有 UVA-340、UVA-351、UVA-355、UVA-365 几种灯管类型，其中最常用的是 UVA-340 型和 UVA-351 型。

1）UVA-340 型荧光紫外灯灯管，波长范围为 295nm~365nm，波峰在 340nm。UVA-340 灯管光谱与太阳光光谱紫外部分的比较如图 8-35 所示。

UVA-340 型荧光紫外灯灯管可以最佳的模拟太阳光光谱的短波光谱，在质量控制和研究开发等方面应用较广，特别适用于不同配方的对比测试，主要用于大多数的塑料、纺织品、涂料、颜料和紫外稳定剂等产品的测试，以及与户外测试结果的相关性测试。

2）UVA-351 型荧光紫外灯灯管的波长范围为 295nm~365nm，波峰在 340nm。UVA-351 型荧光紫外灯灯管可以模拟透过窗玻璃的阳光紫外线，它对于测试室内材料的老化最为有效。UVA-351 型荧光紫外灯灯管光谱与透过窗玻璃太阳光光谱紫外部分的比较如图 8-36 所示。

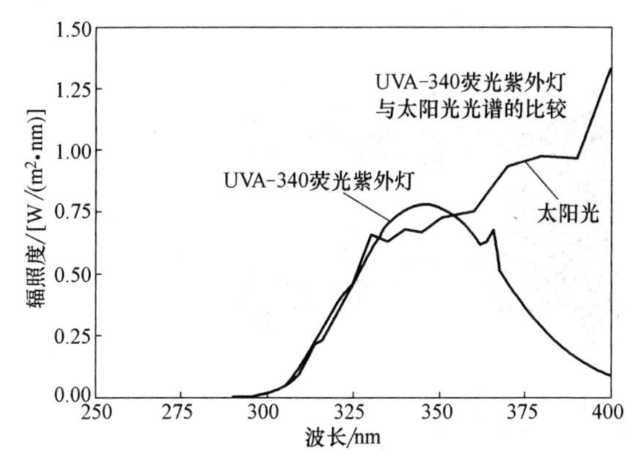

图 8-35　UVA-340 灯管光谱与太阳光光谱紫外部分的比较

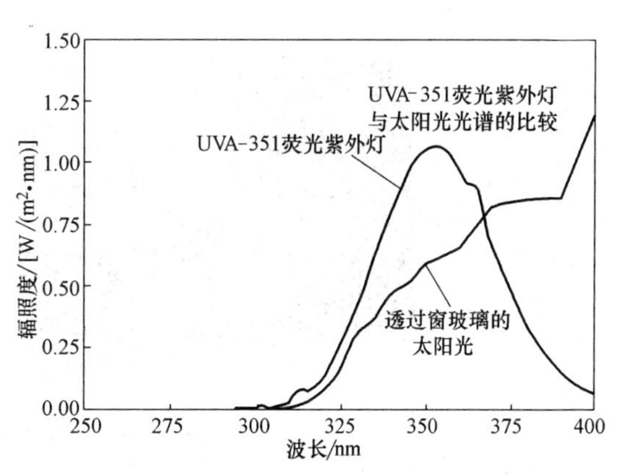

图 8-36　UVA-351 型荧光紫外灯灯管光谱与透过窗玻璃太阳光光谱紫外部分的比较

（2）UVB 型荧光紫外灯灯管　UVB 型荧光紫外灯波长范围为 270nm～400nm，波峰接近 313nm，可称为 UVB-313 型荧光紫外灯，存在比目前地球表面上太阳光紫外最短波长更短的紫外辐射。UVB-313 灯管光谱与太阳光光谱紫外部分的比较如图 8-37 所示。

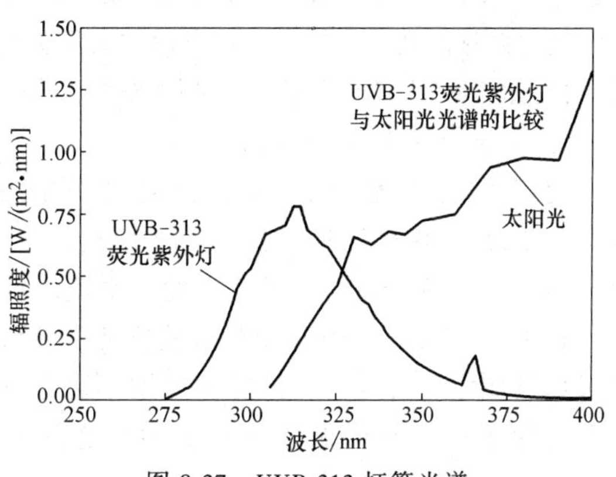

图 8-37　UVB-313 灯管光谱与太阳光光谱紫外部分的比较

UVB-313 型荧光紫外灯灯管所发出的紫外线的截止波长低于太阳光紫外线截止波长 295nm，因此，它可以快速提供测试结果，但也可能产生太阳光下不发生的老化现象，可用于非常耐用的材料和产品的最大化加速。

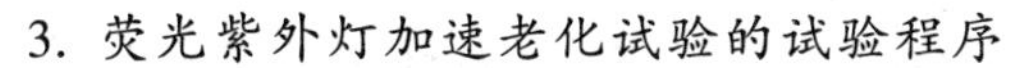

3. 荧光紫外灯加速老化试验的试验程序

GB/T 16422. 3—2014（等同采用 ISO 4892：2006）《塑料　实验室光源暴露试验方法　第 3 部分：荧光紫外灯》中共规定的 A、B、C 三类试验 6 种试验循环。

在这些循环中，一般会规定所监控波长的辐照强度、干燥和凝露的周期以及黑板或黑标准温度、箱内湿度等参数。

五、金属卤素灯老化试验

1. 金属卤素灯光老化试验装置

金属卤素灯是一种气体放电灯，利用金属卤化物通电可以提供与直射和散射非常相似的光谱能量的分布。该方法具有高效性，通过对多个放射光辉一定的放置方式，可以产生单一的照射光源效果。金属卤素灯的光谱分布与地球表面收到的太阳光非常相似，但由于金属卤素灯规模比较大，主要适用于汽车整车及零部件及电工电子产品等大型设备的人工光老化加速试验。典型的金属卤素灯试验装置如图 8-38 所示，金属卤素灯大型测试单元如图 8-39 所示。

图 8-38　典型的金属卤素灯试验装置

2. 金属卤素灯的光谱分布

金属卤素灯的光谱能量分布与太阳光谱分布（特别是在红外线区域）非常相似，其紫外线的截止点为280nm。

通过两种滤光器金属卤素灯光谱与太阳光光谱进行对比，金属卤素灯光谱与太阳光光谱的比较如图 8-40 所示。

3. 金属卤素灯试验方法

使用金属卤素灯作为试验光源的国外标准有 DIN 75 220—1992《汽车构件在阳光模拟装置中的老化》等。也有部分汽车厂商的企业标准使用该种光源。

在 DIN 75 220—1992 中的试验方法主要针对汽车整车或部件制定，分为循环试验和长期试验两种，每种试验又包含了多个气候循环试验步骤，这些循环比较复杂，在此不一一说明。

图 8-39　金属卤素灯大型测试单元

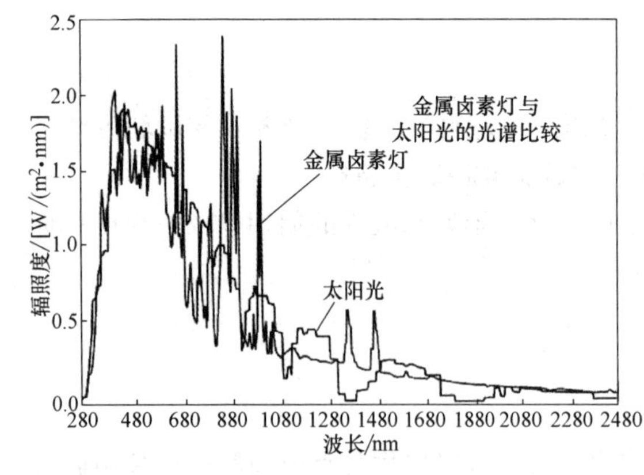

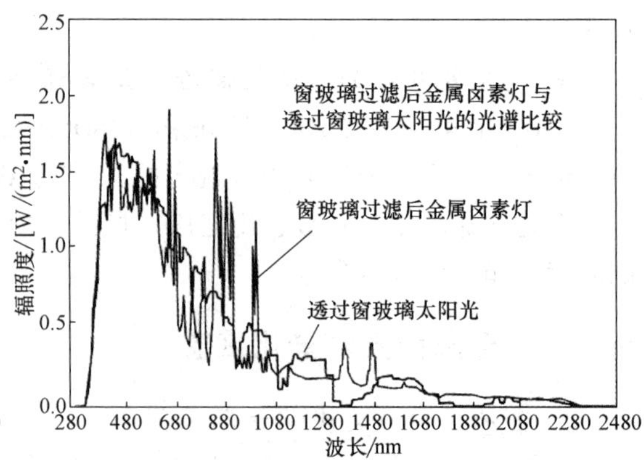

图 8-40　金属卤素灯光谱与太阳光光谱的比较

六、光老化试验中的参数控制

1. 光源的选择

可根据试验要求选择适当的光老化试验设备及人工光源，并根据试样的实际使用环境选择相应的过滤装置。

2. 循环方式控制

根据试验目的和试验方式，设置适当的如光照、喷淋、黑暗、冷凝等试验循环方式。

3. 辐照强度控制

光老化试验过程中的光辐照强度控制应根据试验要求进行，一般会采用对特定波长范围（如 300nm~400nm 或 300nm~800nm）或单一波长（如 340nm 或 420nm）为中心的窄波段辐照强度进行监测和控制

4. 温度控制

在光老化试验中，试验温度主要指黑板温度、黑标准温度和试验箱空气温度三种。

黑板温度使用一种叫做“黑板温度计”的装置测量，这种温度计由一块涂有黑色涂层的不锈钢平板构成，与试样并列放置于样品架上，黑板温度计所指示的温度是黑板受热空气传递温度和受光源辐照的温升之和，可以近似地跟踪监测与控制试样有可能达到的最高温度。

黑标准温度使用“黑标准温度计”测量，黑板温度计和黑标准温度计如图 8-41 所示。这种温度计是将涂有黑色涂层金属板固定在 5mm 厚并有凹槽的聚偏二氟乙烯（PVDF）底座固定上，黑标准温度计与试样并排安装在样品架上，温度计上的金属板边缘与样品架之间的距离可避免金属接触传热。

黑板温度计

黑标准温度计

图 8-41　黑板温度计和黑标准温度计

试验箱空气温度使用常用的温度传感器测量试验箱中空气的温度。

5. 实验箱内的湿度和润湿设置

水分的存在，特别是以凝露形式存在于试样暴露面时，对加速暴露试验可能有很大影响。所以要对试验过程中的加湿、喷淋或凝露进行控制。一般情况下，光老化试验装置向试样提供湿气的方式有以下四种：①使装置内空气润湿；②形成凝露；③喷淋水；④浸润。

七、试验步骤

1. 试样准备

实验室光老化试验的样品一般是按相关标准要求制作好的成品试板/试片。在试验前，成品试板/试片需按照所选用的光老化试验箱的试样夹板尺寸进行截取，截取时尽量选取样品的平面位置，以方便试样在试样夹板上安装。一般按同种材料及工艺选取三个试板作为一组试样，同时另外留用一件试板作为标准试样，用于试验前后对比。

2. 原始性能检测

试样在光老化试验前应作相应的外观检查及性能检测。试验前检查外观时，样板如有明显的表面缺陷，可在样板上作出标记或在原始检查记录中作好详细描述记录。光老化试验前

试样的原始性能检测项目有光泽检测和色差检测，试验前可就这两项进行检测，并在原始检测记录上作好数据记录。

3. 试验参数选择

根据试验的材料和它所处的环境来确定试验辐照度、温度、湿度、循环、时间等。

4. 试样安装

一般试样完成原始性能检测后，就可安装在试验箱中的样品架上进行试验了。安装试样时也要注意相关标准中对试样安装的特殊要求，应按标准中的要求对试样进行安装，以达到最终的试验目的。

5. 中间检测

涂料、塑料和其他非金属材料暴露在自然气候条件和光照辐射一段时间后会出现失光、褪色、泛黄、剥落、开裂、丧失拉伸强度和整层脱落等现象。进行光老化试验时，需测定试样在若干暴露阶段的性能变化，可在试验中间时段对试样进行中间检测，将其每个试验期间的性能与初始检测的性能进行比较。试验期间的中间检测时间或周期，可按供需双方所协商的周期对试样进行检测。进行性能检测测试，应记录取样时的暴露时间，一般检测项目有光泽（失光率%）、变色、粉化、泛金、斑点、沾污、开裂、起泡、长霉、剥落、生锈等，对于聚乙烯等塑料材质来说，还要每隔一段时间取样检测其拉伸强度、冲击强度、断裂伸长率等。

6. 数据记录

每次对试样进行检测时，一定要做好检测数据的记录，每个检测项目如光泽、色差等应有固定的表格记录，以备最终数据处理后对试样的老化评定。

7. 数据处理

在中间检测和最终检测时，可对记录的数据进行处理，数据处理一般是取数据的平均值，并按相关标准中的要求对相应的数据进行计算取值。

8. 异常情况处理

试验中如出现停电、停水、设备故障等情况时，应立即关机取出试样，并记录停机时间。如果试样是湿润状态，则要将其烘干，并将试样放置于干燥处，待来电、有水后，开机恢复试验。如果还需要进行常规性能检测，应做好性能检测数据记录，以备最终老化评定。

在试验中断时，可采取下列三种处理方法：

1）容差范围内的中断。当中断期间试验条件没有超出允许误差范围时，中断时间应作为总试验持续时间的一部分。

2）欠试验条件中断。当试验条件低于允许误差下限时，应从低于试验条件的点重新达到预先规定的试验条件，恢复试验，一直进行到完成预定的试验周期。

3）过试验条件中断。当出现过度的试验条件时，最好停止此试验，用新的试样重做。如果过试验条件不会直接造成影响试样特性的损坏，或者此试样可以修复，则可按2）条处理。如果以后试验中出现试样失效，则认为此试验结果无效。

八、推荐的试验标准

1）GB/T 1865—2009《色漆和清漆　人工气候老化和人工辐射曝露　滤过的氙弧辐射》。

2）GB/T 1766—2008《色漆和清漆　涂层老化的评级方法》。

3）GB/T 16422.1—2019《塑料　实验室光源暴露试验方法　第 1 部分：总则》。

4）GB/T 16422.2—2014《塑料　实验室光源暴露试验方法　第 2 部分：氙弧灯》。

5）GB/T 16422.3—2014《塑料　实验室光源暴露试验方法　第 3 部分：荧光紫外灯》。

6）GB/T 15596—2009《塑料在玻璃下日光、自然气候或实验室光源暴露后颜色和性能变化的测定》。

7）GB/T 8427—2019《纺织品　色牢度试验　耐人造光色牢度：氙弧》。

8）GJB 150.7A—2009《军用装备实验室环境试验方法　第 7 部分：太阳辐射试验》。

9）SAE J2412—2015《使用可控辐照度氙弧装置加速汽车内饰部件的曝光》。

第五节　热老化试验

一、基础知识

热老化是在热氧作用下材料所发生的不可逆变化。包括物理变化和化学变化。热老化试验的基本内容包括测定在各种温度和氧压条件下材料的宏观性能和微观结构随时间的变化规律。一般情况下试验温度越高材料的老化速度越快，因此提高试验温度可以达到加速老化的目的，但由于材料在高温下的反应动力学可能与低温下的反应动力学不同，在高温下的老化试验结果不能简单地外推得出在低温下的老化结果。

二、热老化试验类型

目前采用的热老化试验类型主要有两类：一类是烘箱法，一类是吸氧法。烘箱法试验是在热老化试验箱内进行，在一定温度、一定风速的热老化试验箱内悬挂试样，试样架以一定的速度旋转，使试样受热均匀，定期取出试样，测定其性能变化；吸氧法是用热吸氧仪进行试验的，此种方法用得较少。

三、试样

塑料材料试样的制备按照热老化试验前后所做各种性能试验的不同而不同。拉伸试样要做成哑铃形状，试样的制作按照 GB/T 1040.2—2006《塑料　拉伸性能的测定　第 2 部分：模塑和挤塑塑料的试验条件》的要求进行；冲击试样要做成有缺口试样和无缺口试样，试样的制作按照 GB/T 1843—2008《塑料　悬臂梁冲击强度的测定》或 GB/T 1043.1—2008《塑料　简支梁冲击性能的测定　第 1 部分：非仪器化冲击试验》的要求进行。

橡胶材料试样的制备按照热老化试验前后所作各种性能参数的不同而不同，如拉伸性能试样的制作按照 GB/T 528—2009《硫化橡胶或热塑性橡胶　拉伸应力应变性能的测定》的要求应制做成哑铃形状。

涂层试样的制备：涂层试样一般是工件和标准样板，工件在这里就不单独介绍了，在这里只介绍标准样板，样板尺寸 150mm 制备：涂层试样为 0.8mm～1.5mm 或 150mm×70mm×（0.8～1.5）mm，按 GB/T 9271—2008《色漆和清漆　标准试板》的规定处理每一块试板，然后用待试产品或体系按规定方法进行涂装。

四、试验步骤

1. 原始性能检测

在对非金属材料进行热老化试验以前，要先对试样进行数据的采集。对塑料和橡胶试样要先拿一组试样进行拉伸或冲击等试验。并把所得数据加以记录，以便日后进行对比；对涂层试样要先检查试样表面是否有起泡、锈蚀、裂纹等缺陷等。

2. 试样安装

无论是塑料、橡胶和涂层试样，在热老化箱内的放置都是平放于试样架上，试样与试样间要留有一定的间隔。

3. 中间检测

根据标准或客户的要求对试验过程中的每一个取样周期的试样进行检测或检查，并记录其结果。

4. 数据处理

一般为老化后的检测结果与老化前的结果进行比较。塑料、橡胶等老化试验的数据处理按照相关标准进行。

涂层试样的数据处理：主要检查漆膜外观有无起泡、起皱、龟裂等，最后进行汇总。

5. 异常情况处理

如果在试验过程中，突然遇到意外情况，如突然停电，设备出现故障等。在这种情况下主要看试验条件是否超出容差范围。主要分以下三种情况：

1）容差范围内的中断，当中断期间试验条件没有超出允许误差范围时，中断时间应作为总试验持续时间的一部分。

2）欠试验条件中断，当试验条件低于允许误差下限时，应从低于试验条件的点重新达到预先规定的试验条件，恢复试验，一直进行到完成预定的试验周期。

3）过试验条件中断，当出现过度的试验条件时，最好停止此试验，用新的试样重做。如果过试验条件不会直接造成影响试样特性的损坏，或者此试样可以修复，则可按 2）条处理。如果以后试验中出现试样失效，则认为此试验结果无效。

五、推荐的试验标准

塑料的热老化按 GB/T 7142—2002《塑料长期热暴露后时间-温度极限的测定》进行，橡胶的热老化可按 GB/T 3512—2014《硫化橡胶或热塑性橡胶　热空气加速老化和耐热试验》进行，涂层的热老化可按 GJB 150.3A—2009《军用装备实验室环境试验方法　第 3 部分：高温试验》进行。

第六节　湿热老化试验

一、基础知识

湿热老化是在实验室用人工方法提供各种高温高湿环境，考察在各种环境中材料的性能随时间的变化规律。通过湿热老化试验可以比较不同材料的耐湿热老化能力。

二、湿热老化试验类型

湿热老化试验类型有两类：一类是温度、湿度恒定，一类是温度、湿度交变。交变环境试验条件比恒定环境试验条件更加苛刻。选择何种试验类型应根据受试材料或产品的技术条件或实际使用环境来确定。

三、试样

材料试样的制备按照湿热老化试验前后所做各种性能试验的不同选择不同的试样。试样的数量按试验周期的要求和每次试验所需试样的数量累加。

1. 设备准备

1）首先检查水箱水位，打开出水开关，再检查水管是否畅通，上下水位控制器是否正确。将经脱脂处理并浸湿透的湿球纱带贴套扎在箱内的湿球上，不应套过玻璃护套。纱带另一端放入湿球吸水器使纱带浸入水中。然后，将试片垂直悬挂在试样架下，关闭试验箱门。

2）作绝缘检查后将控制面板上电源开关和照明开关置于关断位置，插上电源插头，接通电源。

3）合上开关，显示器显示工作室当前温度、湿度，指示灯亮几秒钟后自动熄灭，箱背后电动机转动。

4）按试验标准设定温度、湿度，加热加湿功率。

2. 试样检查

1）试样为试片时：在湿热试验前，应先检查试样外观是否有污染，如表面有瑕疵应做好标记；

2）试样为产品时：在湿热试验前，应按标准或相关要求进行预处理，再对试样进行试验前的检查。

四、试验步骤

1. 原始性能检测

先拿一组试样进行原始性能的试验。并把所得数据加以记录，以便日后进行对比；涂层试样还要先检查试样表面是否有起泡、锈蚀、裂纹等。

2. 试样安装

1）试样应处于不包装、不通电的准备工作状态，并按实际使用状态放置在试验箱（室）内。

2）试样间应有适当距离，不允许相互重叠，试样与试验箱壁、箱底及箱顶之间应当有适当的间隔，以使空气能自由循环。

3）试验箱内测量导线的连接要注意不能使导线上的凝结水在试验期间流向试样。

3. 中间检测

有关规范可以提出在条件试验期间或结束时，试样仍留在试验箱内进行检测，如果需要进行这种检测时，有关规范应规定检测的项目及完成这些测量的时间。在进行这种检测时，试样不应取出箱外。

4. 试验数据记录

1）恒定试验，一天记录两次，两次记录间隔应不少于7h。

2）程序试验，应自动打印试验过程的温湿度变化；或第一个循环时自动打印试验过程的温湿度变化，在以后的循环时，一天两次记录试验箱运行时的温湿度数据，但记录的温、湿度应是处在不同的环境状态（如一次是高温高湿，另一次是低温）。

试验记录应包括全部试验设备、仪器仪表的标定检查结果。试验时的温湿度条件，所采用的试验程序、试验顺序，试验中记录的试验条件和试样性能的检测数据等。

5. 异常情况处理

1）容差范围内的中断。当中断期间试验条件没有超出允许误差范围时，中断时间应作为总试验持续时间的一部分；

2）欠试验条件中断。当试验条件低于允许误差下限时，应从低于试验条件的点重新达到预先规定的试验条件，恢复试验，一直进行到完成预定的试验周期；

3）过试验条件中断。当出现过度的试验条件时，最好停止此试验，用新的试样重做。如果过试验条件不会直接造成影响试样特性的损坏，或者此试样可以修复，则可按2）条处理。如果以后试验中出现试样失效，则应认为此试验结果无效。

6. 推荐的试验方法

湿热老化按GJB 150.9A—2009《军用装备实验室环境试验方法　第9部分：湿热试验》、GB/T 7141—2008《塑料热老化试验方法》和GB/T 1740—2007《漆膜耐湿热测定法》进行。

第七节　盐雾腐蚀试验

一、基础知识

盐雾试验是考查非金属材料或产品与盐雾环境（海洋大气、含盐湖泊、河流大气及其沿岸地域等）相互作用、性能演变规律，评价非金属材料或产品耐盐雾大气的能力的一种试验。

盐雾指含有氯化物的大气，它的主要腐蚀成分是氯化钠，它主要来源于海洋和内地盐碱地区。盐雾中的氯离子穿透金属表面的氧化层和防护层与内部金属发生电化学反应。氯离子含有一定的水合能，易被吸附在金属表面的孔隙、裂缝排挤并取代氯化层中的氧，把不溶性的氧化物变成可溶性的氯化物，使钝化态表面变成活泼表面，导致保护膜这些区域出现小孔，破坏材料表面的钝性，加速材料的腐蚀。非金属材料或产品与盐雾之间复杂的化学反应导致性能下降或劣化。腐蚀（劣化）在很大程度上取决于试验样表面的含氧盐溶液、环境的温度和作用时间。

二、试验类型

盐雾试验包括自然盐雾环境试验和人工加速模拟盐雾环境试验两大类。自然盐雾环境试验是选择典型或严酷的自然盐雾环境进行试验，具有试验结果真实可靠的优点，但试验时间较长，环境条件不易重现。人工加速模拟盐雾环境试验是利用盐雾试验箱模拟盐雾环境，来考核产品或材料耐盐雾能力的试验，具有盐雾浓度和温度等主要环境参数可控，试验时间较短的优点，在产品或材料研发、质量控制、考核和评价中被广泛应用，但试验结果常与实际使用有所出入，最好的办法是将两者有机结合。

人工模拟盐雾试验主要包括中性盐雾试验、醋酸盐雾试验、铜盐加速醋酸盐雾试验、交变盐雾试验等。

三、试验设备

1. 试验箱

盐雾试验箱主要由盐雾箱体（喷雾室）、盐溶液贮槽、盐溶液的液位控制器、经由适当处理的压缩空气系统、一个或多个雾化喷嘴中心喷雾塔、可调式折流板、样板支架（测试时要求正面朝上且与垂直面呈（20±5)°夹角摆放的支撑板）、空气饱和器、箱体浸没式加热设备及必要的温度、湿度控制设备等组成。当盐溶液从溶液贮槽内流出，经液位控制器进入喷雾塔底部时，在一定压力的气流（压差）作用下，自由吸式喷嘴吸入并雾化形成密集的盐雾，经喷雾塔上部的折流板导向喷出后均匀地沉降在喷雾室内的试样上。盐雾试验箱的结构应能保证积聚在顶棚或箱盖上的滴液不会滴在试样上。试样上的滴液也不会滴落到溶液贮槽内重新雾化。

通过改变喷雾液，普通的盐雾试验箱就能完成中性盐雾、醋酸-盐雾、铜加速的醋酸-盐雾试验（CASS 试验）。

多因素盐雾试验箱除了具备普通盐雾试验箱的所有构成外，还要增加可控温度的干热空气鼓风机、可调节湿度的饱和器及干燥空气（空气要求纯净无水无油）供给器和一个可编程的程序控制器，以便对喷雾、送干燥热风、送接近饱和的湿空气或半饱和的湿空气进行控制。

2. 辅助设施

1）设备运转之前须确认电源是否连接。

2）供气系统是否连好，有无泄漏。

3）箱体上部四周水密封槽应加入适量的蒸馏水或去离子水，不宜过满，切勿太少，当关闭箱盖时，水和盐雾均不外溢为佳。

4）工作室底部及加热水槽内加足蒸馏水或去离子水，以防加热时对箱体干裂老化。

5）空气饱和器（不锈钢桶）内加入蒸馏水或去离子水，待水位高度为水位玻璃箱的 4/5 位置为宜，当加到规定水位时，必须关闭放气阀门，同时关闭饱和器加水阀。由于长期试验，饱和器水分蒸发消耗，当水位降低至 2/5 时，应及时补水，防止因缺水导致加热管空烧，烤坏饱和器及内部加热点元件。

6）检查箱体后部的排雾管排雾状况；气管是否脱落、出口处是否通至下水道；管路是否堵塞；以免影响盐雾的排放。

7）架好箱体里面的漏斗，检查漏斗与集雾器之间的连接管是否通畅完好，千万不能影响盐雾沉降量的收集。

8）检查气源与饱和器的连接管；气源与喷雾器的连接管是否脱落，防止气体外溢或供气不足的弊端。

9）每次试验结束后，应切断电源、气源、水源，避免设备长时间处于带电待机状态。

四、试验前准备

1）确定试验方法并作好试验前设备的准备工作。

2）试样进行试验前的准备和检查。

3）对试验前的状态进行记录和/或拍照。

4）试验溶液的配制及 pH 值测定。

5）试验箱的温度设置到标准规定的范围内。

6）试样按有关规定放置在试验箱内，在规定的温度稳定后开始喷雾，并作好过程记录。

7）并按相关试验时间规定进行试验。

8）试验过程中每 24h 测量一次沉降率和 pH 值，并对所测定的结果作好记录。

9）试验后，关闭设备。试样按标准要求恢复或者处理，再进行最后的检测。

10）对试验前中后的状态进行记录和拍照。

11）对试验中断等异常情况按标准及相关要求及时处理并作好记录。

五、试样

试样的制备工艺要与实际应用状态相同或相近，试样数量取决于试验设计和试验条件要求，一般情况同一种工艺的试样取三件。

制备好的试样进行预处理，除非另有规定，应确保试样表面没有油或能导致水断流的污垢一类的表面污染物。试验前用清洁剂擦拭试样表面的污物，有机涂层不应使用无水乙醇清洗，而用蒸馏水清洗试样表面的污物。任何清洁方法都不能使用腐蚀性的溶剂（这些溶剂能沉积腐蚀性的或者保护性的薄膜）或研磨剂（纯氧化镁软膏除外）。另外涂层试板的端面、试样的边缘部分，均应涂上蜡层加以保护或用比被测产品更耐腐蚀的涂层体系涂覆。

被测试样如需要做划线试验时，可用一种具有碳化钨刀尖的划线工具与试样表面接触，划出一条均匀的、划穿底材上所有有机涂层的不带飞边的 V 形切口的亮线。如需做划穿金属镀层的试验，其划穿程度应由生产厂与用户之间商定。如果用户需要，经商定也可划出几条线（交叉线、平行线），划线质量可借助低倍放大镜观察。

六、试验步骤

1. 原始性能检测

按标准要求或相关规定对试验前的试样进行全面外观检查及性能检测，并作好相关记录。

当试样为产品时，检查注意下列部位：高应力区、不同类材料相接触的地方、经过防腐处理的表面或元件、由于盐沉积阻塞或覆盖而造成故障的机械系统、电和热的绝缘体。

2. 试验参数设置

（1）试验温度　将试验箱内温度设置到规定值范围内。

（2）试验时间　试样承受连续喷雾的试验时间按相关规定或委托方要求。

（3）试验盐溶液的配制及盐溶液的 pH 值。

1）试验所用的盐为氯化钠，这种氯化钠（干燥状态）含有的碘化钠不能多于0.1%，所含有的杂质总量不能超过0.5%。不要使用含有防结块剂的氯化钠，因为防结块剂会产生缓蚀剂的作用。

2）按试验标准要求配制符合要求的氯化钠含量盐溶液。配制后用少量稀释后的化学纯盐酸或氢氧化钠溶液调整pH值至规定范围内，取50mL配制溶液加热微沸30s后，冷却至35℃时测量pH值。采用酸度计检测溶液的pH值。同时做好配制溶液及pH值的记录。

（4）盐雾沉降率　试验箱内放洁净收集器，连续收集喷雾，平均每小时在80cm^{2}的水平收集面积（直径为10cm）内，盐雾沉降量应在1mL~2mL范围内。

3. 试样安装

试样在试验箱中的摆放方式，对试验结果有明显的影响。在试验过程中，处于向上的一面，腐蚀比向下的一面严重得多。因为向上的一面承受着雾，而向下的一面则几乎接受不到雾。试样放置角度不同，投影面积也不同，盐雾是以垂直方向降落的，因此，不同角度所受的雾量不一样，腐蚀几乎绝大部分发生在迎雾面。因此试样的摆放方式非常重要。

当试样为产品时，做试验时应按其正常使用状态放置。平板试样如果在盐雾箱内垂直放置，只要角度稍有偏差，其腐蚀情况就有很大区别，当钢板平面与垂线成45°角时，失重250g/m^2，在同样条件下，钢板平面与垂线平行，失重只有140g/m^2。因此为了有较好的重现性，综合国内外的盐雾试验标准规定平板试样应与垂直方向成15°~30°放置。

另外要注意，小零件做盐雾试验时不允许穿成串后垂直吊挂，必须要拉成一定角度，并且保证每个试样上的雾珠不能滴到别的试样上。试样与试样间要有一定的距离。

4. 中间和最后的检测及数据记录

样板的检查及评定可按相关标准规定进行。不划线样板的评定可参照GB/T 1740—2007《漆膜耐湿热测定法》进行，该标准中详细规定了样板的检验项目如变色、起泡、生锈、脱落等及评级细则。检查时一般采用目测法并借助透明材料制成的百分格进行评判破坏程度及破坏面积，破坏程度分为三个等级，其中1级最好，3级最差；对于涂漆层样品，除局部边棱处不考察外，检查其他地方有无气泡、起皱、开裂或脱落，且底金属有未出现腐蚀。对于非金属材料，则考察有无明显的泛白、膨胀、起泡、皱裂以及麻坑。划线样板的评定可参照ASTM D1654-2008（2016）e1《腐蚀环境中涂漆或覆层试样评估的标准试验方法》（Standard test Method for Evaluation of Painted or Coated Specimens Subjected to Corrosive Environments）进行。标准中详细规定了样板的检验项目，如腐蚀斑点、起泡、自划线漫延的腐蚀或涂层的损失（破坏程度）等。破坏程度分为0个~10个等级，其中10级最好，0级最差。

盐雾试验结果的判定方法有评级判定法、称重判定法、腐蚀物出现判定法、腐蚀数据统计分析法。评级判定法是把腐蚀面积与总面积之比的百分数按一定的方法划分成几个级别，以某一个级别作为合格判定的依据，它适合对平板试样进行评价；称重判定法是通过对腐蚀试验前后试样的重量进行称重，计算出受腐蚀损失的重量来对试样的耐腐蚀质量进行评判，它特别适用于对某种金属的耐腐蚀质量进行考核；腐蚀物出现判定法是一种定性的判定法，它以盐雾腐蚀试验后，产品是否产生腐蚀现象来对试样进行判定，一般产品标准中大多采用此方法；腐蚀数据统计分析方法提供了设计腐蚀试验、分析腐蚀数据、确定腐蚀数据的置信度的方法，它主要用于分析、统计腐蚀情况。

5. 结果处理

可以根据下列信息来评估试验结果：

1）物理性能变化，盐沉积能引起机械部件或组件的阻塞或黏结。本试验产生的任何盐沉积可能代表预期环境所导致的结果。

2）电气性能变化，24h 的干燥阶段后，残留的潮气会导致电性能故障。应考虑将这种故障与实际使用中的故障联系起来。

3）腐蚀性，从短期和潜在的长期影响角度，分析腐蚀对试样正常功能和结构完整性的影响。

6. 异常情况处理

1）如果出现意外的试验中断，导致试验条件低于规定值，并超过了允差，也就是欠试验。对于较长时间的欠试验中断，因为盐雾覆盖在试样表面，虽然试验条件低于容差下限，腐蚀速度可能低于正常试验条件，但在欠试验中断过程中仍有腐蚀产生，所以这个中断时间要考虑一部分计入试验时间。对试件进行全面的目视检查，并作出试验中断对试验结果影响的技术评价。然后继续开始试验。

2）如果出现意外的试验中断，导致试验条件高于规定值，并超过了允差，也就是过试验。对试件进行全面的目视检查，并作出试验中断对试验结果影响的技术评价。如果目视检查或技术评价结果得出的结论是试验的中断对最终结果没有不利影响或影响不大可以忽略不计，则重新稳定中断前的试验条件并从中断点开始继续试验。

七、推荐的试验标准

1）GJB 150.1A—2009《军用装备实验室环境试验方法　第 1 部分：通用要求》。

2）GJB 150.11A—2009《军用装备实验室环境试验方法　第 11 部分：盐雾试验》。

3）GB/T 2423.17—2008《电工电子产品环境试验　第 2 部分：试验方法　试验 Ka：盐雾》。

4）GB/T 2423.18—2012《环境试验　第 2 部分：试验方法　试验 Kb：盐雾，交变（氯化钠溶液）》。

5）GB/T 1771—2007《色漆和清漆　耐中性盐雾性能的测定》。

6）GB/T 5170.8—2017《环境试验设备检验方法　第 8 部分：盐雾试验设备》。

7）GB/T 11606.13—2007《分析仪器环境试验方法》。

8）GB/T 10263—2006《核辐射探测器环境条件与试验方法》。

9）GB/T 10125—2012《人造气氛腐蚀试验　盐雾试验》。

10）GB/T 12000—2017《塑料　暴露于湿热、水喷雾和盐雾中影响的测定》。

11）GJB 4.11—1983《舰船电子设备环境试验　盐雾试验》。

第八节　耐化学介质试验

一、基础知识

耐化学介质试验指材料与化学药品、溶剂、油脂等物质接触时，材料对这些物质所引起的腐蚀、溶解、溶胀、开裂、发黏、脆化、形状和尺寸改变、性能降低等的抵抗能力。

材料的耐化学药品和耐溶剂、油脂性取决于材料的化学组成和基本结构，包括分子链主链和侧基性质、化学键类型（何种原子间形成的键）、键长及键触角大小、结晶度、分子链所含基团性质、非极性、反应能力等）等多种因素。键长小、键能大、结晶度高，分子链堆砌密度高，分子链间作用力强、材料无极性等，无疑都可以使材料具有较优异的耐化学药品和耐溶剂性。

二、试验方法

1. 试验条件选择

1）试验介质，常用的试验介质有酸、碱、盐、标准油等，试验介质的选用应按试验方法标准中规定的要求执行。

2）试验温度，一般分常温 10℃～35℃、高温、低温。

3）试验周期，常温试验的试验期通常为：1d、15d、30d、90d、180d、360d。高温、低温试验周期可缩短。

2. 试验步骤

（1）拟定试验方案　试验前应按有关标准及要求拟定试验方案，内容包括：试验目的和要求；试验介质、试验温度、试验时间；试样的制备；试样的形状和尺寸；试验测试的性能参数和所使用的试验方法等。

（2）试样的准备　试样可采用机械加工、模压、注塑等方式制作而成。试样的形状和尺寸应符合性能评价指标对应的性能试验方法的标准中相关试样标准的规定。试样的数量由相关性能试验方法和测试取样周期决定。

（3）试样的标识　所有的试样都应进行标识，标识在试验过程中应始终保持清晰可辨。标识用数字和字母表示，可直接标在试样表面上，但不允许在影响外观检查及具有功能作用的表面上进行标识。

（4）试样的放置　试样浸泡在试验介质中，样板必须垂直于水平面，互相平行，间距至少 6.5 mm，边缘与液面或容器的间距至少为 13 mm。对常温试验，当试样浸入试验介质时，作为试验的开始时间，对于高温或低温试验，试样浸入试验介质时，立即加温或降温，当试验介质温度达到试验要求温度时，作为试验的开始时间。

（5）试样的测试

1）试验前，将一个周期的试样按试验规定的程序进行预处理，然后按照方案选定的检测参数和测试方法进行原始性能检测，并记录试验结果或现象，作为试验初始值。

2）到达测试周期时，从浸泡的试验介质中取出试样，按试验规定的程序进行处理和测试，并记录试验结果或现象，作为试验期龄后的值。

（6）试验结果的处理

1）定性结果处理，观察试样表面是否有裂纹、失光、气泡、软化等现象。观察试验介质中是否有颜色变化，有无沉淀物生产等现象。

2）定量结果处理，性能保留率的计算公式为

$$R=\frac{S_2}{S_1} \tag{8-1}$$

式中 R——性能保留率；

S_1——试样试验初始性能值；

S_2——试样试验期龄后的性能值。

三、推荐的试验标准

耐化学介质试验方法有 GB/T 11547—2008《塑料 耐液体化学试剂性能的测定》、GB/T 3857—2005《玻璃纤维增强热固性塑料耐化学介质性能试验方法》、GB/T 1690—2010《硫化橡胶或热塑性橡胶耐液体试验方法》等。

第九节 环境适应性能的应用

一、基础数据积累

材料的耐环境性能是宝贵的基础数据，需要进行系统的积累。材料的耐环境性能是材料品种和环境的函数；材料不同，哪怕是添加剂不同，其耐环境性能不同；环境不同，其耐环境性能也不同。之所以说其宝贵，是因为这些数据不可替代、不能进口。为了提高其价值，需要进行长期系统的积累。

二、材料选择或工艺筛选

在工程应用中，往往要求最佳的性价比。因而就需要获得候选材料在目标环境的详细的耐环境性能数据，以便做全面的分析。在新材料开发中，工艺参数对高分子材料的耐环境性能具有重要的影响，因而需要对采用不同工艺参数生产的高分子材料进行耐环境性能试验，根据试验结果筛选最佳的生产工艺。

三、材料及其制品的验收和/或鉴定

随着科学技术的发展，高分子材料在许多应用场合会有耐环境性能指标要求，特别是军工产品。因而需要开展各种耐环境性能试验，根据试验结果对相应的材料及其制品进行验收和/或鉴定。

四、环境失效分析

随着高分子材料的广泛应用，其环境失效现象不断出现，有时造成重大经济损失和安全事故。为了避免出现类似事故，或者为了分清责任，需要开展各种耐环境性能试验，根据试验结果对高分子材料进行环境失效分析。

五、服役寿命评估

在军工产品中，有许多是长期贮存、一次使用的产品，这些产品包含高分子材料，如弹药、引信、火工品等。为了满足战备完好性和安全性的要求，也为了节约费用，需要对这些产品进行服役寿命评估。开展一系列的耐环境试验，如长贮试验、湿热试验等，这些是开展服役寿命评估所必需的试验。

思　考　题

1. 简述现行的老化试验方法的大致分类。
2. 光老化试验参数的选择主要是哪几个？
3. 热老化试验的试验温度选择原则是什么？
4. 湿热老化试验的主要试验参数是什么？
5. 盐雾试验试验参数的设置主要是哪几个？
6. 简述耐化学介质试验的性能保持率的定义。
7. 高分子材料老化过程的影响因素主要是哪几个？
8. 非金属材料耐环境试验的主要目的是什么？

参 考 文 献

[1] 孟鑫森，等. FRD 增强 3D 打印构件的力学性能试验［C］. 重庆：《工业建筑》杂志社，2015.

[2] 汪贤聪，等. 火灾高温下材料力学性能指标测试技术试验演技［J］. 建筑钢结构进展，2018（6）：39-45，56.

[3] 潘峤，等. 碳纤维增强复合材料的环境适应性研究进展［J］. 环境技术，2016（5）：102-106.

[4] 赖娘珍，等. 芳纶纤维增强复合材料研究进展［C］. 北京：中国硅酸盐学会玻璃钢分会，《玻璃钢/复合材料》杂志社，2010.

[5] 全国纤维增强塑料标准化技术委员会. 纤维增强塑料标准（玻璃钢）标准汇编［M］. 北京：中国标准出版社，2012.

[6] 中化化工标准化研究所，等. 橡胶物理和化学试验方法标准汇编［M］. 北京：中国标准出版社，2008.

[7] 中国建筑学会. 建筑材料测试技术行业发展报告［C］. 常州：中国建筑学会建筑材料分会，2011.

[8] 黄锐，等. 塑料工程手册［M］. 北京：机械工业出版社，2000.

[9] 厉雷，等. 塑料技术标准手册［M］. 北京：化学工业出版社，1995.

[10] 邬怀仁，等. 理化分析测试指南：非金属材料部分［M］. 北京：国防工业出版社，1986.

[11] 丁浩，等. 塑料工业实用手册［M］. 北京：化学工业出版社，2000.

[12] 郑会保，等. 工程塑料的常规性能测试［M］. 北京：机械工业出版社，2004.